"十四五"普通高等教育本科部委级规划教材

复合材料成型技术

徐　洁　王俊勃　贺辛亥　主编

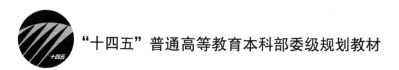

中国纺织出版社有限公司

内 容 提 要

本书以复合材料的组成、原理、结构、加工工艺和性能之间的关系为主线，主要介绍了复合材料的理论知识，阐述了金属基复合材料、陶瓷基复合材料、树脂基复合材料、纺织复合材料的成型技术，并介绍了新型复合材料，形成了有关复合材料完整的知识体系框架。本书前半部分进行理论阐述，后半部分对工程应用进行介绍，并提供了丰富的案例分析，从而将理论知识和工程实践相结合。

本书可作为材料科学与工程专业本科教材，供复合材料、复合材料成型相关专业领域的师生学习，也可供复合材料行业从事研究的人员和生产技术人员参考。

图书在版编目（CIP）数据

复合材料成型技术 / 徐洁，王俊勃，贺辛亥主编
. -- 北京：中国纺织出版社有限公司，2023.1
"十四五"普通高等教育本科部委级规划教材
ISBN 978-7-5180-9554-4

Ⅰ. ①复…　Ⅱ. ①徐…　②王…　③贺…　Ⅲ. ①复合材料 – 成型 – 高等学校 – 教材　Ⅳ. ① TB33

中国版本图书馆 CIP 数据核字（2022）第 086484 号

责任编辑：陈怡晓　孔会云　　责任校对：寇晨晨
责任印制：王艳丽

中国纺织出版社有限公司出版发行
地址：北京市朝阳区百子湾东里A407号楼　邮政编码：100124
销售电话：010—67004422　传真：010—87155801
http://www.c-textilep.com
中国纺织出版社天猫旗舰店
官方微博 http://weibo.com/2119887771
三河市宏盛印务有限公司印刷　各地新华书店经销
2023年1月第1版第1次印刷
开本：787×1092　1/16　印张：14
字数：310千字　定价：58.00元

前　言

　　复合材料已成为新材料领域的一个重要部分,这是因为复合材料具有单一材料不可能兼具的综合性能,已成为人们关注的一个前沿学科热点。在日益深化的实践中,复合材料自身也已形成完整的科学体系,但就目前实际情况来看,其在国民经济各部门中的应用范围还远远不够。因此,有必要出版一部兼具理论性和实践性的复合材料教材,帮助学生系统了解复合材料,并促进复合材料及其新产品的开发。

　　本书从我国高等学校工科专业需要出发,结合当前高等教育教学改革和材料科学技术的发展,全面介绍了复合材料结构和性能方面的理论知识和各类型复合材料的主要成型工艺技术。既关注复合材料成型基础性、系统性、完整性和实用性方面的知识,又注重复合材料成型方面的新技术。同时,通过大量的案例分析,介绍了各种复合材料工艺的实际应用,与生产实际相结合,理论联系实际,有利于工程实践能力的培养和工程背景的获得。

　　本书以复合材料的组成、原理、结构、加工工艺和性能之间的关系为主线进行编写。全书共七章,第一至第三章阐述了复合材料的理论知识,第四至第六章全面介绍了金属基复合材料、树脂基复合材料、陶瓷基复合材料的成型工艺及应用,第七章介绍了新型复合材料。

　　本书由西安工程大学材料工程学院的老师参与编写,由徐洁、王俊勃、贺辛亥担任主编,参编人员有王彦龙、刘毅、卢琳琳、李博新、张晓哲、张昭环。感谢西安工程大学"十四五"规划教材建设项目经费的资助。本书在编写过程中得到西安工程大学付翀、苏晓磊等老师的热情帮助,书中参考并引用了同类教材的部分内容,在此对给予帮助的老师及参考文献的作者一并表示衷心的感谢。

　　在本书编写过程中尽管各位编者认真严谨,但由于水平所限,疏漏之处在所难免,恳请读者批评指正。

编者

2022年5月

目 录

第一章 绪 论

不同的材料具有不同的特性。例如，金属材料一般具有优良的延展性和可加工性，但强度相对较低，耐热、耐磨、耐腐蚀性能较差；而陶瓷材料具有强度高、耐磨、耐蚀性好等优点，但通常情况下脆性高，加工性能极差。然而，如果在铝合金中加入适量的陶瓷颗粒（如SiC、AlN等），则可在保持铝合金低密度、良好的加工性等的同时，大幅度提高其弹性模量、强度、耐磨和耐热性能。又如，纯铝具有良好的导电性和耐蚀性，但强度很低。采用铝包钢线制成的高压架空输电电缆，既可确保电缆的强度和安全性，延长使用寿命，又可获得较好的输电性能，降低线缆的电能损耗。由此可知，复合材料在国民经济建设中具有十分重要的地位，因此，形成了独立的复合材料学科和相应的工程领域。

复合材料的兴起与发展极大地丰富了现代材料领域，为人类社会的发展开辟了想象与实践空间，也为材料的持续发展注入了强大的生机与活力。进入21世纪，科学技术迅猛发展，不但要求生产具有高强度和特殊性能的金属材料，而且要求发展更多、性能更好的非金属材料。当前，就产量和应用领域而言，聚合物材料已经向传统的金属材料发出挑战。对陶瓷材料特殊性能的研究和开发，使之有望成为高温结构材料。而复合材料能根据需求来改善材料的性能，使各组成材料保持各自的最佳特性，相互取长补短，从而最有效地利用材料性能，正成为一种新型的、有广泛发展前景的材料。

第一节 复合材料的命名和分类

一、复合材料的命名

复合材料（composite materials）是指由两种或两种以上具有不同物理、化学性质的材料，以微观、细观或宏观等不同的结构尺度与层次，经过复杂的空间组合而成的一个材料系统。复合材料的出现是金属、陶瓷、高分子等单质材料发展和应用的必然结果，是各种单质材料研制和使用经验的综合，也是这些单质材料技术的升华。复合材料既保持了原单质材料的主要特点，又显示原单质材料所没有的新性能。

复合材料的结构通常是一个相为连续相，称为基体材料；而另外一相是以独立的形态分布在整个连续相中，为分散相，它显著增强基体材料的性能，故称为增强材料（如增强体、增强剂、增强相等）。多数情况下，分散相较基体硬，刚度和强度较基体大。分散相可以是纤维及其编织物，也可以是颗粒状或弥散状的填料。基体和增强体通过界面结合在一起，形成复合材料。如图1-1所示为Kevlar纤维增强的环氧树脂复合材料中的基体、增强体和界面，该复合材料基体是环氧树脂，增强体是Kevlar连续纤维，通过热压技术形成两相复合材料。

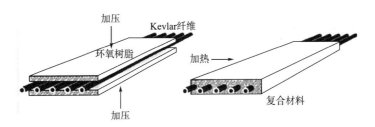

图1-1　Kevlar纤维增强的环氧树脂复合材料

二、复合材料的分类

（一）按基体材料分类

1. 聚合物基复合材料

以有机聚合物为基体的复合材料称为聚合物基复合材料。它是研究历史最长、应用最广泛的一类复合材料。将有机聚合物用作复合材料基体材料，可以分为热固性树脂基、热塑性树脂基和橡胶基三大类，如图1-2所示。聚合物基复合材料用增强材料主要有颗粒材料、有机纤维、复合纤维等，如图1-3所示。

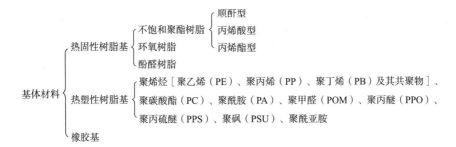

图1-2　聚合物基复合材料用基体材料

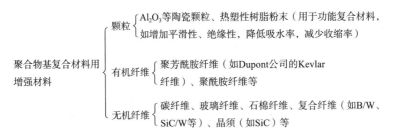

图1-3　聚合物基复合材料用增强材料

2. 金属基复合材料

以金属（铝、镁、钛等）为基体的复合材料称为金属基复合材料。由于其基体是金属，因而具有较好的耐热性、高弹性系数以及高导电、导热性能和良好的成型加工性能。作为基体金属，铝合金因具有重量轻、强度高、易于加工处理等优良特性而广为使用。目前已研究和开发了大量的铝基复合材料，其次是钛和钛合金。用作强化材料的主要有颗粒、纤维。强化颗粒主要有氮化物、碳化物、硼化物以及氧化物陶瓷。强化纤维包括晶须、短纤维、连续纤维（长纤维）等。

3. 无机非金属基复合材料

以陶瓷材料（包括玻璃和水泥）为基体的复合材料称为无机非金属基复合材料。陶瓷材料可以分为功能陶瓷与结构陶瓷两大类。功能陶瓷包括半导体材料、敏感材料（如热敏、压敏、光敏、气敏、湿敏陶瓷等）、绝缘材料（含高导热绝缘材料）、高温超导材料等；结构陶瓷包括耐高温、耐腐蚀、耐磨结构材料，如Al_2O_3、SiC、BN、Si_3N_4、WC等陶瓷材料。

陶瓷材料复合化的目的，对于结构陶瓷主要是为了提高材料的强度、韧性等力学性能，或耐热、耐蚀性能；而对于功能材料，主要是为了获得某些新的功能。用作陶瓷基复合材料的强化材料主要有陶瓷颗粒、晶须、纤维及某些金属纤维。

（二）按增强材料形式分类

（1）颗粒增强复合材料。微小颗粒状增强材料分散在基体中，如图1-4（a）所示。

（2）纤维增强复合材料。一是非连续纤维复合材料，即短纤维、晶须无规则地分散在基体材料中，如图1-4（b）所示；二是连续纤维复合材料，即作为分散相的长纤维的两个端点都位于复合材料的边界处，如图1-4（c）所示。

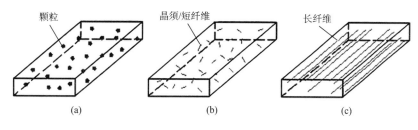

图1-4　增强体形式

（3）板状增强体、编织复合材料。以二维或三维物质为增强材料与基体复合而成。

（4）其他增强体。层叠、骨架、涂层、片状、天然增强体。

（三）按增强纤维种类分类

（1）玻璃纤维复合材料。

（2）碳纤维复合材料。

（3）有机纤维（如芳香族聚酰胺纤维、芳香族聚酯纤维、聚烯烃纤维等）复合材料。

（4）金属纤维（如钨丝、不锈钢丝等）复合材料。

（5）陶瓷纤维（如氧化铝纤维、碳化硅纤维、硼纤维等）复合材料。

（四）按材料作用分类

（1）结构复合材料。主要用于制造各种受力构件，结构复合材料主要是作为承力结构使用的复合材料，由能承受载荷的增强体组元和能连接增强体成为整体承载，同时起分配与传递载荷作用的基体组元构成。

（2）功能复合材料。指具备特殊物理与化学性能的材料，特殊性能包括声、光、电、磁、热、耐腐蚀、零膨胀、阻尼、摩擦、屏蔽或换能等。

第二节 复合材料的发展概况

大约在20世纪40年代学术界开始使用"复合材料"一词，当时出现了玻璃纤维增强的不饱和聚酯，开辟了现代复合材料的新纪元。

从20世纪60年代开始，人们开发出多种高性能纤维。20世纪80年代以后，由于人们丰富了设计、制造和测试等方面的知识和经验，加上各类作为复合材料基体材料的使用和改进，使现代复合材料的发展达到了更高的水平，进入了高性能复合材料的发展阶段。

近代复合材料的发展始于20世纪40年代。第二次世界大战中，玻璃纤维增强聚酯树脂复合材料被美国空军用于制造飞机构件，并在20世纪50年代得到了迅速发展。我国从1958年开始发展复合材料。

材料科学家们认为，1940～1960年这20年间，是玻璃纤维增强塑料时代，被称为第一代复合材料。

1965年，英国科学家研制出碳纤维。1971年，美国杜邦公司开发出凯芙拉（Kevler）-49，主要应用在波音757的机翼和机身整流包皮，以及直升机中能量吸收结构部件等。1975年，先进复合材料碳纤维增强及Kevler纤维增强环氧树脂复合材料已用于飞机、火箭的主承力件上。1960～1980年这20年间，是先进复合材料发展时代，这一时期被称为第二代复合材料发展的第二代。

1980～1990年，是纤维增强金属基复合材料的时代，其中以铝基复合材料的应用最为广泛，被称为第三代复合材料。

1990年以后，主要发展多功能复合材料，如机敏（智能）复合材料和梯度功能材料等，被称为第四代复合材料。

纵观复合材料的发展过程，可以看到，早期发展出现的复合材料，由于性能相对较低，生产量大，使用面广，一般为常用复合材料。随着技术发展和需求提升，在此基础上又开发出性能高的先进复合材料。

第三节 复合材料的性能特点

一、可设计性强

复合材料最典型特征是它们具有丰富的多尺度、多层次结构，以及各尺度、各层次结构与复合材料微观、细观和宏观性能与功能之间的丰富关联。复合材料具有单质材料所不具备的可变结构参数，改变这些结构参数可以大幅度改变复合材料的性能。正是这种结构—性能之间丰富的关联性质赋予复合材料广阔的变化空间，根据指定的性能设计和制备高综合性能的复合材料，可实现材料结构—功能一体化。

二、比强度和比模量高

与传统的单一材料相比，复合材料具有很高的比强度和比模量（刚度）。

比强度、比模量指材料的强度、模量与其密度之比。

$$比强度［MPa /（g/cm^3）］=强度/密度$$

$$比模量［GPa /（g/cm^3）］=模量/密度$$

材料的比强度越高，零件自重越小；材料的比模量越高，零件的刚度越大。一些金属和纤维增强复合材料的比强度和比模量见表1-1。

表1-1 金属与纤维增强复合材料性能比较

材料	密度/ （g·cm³）	抗拉强度/ （×10³MPa）	拉伸模量/ （×10⁵ MPa）	比强度/ （×10⁶ MPa·g⁻¹·cm³）	比模量/ （×10⁸ MPa·g⁻¹·cm³）
钢	7.8	1.03	2.1	0.13	27
铝	2.8	0.47	0.75	0.17	27
钛	4.5	0.96	1.14	0.21	25
玻璃钢	2.0	1.06	0.4	0.53	20
高强度碳纤维—环氧树脂	1.45	1.5	1.4	1.03	97
高模量碳纤维—环氧树脂	1.6	1.07	2.4	0.67	150
硼纤维—环氧树脂	2.1	1.38	2.1	0.66	100
有机纤维PRD—环氧树脂	1.4	1.4	0.8	1.0	57
SiC纤维—环氧树脂	2.2	1.09	1.02	0.5	46
硼纤维—铝	2.65	1.0	2.0	0.38	75

三、良好的高温性能

复合材料适用的温度范围广，且使用温度均高于复合材料基体。目前聚合物基复合材料的最高耐温上限为35℃；金属基复合材料按不同的基体性能，使用温度在350～110℃范围内变动；陶瓷基复合材料的使用温度可达1400℃；而碳/碳复合材料的使用温度最高，可达2800℃。

四、良好的尺寸稳定性

加入增强体到基体材料中不仅可以提高材料的强度和刚度，而且可以使其热膨胀系数明显下降。通过改变复合材料中增强体的含量，可以调整复合材料的热膨胀系数。例如，在石墨纤维增强镁基复合材料中，当石墨纤维的含量达到48%时，复合材料的热膨胀系数为零，即在温度变化时其制品不发生热变形。这一特性在人造卫星构件上得到应用。

五、良好的化学稳定性

聚合物基复合材料和陶瓷基复合材料具有良好的抗腐蚀性。

六、良好的抗疲劳、抗蠕变、抗冲击和断裂韧性

由于增强体的加入，复合材料的抗疲劳、抗蠕变、抗冲击和断裂韧性等性能得到提高，特别是陶瓷基复合材料的脆性得到明显改善。

七、其他性能特点

许多复合材料还具有良好的隔热性、耐烧蚀性以及特殊的电、光、磁等性能。

第四节　复合材料的应用

与传统材料（如金属、木材、水泥等）相比，复合材料是一种新型材料。它具有许多优良的性能，并且其生产成本在逐渐下降，成型工艺的机械化、自动化程度也在不断提高。因此，复合材料的应用领域日益广泛。

一、在航空航天方面的应用

复合材料具有轻质、高强特性，在航空、航天领域得到广泛的应用。如图1-5所示，复合材料可用作战斗机的机翼蒙皮、机身、垂尾、副翼、水平尾翼、雷达罩、侧壁板、隔框、翼肋和加强筋等主承力构件。

图1-5　复合材料在波音767上的应用

二、在交通运输方面的应用

由复合材料制成的汽车质量较轻，在相同条件下的耗油量只有钢制汽车的1/4，而且在受到撞击时，复合材料能大幅度吸收冲击能量，保护乘坐人员的安全。可用复合材料制造的汽车部件较多，如车体、驾驶室、挡泥板、保险杠、引擎罩、仪表盘、驱动轴、板簧等。随着列车速度的不断提高，用复合材料来制造火车部件是最好的选择。复合材料常被用于制造高速列车的车厢外壳、内装饰材料、整体卫生间、车门窗、水箱等。

三、在化学工业方面的应用

在化学工业方面，复合材料主要用于制造防腐蚀制品。聚合物基复合材料具有优异的耐腐蚀性能。例如，在酸性介质中，聚合物基复合材料的耐腐蚀性能比不锈钢优异得多。

四、在电气工业方面的应用

聚合物基复合材料是一种优异的电绝缘材料，被广泛地用于电动机、电工器材的制造，如绝缘板、绝缘管、印刷线路板、电机护环、槽楔、高压绝缘子、带电操作工具等。

五、在建筑工业方面的应用

玻璃纤维增强的聚合物基复合材料（玻璃钢）具有力学性能优异，隔热、隔声性能良好，吸水率低，耐腐蚀性能好和装饰性能好的特点，因此，它是一种理想的建筑材料。在建筑上，玻璃钢被用作承力结构、围护结构、冷却塔、水箱、洁具、门窗等。

六、在机械工业方面的应用

复合材料在机械制造工业中被用于制造各种叶片、风机、各种机械部件（如齿轮、皮带轮和防护罩）等。用复合材料制造叶片具有制造容易、质量轻、耐腐蚀等优点，多种风力发电机叶片也由复合材料制造。

七、在体育用品方面的应用

在体育用品方面，复合材料被用于制造赛车、赛艇、皮艇、划桨、撑杆、球拍、弓箭、雪橇等。

第二章　复合材料的界面

第一节　复合材料界面概述

一、复合材料界面定义

复合材料是一种由相态与性能相互独立的多种物质（材料）组合在一起的多相体系，体系内相与相之间存在着大量的界面。例如，在纤维体积含量为60%的玻璃钢内，当纤维直径为10μm时，100cm³的复合材料内，界面面积可高达4000m²。如图2-1所示，界面由五个亚层组成，每个亚层的性能都与基体和增强体的性质、复合材料的成型方法等因素有关。复合材料的界面可以描述为：基体与增强体之间化学成分有显著变化的、构成彼此结合的、能起载荷传递作用的微小区域。

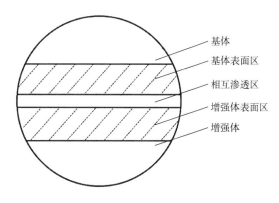

基体
基体表面区
相互渗透区
增强体表面区
增强体

图2-1　复合材料的界面示意图

由于组分材料的不同，在界面处通过元素的扩散溶解或化学反应产生的不同于基体和增强体的新相，称为界面相。如图2-2所示，在钛（TA2）和钢（Q235）形成的界面处，可明显观察到形成了TiC相。

图2-2　钛/钢界面处的TiC相

由于复合材料包含两种或两种以上的相，要使组分间具有良好的配合，则两相间必须具备物理相容性和化学相容性。相容性是指两个相互接触的组分是否相互容纳。在复合材料中是指增强体与基体之间是否彼此协调、匹配或是否发生化学反应。复合材料界面相容性包括物理相容性和化学相容性。

1. 物理相容性

物理相容性是指基体应具有足够的韧性和强度，能将外部载荷均匀地传递到增强体上，而不产生明显的不连续现象，也不应在增强体上形成高的局部应力。另一个重要的物理量是热膨胀系数。基体与增强体热膨胀系数的差异会对复合材料的界面结合产生重要的影响，从而影响材料的各项性能。例如，对于韧性基体材料，应具有较高的热膨胀系数，这是因为热膨胀系数较高的相从较高的加工温度冷却时将受到拉应力；对于脆性材料的增强体，一般都是选择抗压强度大于抗拉强度的材料。而对于高屈服强度的基体，如钛等，一般要求避免高的残余热应力，因此其与增强体的热膨胀系数不应相差太大。

2. 化学相容性

化学相容性较复杂。对原生复合材料，制造过程是热力学平衡的，其两相化学势相等，比表面能效应也最小化学相容性可不重点考虑。对非平衡态复合材料，化学相容性是非常重要的特性。增强体和基体间的直接反应是其中非常重要的问题。对高温复合材料来说，与其化学相容性密切相关的因素有：

（1）相反应的自由能 ΔF。代表该反应的驱动力。设计复合材料时，应确定所选体系可能发生反应的自由能的变化。

（2）化学势 U。各组分的化学势不等，常会导致界面的不稳定。

（3）表面能 T。各组分的表面能可能很高，导致界面的不稳定。

（4）晶界扩散系数 D。由晶界或表面扩散系数控制的二次扩散效应，常使复合体系中组分相的关系发生很大变化。

界面的结合状态和强度对复合材料的性能有重要影响。界面结合较差的复合材料大多呈剪切破坏，且在材料的断面可观察到脱粘、纤维拔出、纤维应力松弛等现象。界面结合过强的复合材料则呈脆性断裂，这降低了复合材料的整体性能。界面最佳的状态是当材料受力发生开裂时，裂纹能区域化而不进一步扩大，使界面脱粘，这时复合材料具有最大的断裂能和一定的韧性。界面不同结合状态时复合材料断口的形貌特征见表2-1。

表2-1　界面不同结合状态时复合材料断口的形貌特征

结合状态	复合材料拉伸强度/MPa	断口形貌
不良结合	206	纤维大量拔出，长度很大，断口呈刷子状
结合适中	612	纤维有拔出现象，并有一定长度，基体有缩颈现象
结合稍强	470	出现不规则断面，并可观察到很短的拔出纤维
结合过强	224	典型脆性断裂，断口平整，无纤维拔出

在研究和设计界面时，不应只追求界面结合，而应考虑最佳的综合性能。每一种复合材料都要求有合适的界面结合强度。界面结合强度受许多因素影响，如表面几何形状、分布状况、纹理结构、表面杂质、吸附气体程度、扩散和化学反应、表面层的力学特性、润湿速度等。

二、复合材料界面作用

1. 传递作用

界面可将复合材料体系中基体承受的载荷传递给增强体，在基体和增强体之间起到桥梁作用。

2. 阻断作用

如图2-3所示，基体和增强体之间结合强度适当的界面有阻止裂纹扩展、减缓应力集中的作用。

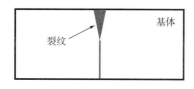
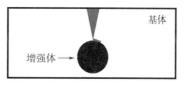

图2-3　界面阻止裂纹扩展示意图

3. 不连续作用

如图2-4所示，在界面上产生物理性能的不连续现象，如抗电性、电感应性、磁性、耐热性和磁场尺寸稳定性等。

图2-4　界面的不连续作用示意图

4. 散射和吸收作用

如图2-5所示，光波、声波、热弹性波、冲击波等在界面产生散射和吸收，使复合材料具有透光性、隔音性、隔热性、耐冲击性等。

5. 诱导作用

一种物质（通常是增强体）的表面结构使另一种（通常是基体）与之接触的物质的结构由于诱导作用而发生改变，由此产生一些现象，如强弹性、低膨胀性、耐热性和耐冲击性等。

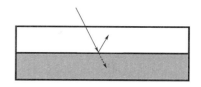

图2-5　界面的散射和吸收作用示意图

三、复合材料界面理论

界面理论是指界面发挥作用的微观机理，目前有7种理论。

1. 界面润湿理论

复合材料在制备过程中，只要涉及液相与固相的相互作用，必然有液相与固相的浸润问题。界面润湿理论是基于液态树脂对纤维表面的浸润亲和，即物理和化学吸附作用。液态树脂对纤维表面的良好浸润十分重要。浸润不良会使界面上产生孔隙，导致界面缺陷和应力集中，使界面强度下降。良好的或完全浸润将使界面强度大大提高，甚至优于基体本身的内聚强度。

从热力学观点来分析两个结合面与其表面能的关系，一般用表面张力来表征。表面张力即温度和体积不变的情况下，自由能随表面积增加的增量。

$$\gamma = \frac{\partial E}{\partial A}TV \tag{2-1}$$

式中：γ为表面张力；F为自由能；A为面积；T和V分别为温度和体积。当两个结合面结合，则体系中由于减少了两个表面、增加了一个界面，使自由能降低。体系由于两个表面结合而导致自由能的下降定义为黏合功。式（2-2）中下标S、L和SL分别代表固体、液体和固液体。如图2-6所示，θ角为接触角。接触角表示液体润湿固体的情况。

$$W_A = \gamma_S + \gamma_L - \gamma_{SL} \tag{2-2}$$

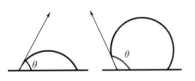
图2-6　液滴在固体表面的不同润湿情况

当$\theta = 0$时，液体完全浸润固体，平铺在表面上；

当$\theta < 90°$时，液体润湿固体；

当$\theta > 90°$时，液体不润湿固体；

当$\theta = 180°$时，液体完全不能润湿固体。

根据力的合成：

$$\gamma_L \cos\theta = \gamma_S - \gamma_{SL} \tag{2-3}$$

黏合功可以表示为：

$$W_A = \gamma_S + \gamma_L - \gamma_{SL} = \gamma_L (1 + \cos\theta) \tag{2-4}$$

黏合功W_A最大时，$\cos\theta = 1$，即$\theta = 0$，液体完全平铺在固体表面。同时$\gamma = \gamma_{SL}$，$\gamma_S = \gamma_L$。从热力学角度说明两个表面结合的内在因素，表示结合的可能性；动力学反映实际产生界面结合的外界条件，如温度、压力等的影响，表示结合过程的速度问题。产生良好结合的条件为：液体黏度尽量低；γ_S略大于γ。

在制备聚合物基复合材料时，一般把聚合物（液态树脂）均匀地浸渍或涂刷在增强材料上。树脂对增强材料的浸润性是指树脂能否均匀地分布在增强材料的周围，这是树脂与增强材料能否形成良好黏结的重要前提。在制备金属基复合材料时，液态金属对增强材料的浸润性，则直接影响到界面黏结强度。浸润性是表示液体在固体表面上铺展的程度。

好的浸润性意味着液体（基体）将在增强材料上铺展开来，并覆盖整个增强材料表面。假如基体的黏度不太高，浸润后导致体系自由能降低的话，就会发生基体对增强材料的浸润。

浸润性仅表示液体与固体发生接触时的情况，而并不能表示界面的黏结性能。一种体系的两个组元可能有极好的浸润性，但它们之间的结合可能很弱，如范德华物理键合。因此润湿是组分良好黏结的必要条件，并非充分条件。为了提高复合材料组元间的浸润性，常通过对增强材料进行表面处理的方法来改善润湿条件，有时也可通过改变基体成分来实现。

基体对增强体的润湿与下列因素密切相关：

（1）表面处理。清除杂质、气泡、氧化膜等；

（2）表面涂层。电镀、化学镀、化学气相沉积等。

（3）改变成分。如金属基复合材料采用基体合金化。纯金属的表面张力高，难以润湿纤维，合金化可使合金元素在表面富集，降低金属表面能。

（4）温度。温度提高，润湿性改善。温度过高，则会导致过热、氧化、界面反应产生脆性相等。

（5）液体压力。增加液体压力，有利于液体润湿固体。

2. 机械作用理论

如图2-7所示，当两个表面相互接触后，由于表面粗糙不平将发生机械互锁，从而形成结合。例如：采用化学气相沉积（CVD）方法生产的硼纤维，表面呈玉米棒状，与金属铝进行固态扩散复合时，温度升高使铝变软，经外力加压使铝填充在硼纤维的粗糙表面上，形成与硼纤维的机械结合。尽管表面积随着粗糙度增大而增大，但机械结合的界面中有相当多的孔穴，黏稠的液体是无法流入的。无法流入液体的孔不仅造成界面脱粘的缺陷，而且也形成了应力集中点，这不利于界面结合强度的提高。

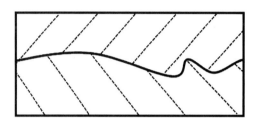

图2-7 表面机械互锁结合示意图

3. 静电吸附理论

如图2-8所示，当复合材料不同组分表面带有异性电荷时，将发生静电吸附。静电吸附理论仅在原子尺度量级内才有效。如在玻璃纤维表面涂覆偶联剂，玻璃的氧化物有适用于偶联剂水溶液的pH，能够使纤维表面显示阴离子或阳离子特性。因此，如果使用具有要求功能的原子团，就可实现静电吸附结合。

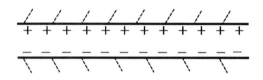

图2-8 表面静电吸附结合示意图

4. 化学键理论

如图2-9所示，在复合材料组分之间发生化学作用，在界面上形成共价键结合。在理论上可获得最强的界面黏结能（210～220J/mol）。如果两相间不能直接进行化学反应形成化学键，也可以加入偶联剂，通过偶联剂的桥梁作用以化学键相互结合。

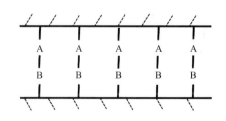

图2-9 表面结合化学键示意图

5. 界面反应或界面扩散理论

在复合材料组分之间发生原子或分子间的扩散或反应，从而形成反应结合或扩散结合。该理论认为聚合物的相互黏结是由于表面上的大分子相互扩散形成的。两相的分子链相互扩散、渗透、缠结形成界面层。扩散过程与分子链的分子量、柔性、温度、溶剂等因素有关。相互扩散实际上是界面中发生互溶、黏结的两相之间的界面消失，变成一个过渡区，因此对增加黏结强度有利。当两种聚合物的溶解度参数接近时，容易发生互溶和扩散，得到较高的黏结强度。但该理论也存在不足，因为聚合物与无机物间不会发生界面扩散、互溶等现象，扩散理论不能解释该种材料的黏结现象。

6. 过渡层理论

过渡层理论认为在增强体与基体间形成一过渡层，以缓解松弛基体与增强体在成型过程中因膨胀系数的差异引起的界面残余应力，该理论又称变形层理论。但用传统的处理方法，界面上的偶联剂数量不足以满足应力松弛的需求的现象难以解释。因此，在该理论的基础上又提出了有限吸附理论和柔性层理论，即认为塑性层不仅由偶联剂，而且还由优先吸附形成的柔性层组成，柔性层的厚度与偶联剂在界面区的数量有关。

7. 拘束层理论

该理论认为，当界面区的弹性模量介于树脂基体和增强体之间时，界面可以均匀地传递应力。吸附在硬质增强体上的聚合物基体比其本体更加聚集和紧密，且聚集密度随着离界面区的距离增加而减小，这样在增强体与基体之间就形成一个模量从高到低梯度减小的过渡区。

四、复合材料界面残余应力

复合材料成型后，由于基体的固化或凝固发生体积收缩或膨胀（通常为收缩），而增强体体积则相对稳定，这会使界面产生内应力，同时又因增强体与基体之间存在热膨胀系数的差异，在不同环境温度下界面产生热应力。这两种应力的加和总称为界面残余应力。前一种情况下，如果基体发生收缩，则复合材料基体受拉应力，增强体受压应力，界面受剪切应力。后一种情况下，通常是基体膨胀系数大于增强体，在成型温度较高的情况下，复合材料基体受拉应力，增强体受压应力，界面受剪切应力。但随着使用温度的增高，热应力向反方向变化。

1. 界面内应力

界面内应力的大小 σ_I 可用式（2-5）表示：

$$\sigma_I = \frac{E_m \varepsilon_m V_m}{3(1-\gamma_m)} \qquad (2-5)$$

式中：E_m 为基体弹性模量；γ_m 为基体泊松比；ε_m 为基体发生的应变；V_m 为基体的体积比。

界面内应力的大小与界面的结合情况有关。如界面结合发生松弛滑移现象，则内应力相应减少。

2. 界面热应力

界面热应力的大小可 σ_i 用式（2-6）表示：

$$\sigma_i = E_m (T_c - t) \Delta \alpha \qquad (2-6)$$

式中：E_m 为基体弹性模量；T_c 为成型温度；t 为使用温度；$\Delta \alpha$ 为基体与增强体的热膨胀系数差。

3. 界面残余应力

界面残余应力可以通过对复合材料进行热处理，使界面松弛而降低，但受界面结合强度的控制，在界面结合很强的情况下效果不明显。

界面残余应力的存在对复合材料的力学性能有影响，界面残余应力对复合材料性能的利弊与加载方向和复合材料残余应力的状态有关。已经发现，由于复合材料界面存在残余应力使材料拉伸与压缩性能有明显差异。此外，适当的残余应力能阻碍微裂纹的扩展；过高的残余应力阻碍界面的传导效应。

第二节　金属基复合材料的界面

在金属基复合材料中，由于基体与增强体发生相互作用形成化合物，基体与增强体的相互扩散形成扩散层，增强体的表面处理涂层，使界面的形状、尺寸、成分、结构等变得复杂。

一、金属基复合材料的界面类型

金属基复合材料的界面类型分为3大类，见表2-2。

表2-2　金属基复合材料界面类型

类型 Ⅰ	类型 Ⅱ	类型 Ⅲ
纤维与基体互不反应不溶解	纤维与基体互不反应但相互溶解	纤维与基体反应形成界面反应层
钨丝/铜		钨丝/铜—钛合金
Al$_2$O$_3$纤维/铜	镀铬的钨丝/铜	碳纤维/铝（580℃）
Al$_2$O$_3$纤维/银	碳纤维/镍	Al$_2$O$_3$纤维/钛
硼纤维/铝	钨丝/镍	硼纤维/钛
不锈钢丝/铝	合金共晶体丝/同一合金	硼纤维/钛—铝
SiC纤维/铝		SiC纤维/钛
硼纤维/铝		SiO$_2$纤维/钛
硼纤维/镁		

类型Ⅰ：纤维与基体互不反应也不溶解，为物理结合，这类界面微观是平整的，而且只有分子层厚度，界面除了原组成物质外，基本不含其他物质。界面结合主要依靠增强体的粗糙表面的机械锚固力和基体的收缩应力来包紧增强体，产生摩擦力而结合。这种界面结合仅限于受载应力平行于增强体表面时才能承载。如图2-10所示，α-Ti基体和TiB增强体之间的界面只有几个原子的厚度，界面平直，界面处没有产生其他化合物。

类型Ⅱ：纤维与基体不反应但相互溶解。复合材料的界面不平直，它是由原组成成分构成的凸凹的溶解扩散性界面。例如，采用熔浸法制备碳纤维增强镍基复合材料，在600℃下碳在镍中先溶解后析出。

类型Ⅲ：大多数金属基复合材料的基体与增强体之间在热力学上是非平衡体系，也就是说在界面处存在化学势梯度。这意味着基体与增强体之间只要存在有利的动力学条件，就可能发生相互扩散和化学反应。例如，硼纤维增强钛基复合材料在高温条件下界面发生反应，生成化合物TiB$_2$。

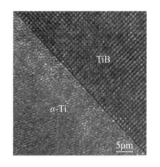

图2-10　α-Ti与TiB
界面透射电子显微镜图片

金属基复合材料的界面化学反应包括3个类型：

（1）连续界面化学反应。在制备中，界面化学反应可连续进行。影响界面反应的主要因素是温度和时间。界面反应物的量（或界面层厚度）随温度和时间的变化发生变化。如碳纤维增强铝基复合材料的界面层是因铝原子扩散进入碳纤维，造成碳纤维表面的刻蚀，形成Al_4C_3。在400℃以下，Al_4C_3的量基本是稳定的；高于400℃时，Al_4C_3量急剧增加。

（2）交换式反应。增强体与含两种以上元素的金属基体之间发生反应后，反应产物还会与其他基体元素发生交换反应，使界面不稳定。如硼纤维增强Ti-8Al-1Mo-1V复合材料，首先是含铝的钛合金与硼反应：Ti（Al）+B→（Ti、Al）B_2，该反应产物可能与钛继续进行交换反应：（Ti、Al）B_2+Ti→TiB_2+Ti（Al）。界面反应物中的铝又会重新富集在基体合金一侧，甚至形成Ti_3Al金属间化合物。

（3）暂稳态界面的变化。暂稳态界面一般是由于增强体表面局部氧化所造成的。例如，在硼铝复合材料中，硼纤维上吸附氧，并生成不稳定的BO_2。铝与氧的亲和力很强，在一定温度下可还原BO_2，并生成Al_2O_3。在长期热效应的作用下，界面上的BO_2会发生球化，影响复合材料的性能。

金属基复合材料的化学反应结合是其主要结合方式，上述反应会影响复合材料的界面稳定性。因此严格控制界面反应是一个重要的课题。

二、影响金属基复合材料界面的因素

金属基复合材料的界面稳定性明显高于聚合物基复合材料，故可在更高的温度环境中工作。复合材料能否耐高温，不仅与基体、增强体有关，还与其结合界面密切相关。在基体和增强体已选定的条件下，改善界面结构，提高界面稳定性是提高复合材料高温性能的有效途径。影响金属基复合材料的界面稳定性的因素主要包括物理和化学两个方面。

1. 物理方面

物理方面的不稳定因素主要是指在高温条件下，增强体与基体之间发生熔融。如粉末冶金工艺制备成的钨丝增强镍基复合材料，由于成型温度较低，钨丝尚未溶入基体，因此其强度基本不变。如果该复合材料在1100℃使用50h，则因钨丝溶入基体合金而使其直径降为原来的60%左右，复合材料强度明显降低。但在某些场合，增强体与基体的熔融并不一定产生不良效果。如使用钨铼合金丝增强铌合金时，钨也会溶入铌基体中，但形成了强度很高的钨铌合金，对钨铼合金丝强度的损失起到补偿作用，复合材料的强度反而有所提高。

2. 化学方面

化学方面的不稳定性主要与复合材料在加工使用过程中的界面化学反应有关。它包括连续界面反应、交换式界面反应和暂稳态界面变化等类型。其中连续界面反应对复合材料的力学性能的影响最大。界面反应产物多数比增强体脆，在外加载荷作用下易先产生裂纹。此外，化合物的生成也可能对增强体的性能有所影响。

三、金属基复合材料的界面设计

金属基复合材料的特点是容易发生界面反应而生成脆性界面，若基体为合金，则还易出现某元素在界面上富集的现象。改善增强体与基体的润湿性，控制界面反应的速度和反应产物的数量，防止严重危害复合材料性能的界面或界面层的产生，进一步进行复合材料的界面设计，是金属基复合材料界面研究的重要内容。从界面优化的观点来看，增强体与基体在润湿后又能发生适当的界面反应，达到化学结合，有利于增强界面结合，提高复合材料的性能。

关于金属基复合材料的界面控制研究主要有以下两方面：

1. 对增强体进行表面处理

常用的增强体的表面（涂层）处理方法有PVD、CVD、电化学、溶胶—凝胶法等。例如，对SiC纤维使用富碳涂层、SCS涂层等；对硼纤维使用SiC涂层、B_4C等；对碳纤维使用TiB_2涂层、C/SiC复合涂层等。

增强体的表面处理的作用有：

（1）改善增强体的力学性能，保护增强体不受物理和化学损伤，形成保护层。

（2）改善增强体与基体的润湿性和黏着性，形成润湿层。

（3）防止增强体与基体之间的扩散、渗透和反应，形成阻挡层。

（4）减缓增强体与基体之间因弹性模量、热膨胀系数的不同以及热应力集中等因素造成的物理相容性差的现象，形成过渡层或匹配层。

（5）促进增强体与基体的（化学）结合，形成牺牲层。

2. 金属基体改性（添加微量合金元素）

在金属基体中添加某些微量合金元素以改善增强体与基体的润湿性或有效控制界面反应。合金元素应选择与增强体组成元素化学位相近的元素。因为化学位相近的元素亲和力大，容易发生润湿；另外，化学位是推动反应的位能，化学位差别小，发生反应的可能性也小。

金属基体改性处理的作用有：

（1）控制界面反应。选择的改性合金元素应使界面反应速度常数尽可能小，以保持第三类界面的稳定。如在纯钛中加入合金元素Al、Mo、V、Zr等，可显著减小钛合金与硼纤维的反应速度常数。

（2）增加基体合金的流动性，降低复合材料的制备温度和时间。例如，采用液态浸渗法制备铝基复合材料时，在铝液中加入一定量的Si元素，明显降低了铝合金的熔点、提高了铝液的流动性，因而降低了复合材料的浸渗温度。

（3）改善增强体与基体的润湿性。在基体合金中加入与可与增强体表面反应而生成薄层反应层、增加增强体的表面能，或不与增强体表面反应但可降低基体液相的表面能的合金元素。例如，将3%的合金元素镁作为活性元素添加到铝中，可使液态铝的表面能下降。

3. 优化制备工艺参数，采用新工艺

优化制备工艺参数，采用新工艺可有效改善复合材料界面状况。例如，在制备SiC增强钛基复合材料时，由于氢是钛合金中的强β相稳定元素，氢的溶入可扩大相图中β相区，

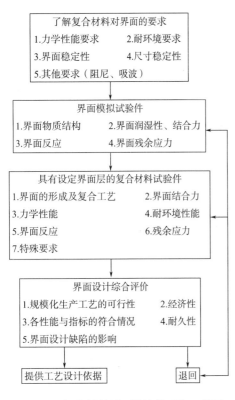

图2-11 复合材料界面设计的系统工程图

降低β相转变温度。渗氢可明显降低钛合金热变形时的流变应力，提高塑性，使热变形在较低温度下实现。

由于复合材料界面的重要性和复杂性，因此对界面进行优化设计已成为当前研究的重要问题。界面涉及原材料的选择、工艺方法和参数的设定、使用环境和条件的作用等诸多问题，同时这些条件彼此间还会相互交叉影响。可以考虑采用系统工程的方法加以解决。有关复合材料界面设计的系统工程框图如图2-11所示。从图中可以看出，首先，要充分了解复合材料中涉及界面的结构和对性能的要求，然后由模拟软件入手进行各种界面行为的考察。其次，在此基础上决定界面层应有的结构与性质，由此制备复合材料试验件；测试各有关性能并与原定要求进行对比，根据对比结果考虑进一步改善的措施。最后，在进行实际工件制造时，还要对其工艺现实性、经济性等方面进行综合评价，才能正式付诸实施。随着对复合材料基础数据的积累和计算机技术的进步，可以预见在不远的将来，便捷的计算机辅助界面优化设计必能实现。

第三节 陶瓷基复合材料的界面

多数陶瓷基复合材料中增强体与基体之间不发生化学反应，或不发生剧烈的化学反应。一些陶瓷基复合材料的增强体与基体的化学成分还会相同。例如，SiC晶须或SiC纤维增强SiC陶瓷，这种复合材料希望建立一个合适的界面，即具有合适的黏结强度、界面层模量和厚度以提高其韧性。一般认为，陶瓷基复合材料需要一种既能提供界面黏结又能发生脱黏的界面层，才能充分改善陶瓷材料韧性差的缺点。

在陶瓷基复合材料中，增强体与基体之间的结合同样以机械结合、溶解与浸润结合、反应结合和混合结合的方式进行。

一、陶瓷基复合材料界面的作用

陶瓷基复合材料的界面一方面应足以传递轴向载荷并具有高的横向强度；另一方面可以使复合材料沿界面发生横向裂纹及裂纹偏转直到纤维的拔出。因此，陶瓷基复合材料界面要有一个最佳的界面强度。如图2-12（a）所示，强的界面黏结往往导致脆性破坏，裂纹在复合材料的任一部位形成并迅速扩展至复合材料的横截面，导致平面断裂。这是由于纤维的弹性模量不是远高于基体，因此在断裂过程中，强界面结合不产生额外的能量消耗。如图2-12（b）所示，若界面结合较弱，当基体中的裂纹扩展至纤维时，将导致界面脱粘，发生裂纹偏转、裂纹搭桥、纤维断裂以至于最后纤维拔出。

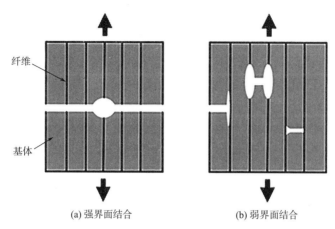

(a) 强界面结合   (b) 弱界面结合

图2-12　陶瓷基复合材料破坏形式

陶瓷基复合材料中界面相的功能包括以下4个方面。

（1）松黏层作用。界面结合强度适中时，扩展到界面的基体裂纹沿该界面层发生偏转。

（2）传递载荷的作用。界面要有足够的强度来传递载荷，调节复合材料中的应力分布。

（3）缓解层作用。界面能缓解各组分之间因热膨胀系数差引起的残余热应力。

（4）阻挡层作用。界面能阻挡元素扩散和阻缓有害化学反应，减少对增强体的化学损害。

二、控制陶瓷基复合材料界面的措施

控制陶瓷基复合材料界面的措施包括以下3点。

1. 增强体表面改性

增强体表面改性方法使用化学方法改变增强体的表面性质。该方法的目的是防止增强体与基体间发生界面反应，改善基体与增强体间的结合力，从而获得最佳的界面力学性能。例如，在SiC晶须表面形成富碳结构。

2. 增强体表面涂层

与基体复合前，可先在增强体表面涂覆具有保护作用的涂层，常用工艺有直接法和间接法。直接法的涂层材料在涂覆前后不发生化学变化，如物理气相沉积、等离子喷涂等。间接法的涂层材料在涂覆过程中通过化学合成或转化而形成涂层，如化学气相沉积、溶胶—凝胶、聚合物裂解、原位合成和电镀等。

3. 向基体添加特定元素

用烧结法制备陶瓷基复合材料过程中，为便于烧结，常在基体中添加一些元素。添加元素是为了使增强体与基体发生适度的反应以控制界面。例如，在SiC增强玻璃陶瓷中，晶化处理时会产生裂纹，当向基体添加适量的Nb元素后，在热处理过程中，Nb元素与SiC增强体发生反应生成NbC相，基体与增强体界面结合良好，达到增韧的目的。

第四节　聚合物基复合材料的界面

聚合物基复合材料一般是由增强体与基体树脂两相组成的，两相之间存在着界面，通过界面使增强体与基体树脂结合为一个整体，使复合材料具备原组成树脂所没有的性能。并且，由于界面的存在，增强体和基体树脂所发挥的作用，既各自独立又相互依存。因而，在复合材料中，改变聚合物基复合材料的界面结构与状态，可以改变该复合材料的一些性能和用途。

聚合物基复合材料的界面形成主要包括以下两个阶段。第一阶段：基体与增强体的接触与浸润过程，增强体优先吸附能够较多降低其表面能的物质。第二阶段：聚合物的固化阶段，液态树脂以固化剂或官能团为中心向四周辐射扩散，形成中心密度大，边缘密度小的非均匀固化结构。其中，密度大的部分称胶粒，密度小的部分称胶絮。

聚合物基复合材料中，界面层可以看作一个单独的相，但是界面相又依赖于其两边的相。界面与两边的相结合状态对复合材料的性能起重要作用。界面层的结构主要包括界面结合力的性质、界面层的厚度、界面层的组成和微观结构。界面结合力存在于两相之间，可分为宏观结合力和微观结合力。宏观结合力是由裂纹及粗糙的表面产生的机械咬合力，而微观结合力包括化学键和次价键，这两种键的相对比例取决于其组成成分和表面性质。化学键的结合力最强，对界面结合强度起主要作用。因此，为提高界面结合力，要尽可能多地向界面引入反应基团，增加化学键的比例。例如，碳纤维增强聚合物基复合材料可通过低温等离子处理以提高界面的反应性，增加化学键比例，达到提高复合材料性能的目的。

一、聚合物基复合材料界面的作用机理

在组成聚合物基复合材料的两相中，一般有一相以溶液或熔融流动状态与另一相接触，再进行固化反应使两相结合在一起。在这个过程中，两相间的作用机理包括以下6种：

1. 浸润吸附理论

浸润吸附理论认为，如果增强体能被液态基体充分浸润，不留孔隙，则界面结合强度将高于基体的内聚强度，否则会在界面产生孔隙，形成应力集中区，引发裂纹，发生开裂。液态树脂对增强体的浸润吸附包括以下两个阶段：第一阶段，聚合物大分子（宏观布朗运动）与增强体表面（微观布朗运动）接触，使大分子链靠近增强体表面极性基团；第二阶段，吸附作用分子间距小于0.5nm，范德瓦尔斯力起作用。

2. 化学键理论

化学链理论认为，要使两相之间实现有效结合，两相表面应含有能发生化学反应

的活性官能团，通过化学反应以化学键结合形成界面。如果两相间不能直接进行化学反应形成化学键，也可加入偶联剂，通过偶联剂的桥梁作用以化学键的形式使两相相互结合。

有些现象难以用化学键理论进行解释。如有些偶联剂不含有与基体树脂起反应的基团，却有较好地处理效果。再如，按照化学键理论，基体与增强体之间只需要单分子层的偶联剂就可以实现结合，而实际上偶联剂在增强体表面上不是单分子层而是多分子层。

3. 机械联结理论

界面结合属于机械铰合和基于次价键作用的物理吸附。基体与增强体的黏结为机械黏结作用。首先液态基体渗入增强物的孔隙中，然后基体凝固或固化而机械地镶嵌在增强物表面，产生机械结合力。

4. 过渡层理论

过渡层理论认为，在增强体与基体间会形成一过渡层，以缓解松弛基体与增强体在成型过程中因膨胀系数的差异引起的界面残余应力，该理论又称变形层理论。难以解释的是，用传统的处理方法，界面上的偶联剂数量不足以满足应力松弛的需求。因此，在该理论的基础上又提出了有限吸附理论和柔性层理论，即认为塑性层不仅由偶联剂，而且由优先吸附形成的柔性层组成，柔性层的厚度与偶联剂在界面区的数量有关。该理论对石墨纤维增强聚合物复合材料进行解释比较适合。

5. 拘束层理论

拘束层理论认为，如界面区的弹性模量介于树脂基体和增强体之间，则可均匀地传递应力。吸附在硬质增强体上的聚合物基体比其本体更加聚集和紧密，且聚集密度随着与界面区的距离增加而减小，这样在增强体与基体之间就形成了一个模量从高到低的梯度减小的过渡区。

6. 扩散层理论

扩散层理论认为，聚合物的相互黏结是由于表面上的大分子相互扩散形成的。两相的分子链相互扩散、渗透缠结形成了界面层。扩散过程与分子链的分子量、柔性、温度、溶剂等因素有关。相互扩散实际上是界面中发生互溶、黏结的两相之间的界面消失，变成一个过渡区，因此对其黏结强度有利。当两种聚合物的溶解度参数接近时，容易发生互溶和扩散，得到较高的黏结强度。

二、聚合物基复合材料界面的设计

聚合物基复合材料的界面设计的基本原则是改善浸润性、提高界面结合强度，可以从使用偶联剂、增强体表面处理和使用聚合物涂层3方面进行改性。

1. 使用偶联剂

偶联剂是一种化合物，其分子两端含有不同的基团，一端可与增强体发生化学或物理作用，另一端则能与基体材料发生化学或物理作用，从而使增强体与基体依靠偶联剂的偶联紧密地结合在一起。选择合适的偶联剂很重要，所选的偶联剂应既含有能与增强体起化学作用的官能团，又含有与聚合物基体起化学作用的官能团。例如，玻璃纤维使用硅烷作为偶联剂可使复合材料的性能大大改善。

2. 增强体表面处理

由于纤维本身的结构特征（沿纤维轴向择优取向的同质多晶）以及纤维表面能低，纤维不能被树脂很好地浸润。可通过适当的表面处理改变纤维表面形态、结构，使其表面能提高，以改善浸润性或使表面生成一些能与树脂反应形成化学键的活性官能团，如引入—COOH、—OH、—NH$_2$等，从而提高纤维与基体的相容性以及结合强度。例如，碳纤维表面处理方法主要有氧化法（液相氧化、气相氧化法等），冷等离子体处理法，表面（气相）沉积，表面电聚合处理。

3. 使用聚合物涂层

使用聚合物涂层可改善基体和增强体的润湿性、界面黏结状态以及界面应力状态。使用溶液涂敷、电化学及等离子聚合等方法可获得聚合物涂层。对碳纤维表面上涂覆惰性涂层和能与基体树脂发生反应或聚合的涂层。经比较，惰性涂层效果较好，后一种涂层由于降低了相界面的浸润性而浸润效果不良。浸润不良将会在界面产生空隙，易发生应力集中而使复合材料发生开裂。

三、聚合物基复合材料界面的破坏

由于纤维—树脂基体间界面的存在，赋予复合材料结构的完整性。因此复合材料断裂时，不仅断裂力学行为与界面有关，而且复合材料断裂表面形态与界面的黏结强度有关。黏结好的界面，纤维上黏附树脂；黏结不好的界面，其断面上拔出来的纤维光秃，不黏附树脂。

纤维—树脂间界面黏结行为如图2-13所示。从图中可看到，由于界面黏结作用，受力前在纤维或树脂中无应变。受力后，树脂中产生复杂的应变，纤维通过界面黏结而"抓住"树脂，从而产生影响。

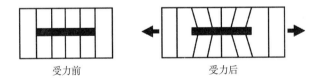

受力前　　　　　　　　受力后

图2-13　聚合物基复合材料受力前后的变形示意图

1. 界面破坏和界面微裂纹发展过程的能量变化

在复合材料中，无论是在基体、增强体还是在界面中，均有微裂纹存在，它们在外力或其他因素作用下，都会按照自身的一定规律扩展，最终导致复合材料的破坏。例如，在基体上的微裂纹，其裂纹峰的发展趋势有的平行于纤维表面、有的垂直于纤维表面，当微裂纹受外界因素作用时，其扩展的过程将逐渐贯穿基体，最后达到纤维表面。在此过程中，随着裂纹的扩展，将逐渐消耗能量。由于能量的消耗，裂纹的扩展速度将减慢，对于垂直于纤维表面的裂纹峰，还由于能量的消耗将减缓它对纤维的冲击。假定在裂纹扩展过程中没有能量的消耗，则绝大部分能量都集中在裂纹峰上，裂纹峰冲击纤维时，可能穿透纤维，导致纤维及整个复合材料遭到破坏，这种破坏具有脆性破坏特征。例如，通过提高碳纤维和环氧树脂的黏结强度，能观察到这种脆性破坏。另外，也可观察到一些聚酯及环氧树脂复合材料破坏时，发生的不是脆性破坏，而是逐渐破坏，这可解释为，由于裂纹在扩展过程中能量流散，减缓了裂纹的扩展速度，以及能量消耗于界面的脱胶，分散了裂纹峰上的能量集中，因此未能造成纤维的破坏，致使整个破坏过程是界面逐渐破坏的过程。

当裂纹的扩展在界面上被阻止，由于界面脱胶而消耗能量，将会产生大面积的脱胶层，用高分辨率的显微镜观察，可看到脱胶层的可视尺寸达0.5μm。在界面上，基体与增强体间形成的键可分为两类，一类是物理键，另一类是化学键。能量流散时，消耗于化学键的破坏能量较大。界面上化学键的分布与排列可以是集中的，也可以是分散的，甚至是混乱的。如果界面上的化学键是集中的，当裂纹扩展时，能量流散较少，较多的能量集中于裂纹峰，可能在没有引起集中键断裂时，已冲断纤维，致使复合材料破坏，如图2-14（a）所示。界面上化学键集中时的另一种情况是，在裂纹扩展过程中，还未能冲断纤维已使集中键破坏，这时由于破坏集中键，使能量流散，仅造成界面黏结破坏，如图2-14（b）所示。

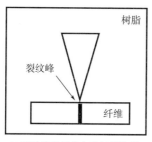 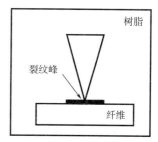

(a) 裂纹峰能量集中引起纤维裂　　　　(b) 裂纹峰扩展破坏集中键

图2-14　裂纹

2. 水引起界面破坏机理

清洁的玻璃纤维表面吸附水的能力很强，并且纤维表面与水分子间的作用力可通过已吸附的水膜传递，所以玻璃纤维表面对水的吸附是多层吸附，形成较厚的水膜（厚度约为水分子直径的100倍）。玻璃纤维表面对水的吸附过程异常迅速，在相对湿度为60%～70%的条件下，只需2～3s即可完成吸附。纤维越细，其比表面积越大，吸附的水也越多。被吸附在玻璃纤维表面的水异常牢固，将纤维加热到110～150℃时，只能排除一半被吸附的水，加热到150～350℃时，也只能排除3/4被吸附的水。玻璃纤维复合材料表面上吸附的水浸入界面后，发生水和玻璃纤维及树脂间的化学变化，引起界面黏结破坏，致使复合材料破坏。因此，玻璃纤维复合材料对水分的敏感性很大，它的强度和弹性模量随湿度增大而明显降低，见表2-3。

表2-3 玻璃纤维复合材料在不同湿度空气中性能的变化

相对湿度/%	拉伸强度/MPa	拉伸弹性模量/MPa	拉伸比例极限
干燥	322	1.73×10^4	176
55	269	1.56×10^4	143
97	223.5	1.71×10^4	112

复合材料吸附的水进入界面的途径，一是通过工艺过程中在复合材料内部形成的气泡，这些气泡在应力作用下破坏，形成互相串通的通道，水很容易沿通道达到很深的部位；二是树脂内存在的杂质，尤其是水活性无机物杂质，遇到水时，因渗透压的作用形成高压区，这些高压区将产生微裂纹，水继续沿微裂纹浸入。此外，复合材料制备过程中所产生的附加应力，也会在复合材料内部形成微裂纹，水也能沿着这些微裂纹浸入。

进入界面的水，首先使树脂溶胀，使界面产生横向拉伸应力，这种应力超过树脂与玻璃纤维的黏结强度时，界面黏结发生破坏。水使玻璃纤维的强度下降是可逆的。而水使树脂产生降解反应，是不可逆的。但不同的树脂，水对其降解反应的能力不同。玻璃纤维/聚酯复合材料在水的作用下，由于玻璃纤维受到水的作用产生氢氧根离子，使水呈碱性，加速聚酯树脂水解反应。由于树脂的水解引起大分子链的断裂（降解），致使树脂层破坏，进而造成界面黏结破坏，水解造成的树脂破坏，是一小块小块地不均匀破坏。由于接触水的机会不同，所以树脂的水解在接近复合材料表层的部位较多，而在中心部位较少。水对复合材料的作用，除了对界面起破坏作用外，还会促使裂纹的扩展。

第三章　基体、增强体及复合理论

第一节　复合材料的基体

复合材料的原材料包括基体材料和增强材料。复合材料基体是复合材料中黏结增强体成为整体，并传递载荷到增强体的主要组分之一。常见的基体材料主要为聚合物基体、金属基体、陶瓷基体和碳（石墨）基体。前三种基体材料性能见表3-1。

表3-1　常见基体材料性能对比

性能	金属基体	聚合物基体	陶瓷基体
使用温度/℃	400 ~ 600	60 ~ 250	1000 ~ 1500
硬度	较高	低	高
强度、塑性	强度、塑性都较高	强度低、塑性好	强度高、塑性极差
耐自然老化性能	较好	最差	最好
导热性能/（$W \cdot m^{-1} \cdot K^{-1}$）	50 ~ 65	0.35 ~ 0.45	0.7 ~ 3.6
耐化学腐蚀性能	差	较好	较好

一、聚合物基体

聚合物是一种分子量很大的化合物，分子量多在5000 ~ 1000000。它由小分子在一定条件下聚合而成，这种小分子聚合形成大分子的过程称为聚合反应。聚合物主要由单体、链节等组成。单体是指形成聚合物的小分子化合物，如高聚物聚乙烯由小分子乙烯聚合而成。链节则是构成聚合物的基本结构单元。

（一）聚合物基体组成

1. 交联剂

交联剂是在线型分子间起架桥作用，使多个线型分子相互键合交联成网络结构的物质。可以促进或调节聚合物分子链间共价键或离子键的形成，也称固化剂。

2. 引发剂

引发剂指容易受热分解成自由基的化合物。可用于引发烯类、双烯类单体的自由基聚合和共聚合反应，也可用于不饱和聚酯的交联固化和高分子交联反应。

3. 促进剂

促进剂与催化剂或交联剂并用时，可以提高反应速率，且用量较少。

4. 稀释剂

稀释剂能降低聚合物基体黏度，使聚合物便于加工。

5. 增韧（塑）剂

增韧（塑）剂能降低树脂刚性、提高树脂塑性，将导致树脂强度和耐热性下降。常见的增韧（塑）剂有邻苯二甲酚酯、聚酰胺等。

6. 触变剂

触变剂能提高树脂在静止状态下的黏度，在外力作用下，树脂又变成流动性液体。适合制造大型产品，尤其在垂直面上使用。加入量通常为1%～3%。常见的触变剂有活性SiO_2、膨润土、聚氯乙烯粉等。

7. 填料

填料能降低成本，改善性能（如降低收缩率，提高表面硬度和耐磨性、导电性、导热性等）。常见的填料有$CaCO_3$、滑石粉、石英粉、金属粉等。

8. 颜料

颜料颜色鲜艳，有耐热性和耐光性，在树脂中分散良好，不影响树脂固化。因有机颜料会影响树脂固化，一般选用无机颜料，用量通常为0.5%～5%。

（二）基体的作用

1. 链接增强体

基体可将单一的纤维颗粒增强体黏结成一个整体。

2. 均衡载荷，传递载荷

基体承受外加载荷，并将载荷传递给增强体。

3. 保护增强体

例如，在玻璃纤维增强聚合物基复合材料中，聚合物基体可以防止玻璃纤维受潮，也可以防止纤维磨损。

4. 赋予复合材料各种特性

基体材料可以赋予复合材料耐热性、耐腐蚀性、阻燃性、抗辐射性等性能。

5. 决定复合材料生产工艺、成型方法

用于复合材料的聚合物基体有多种分类方法，按其热行为可分为热塑性聚合物及热固性聚合物两类。热塑性聚合物是一类线型［图3-1（a）］或有支链的固态高分子［图3-1（b）］；热固性聚合物通常为分子量较小的液态或固态预聚体，其结构如图3-1（c）所示。

(a)线型热塑性聚合物 　　(b)具有支链的热塑性聚合物 　　(c)热固性聚合物

图3-1　聚合物的形态特征

热塑性聚合物包括各种通用塑料（聚丙烯、聚氯乙烯等）、工程塑料（聚酰胺、聚碳酸酯等）和特种耐高温聚合物（聚酰胺、聚醚砜、聚醚醚酮等）。热塑性聚合物可溶可熔，可反复加工而无化学变化。在加热到一定温度时可以软化甚至流动，从而在压力和模具的作用下成型，并在冷却后硬化固定。热塑性聚合物必须与增强体制成连续的片（布）状、带状或粒状预浸料，才能进一步加工成各种复合材料构件。这类高分子分非晶（或无定形）和结晶两类。通常结晶度为20%～85%，具有质轻、比强度高、电绝缘、化学稳定性好、耐磨润滑性好、生产效率高等优点。与热固性聚合物相比，具有明显的力学松弛现象；在外力作用下形变大；具有相当大的断裂延伸率；抗冲击性能较好。

热塑性聚合物基复合材料与热固性聚合物基复合材料相比，在力学性能、使用温度、抗老化性能方面处于劣势，但是它具有工艺简单、工艺周期短、成本低、比重小等优势。当前汽车工业的发展为热塑性聚合物基复合材料的研究和应用开辟了广阔的天地。

（三）常用的热塑性聚合物基体

1. 聚酰胺

聚酰胺是具有许多重复酰胺基的一类线型聚合物的总称，通常叫作尼龙。聚酰胺是结晶性聚合物，酰胺基团间由氢键相连，具有良好的力学性能。与金属材料相比，聚酰胺的刚性稍差，但其比拉伸强度高于金属，比抗压强度与金属相当，可用来代替金属。聚酰胺作为最重要的合成纤维的原料被广泛使用，而后发展成为工程塑料，属产量很大的聚合物材料。

2. 聚碳酸酯

聚碳酸酯可分为脂肪族、脂环族、芳香族及脂肪—芳香族聚碳酸酯等多种类型。聚碳酸酯呈微黄色，硬度高、韧性好，具有良好的耐蠕变性、耐热性及电绝缘性。其缺点是制品易发生应力开裂，耐溶剂、耐碱性差，高温条件下易发生水解。

3. 聚甲醛

聚甲醛分子链中含有（—CH_2—O—）基团，没有侧链，是具有高密度、高结晶性的线型聚合物。聚甲醛的拉伸强度达70MPa，可在104℃条件下长期使用，脆化温度为-40℃，吸水性较小，可在许多场合替代钢、铜、铝、锌及铸铁等金属材料。聚甲醛有共聚甲醛和均聚甲醛两种。均聚甲醛的力学性能稍好，但其稳定性不如共聚甲醛。

4. 氟树脂

氟树脂是指含氟单体的均聚物或共聚物，主要包括聚四氟乙烯、聚偏氟乙烯、聚三氟氯乙烯和聚氟乙烯等，其中应用最多的是聚四氟乙烯。聚四氟乙烯是高度结晶的聚合物，分解温度为400℃，可在260℃条件下长期工作，力学性能优异。最突出的优点是耐化学腐蚀性极强，能耐王水及沸腾的氢氟酸，因此具有"塑料王"之称。

5. 聚醚醚酮

聚醚醚酮是一种半结晶型热塑性树脂，其玻璃化转变温度为143℃，熔点为334℃，结晶度一般在20%～40%，最大结晶度为48%。聚醚醚酮在空气中的热分解温度为650℃，加工温度在370～420℃，室温弹性模量与环氧树脂相当，强度优于环氧树脂，断裂韧性极高，具有优秀的阻燃性。聚醚醚酮基复合材料可在250℃下长期使用。此外，聚醚醚酮具有优良的耐X射线、β射线、γ射线辐射性能；具有优良的电绝缘性和阻燃性；对碳纤维具有良好的黏结性等。聚醚醚酮可注射、挤出、吹塑加工成各种制品；在航天工业中，聚醚醚酮被用来制备雷达罩、无线电设备罩、电动机零件及高强高模、耐热的飞机部件等。

6. 聚苯硫醚

聚苯硫醚为结晶型聚合物，耐化学腐蚀性极好，在室温条件下不溶于任何溶剂，长期耐热温度可达240℃。

7. 聚醚砜

聚醚砜为非晶聚合物，玻璃化转变温度为225℃，可在180℃下长期使用；有突出的耐蠕变性、尺寸稳定性；热膨胀系数与温度无关，无毒，不燃。

（四）常用的热固性聚合物基体

热固性聚合物通常包括环氧树脂、酚醛树脂、聚酰亚胺树脂等。热固性聚合物在固化初始阶段流动性很好，容易浸透增强体，同时工艺过程比较容易控制，几乎适合于各种类型的增强体。热固性聚合物通常先制成预浸料，使浸入增强体的聚合物处于半凝固状态，在低温条件下保存以限制其固化反应，并应在一定期间内进行加工。各种热固性聚合物的固化反应机理不同，根据使用要求的差异，采用的固化条件也有很大的差异。一般的固化条件有室温固化、中温固化（120℃左右）和高温固化（170℃以上）。热固性聚合物通常为无定型结构，具有耐热性好、刚度大、电性能、加工性能和尺寸稳定性好等优点。

1. 环氧树脂

凡是含有二个以上环氧基的高聚物统称为环氧树脂。按原料组分进行分类，有双酚型环氧树脂、非双酚型环氧树脂以及脂肪族环氧化合物等新型环氧树脂。环氧树脂是线型结构，必须加入固化剂使它变为不溶不熔的网状结构才能应用。固化剂的种类很多，常见固化剂有胺类固化剂、酸酐类固化剂、咪唑类固化剂、潜伏性固化剂，以及其他类型的固化剂。由于固化剂的使用对环氧树脂的性能有重要的影响，因此，人们对固化剂的研究越来越重视，新固化剂品种不断出现。固化剂品种的不断丰富改善了环氧树脂的性能，扩大了它的应用范围。

2. 不饱和聚酯树脂

不饱和聚酯树脂是指有线型结构的、主链上同时具有重复酯键及不饱和双键的一类聚合物。不饱和聚酯的种类很多，按化学结构分类有顺酐型、丙烯酸型和丙烯酸环氧酯型聚酯树脂。不饱和聚酯树脂在热固性树脂中属于工业化应用较早、产量较多的一类，它主要应用于制造玻璃纤维增强复合材料。由于该树脂的收缩率高且力学性能较低，因此很少将它与碳纤维复合制造复合材料。近年来由于汽车工业发展的需要，用玻璃纤维部分取代碳纤维制成的混杂复合材料得以发展。

（1）不饱和聚酯的主要优点。

①工艺性能良好。不饱和聚酯在室温下黏度低，可以在室温条件下固化，在常压下成型，颜色浅，可以制作彩色制品，可以采用多种措施来调节其工艺性能等。

②固化后树脂的综合性能良好，并有多种专用树脂适应不同用途的需要。

③价格低廉，其价格远低于环氧树脂，略高于酚醛树脂。

（2）不饱和聚酯的主要缺点。

不饱和聚酯固化时体积收缩率较大，成型时气味和毒性较大，耐热性、强度和模量都较低，易变形，因此很少用于受力较强的制品中。

（3）不饱和聚酯的固化过程。

不饱和聚酯树脂的固化是一个放热反应，分为三个阶段：

①胶凝阶段。胶凝阶段指从加入促进剂到树脂变成凝胶状态的一段时间，是固化过程最重要的阶段。影响胶凝时间的因素很多，如阻聚剂、引发剂和促进剂的加入量，环境温度和湿度，树脂的体积，交联剂蒸发损失等。

②硬化阶段。硬化阶段是从树脂开始胶凝到一定硬度，能把制品从模具上取下为止的一段时间。

③完全固化阶段。在室温下，这段时间可能要几天至几星期。完全固化通常在室温下进行，并用后处理的方法来加速，如在80℃保温3h。

3. 酚醛树脂

酚醛树脂系酚醛缩合物，广泛应用于工业技术部门。它主要用于胶黏剂、涂料及布、纸、玻璃布的层压复合材料等。酚醛树脂的优点是比环氧树脂价格便宜，缺点是吸附性不好、收缩率高、成型压力高、制品空隙含量高等。因此，较少用酚醛树脂来制造碳纤维增强复合材料。

酚醛树脂的含碳量高，因此可用于制造耐烧蚀材料，制备宇宙飞行器载入大气的防护制件，它还可作为制造碳/碳复合材料的碳基体的原料。近年来，新研制的酚改性二甲苯树脂（2605树脂），也已被用来制造耐高温的玻璃纤维增强复合材料。

随酚类和醛类配比用量不同和使用的催化剂不同，所得到的酚醛树脂分热固性和热塑性两大类。在国内，作为纤维增强塑料基体使用的酚醛树脂大多为热固性树脂。

酚醛树脂固化方法有两种：一是加热固化，不加任何固化剂，仅通过加热的办法，依靠酚醛本身的羟甲基等活性基团，进行化学反应而固化。二是通过加入固化剂使树脂发生固化。其中线型酚醛树脂使用六次甲基四胺等固化剂，用量为10%~15%，再通过加热进行固化；热固性酚醛树脂使用有机酸作为固化剂，常用的固化剂有苯磺酸、甲基苯磺酸、苯磺酰氯、石油磺酸、硫酸—硫酸乙酯等，用量为8%~10%。

4. 双马来酰亚胺树脂

双马来酰亚胺树脂是马来酸酐与芳香族二胺反应生成预聚体，再高温交联而成的一类热固性树脂。交联后的双马来酰亚胺树脂具有不熔不溶的特点，且具有高的交联度，固化后的密度为$1.35~1.4g/cm^3$，玻璃化温度为250~300℃，使用温度为150~200℃。

5. 聚酰亚胺树脂

聚酰亚胺树脂是主链含杂环结构的聚合物。其典型反应是芳香二酸酐与芳香二胺生成聚酰胺酸，在热作用下酰胺脱水形成聚酰亚胺。

6. 有机硅树脂

有机硅树脂是一类由交替的硅和氧原子组成骨架，不同的有机基再与硅原子联结的聚合物的统称。如果原料单体的官能度≤2，则制得的聚有机硅烷为线型结构；如果原料的单体的官能度>2，则可制得热固性有机硅树脂。热固性有机硅树脂在200～250℃或存在催化剂时，加热即可转变为不溶不熔的三维网状结构。硅树脂可分为硬硅树脂和柔软弹性硅树脂两类。作为纤维增强塑料及涂料用的硅树脂属于硬硅树脂。

二、金属基体

在金属基复合材料中，基体主要是各种金属或合金。金属与合金的品种繁多，目前用作金属基体材料的主要包括铝及铝合金、镁合金、钛合金、镍合金、铜合金、锌合金、铅、金属间化合物等。

基体材料的正确选择，对能否充分组合和发挥基体金属和增强体的性能特点，获得预期的优异综合性能并满足使用要求十分重要。

（一）选择基体金属的注意事项

1. 金属基复合材料的使用要求

金属基复合材料构件的使用性能要求是选择金属基体材料最重要的依据。如喷气发动机叶片、转轴等重要零件的使用要求为轻质及良好的高温力学性能，故该类零件一般选用钛或镍作为基体。

2. 金属基复合材料的组成特点

不同类型的增强材料，如连续纤维、短纤维或晶须对基体材料的选择有较大影响。例如，在连续纤维增强的复合材料中，基体的主要作用应是充分发挥增强纤维的性能，基体本身应具有良好的塑性和与纤维良好的相容性，而并不要求基体有很高的强度。

3. 基体金属与增强体的相容性

首先，由于金属基复合材料需要在高温下成型，制备过程中，处于高温热力学非平衡状态下的增强体与金属基体之间很容易发生化学反应，在界面形成反应层。界面反应层大多是脆性的，当反应层达到一定厚度后，材料受力时界面层会产生裂纹，并向周围扩展，引起增强体破坏，进而导致复合材料整体破坏。其次，由于基体金属中往往含有不同类型的合金元素，这些合金元素与增强体的反应程度不同，反应后生成的产物也不同。因此，在选用基体合金成分时需充分考虑，尽可能选择既有利于金属基体与增强体浸润复合，又有利于形成合适稳定的界面的合金元素。

（二）常见金属基复合材料的基体

金属基复合材料的使用温度往往较高，根据使用温度，可对常见金属基复合材料的基体进行以下分类：

1. 用于450℃以下的金属基体

在450℃以下温度范围内使用的金属基体主要是镁、铝及其合金。

（1）镁和镁合金。镁具有密排六方晶体结构，密度为1.74g/cm^3。镁的强度和模量都很低，但比强度、比模量较高。其室温和低温塑性较差，但高温塑性好，可进行各种形式的热变形加工。纯镁的强度较低，不适合作为复合材料的基体，一般需要添加合金元素以合金化，主要合金元素有Al、Mn、Zn、Li、As、Zr、Ni和稀土元素等。合金元素在镁合金中起固溶强化、沉淀强化和细晶强化等作用。添加少量Al、Mn、Zn、Zr、Be等元素可以提高镁的强度；Mn元素可提高镁的耐蚀性；Zr元素可细化镁合金晶粒同时提高其抗热裂倾向；稀土元素除具有类似Zr元素的作用外，还可以改善镁的铸造性能、焊接性能、耐热性以及消除应力腐蚀倾向；Li除了可在很大程度上降低材料的密度外，还可以大大改善镁合金的塑性。

常用的镁合金有3类：室温铸造镁合金、高温铸造镁合金及锻造镁合金。镁基体的选择主要根据镁基复合材料的使用性能，对侧重铸造性能的镁基复合材料，可选择不含Zr的铸造镁合金为基体；侧重挤压性能的则一般选用变形镁合金。这些镁合金主要有镁铝锌系（AZ31、AZ61、AZ91）、镁锌锆系、镁锂系、镁锌铜系（ZC71）、镁锰系、镁稀土锆系、镁钍锆系和镁钕银系等。镁基复合材料常用来制造航天飞机蒙皮、发动机箱等。

（2）铝和铝合金。铝具有面心立方晶体结构，无同素异构转变。纯铝的熔点为660℃，密度为2.7g/cm³。铝及其合金塑性优异，导热、导电性能好；化学活性高，强度不高。铝合金一般可分为变形铝合金和铸造铝合金两类。变形铝合金又可分为：防锈铝、硬铝、超硬铝、锻铝。在实际使用中，常在纯铝中加入Zn、Cu、Mg、Mn等元素形成合金，由于加入的这些元素在铝中的溶解度极为有限，因此，这类合金通常称为沉淀硬化合金，如Al—Cu—Mg和Al—Zn—Mg—Cu等沉淀硬化合金。近年来，为航空和航天工业开发出的Al—Li系列合金，进一步提高了铝的弹性模量，降低了材料的密度。铝合金需用固溶处理、淬火和时效来改善和提高性能。通过时效处理的铝合金强度和硬度明显提高。通常，铝基体可用硼纤维、碳纤维、碳化硅纤维、晶须、颗粒等增强体增强。铝基复合材料主要用于制备飞机机身结构件、导弹结构件、发动机结构件及卫星支架等。

2. 用于 450～700℃ 的金属基体

在450～700℃温度范围内可以作为金属基复合材料基体使用的，目前主要是钛及其合金。

钛的密度为4.51g/cm³，熔点为1678℃，热膨胀系数7.35$10^{-6}$K^{-1}。钛的导电和导热性差，但其耐腐蚀性良好，高温力学性能良好。钛有两种同素异构体：882.5℃以下为密排六方晶体结构（α-Ti）；882.5℃以上至熔点为体心立方晶体结构（β-Ti）。纯钛的塑性极好，其强度可通过冷加工硬化和合金化得到显著提高。钛在较高的温度中能保持高强度，优良的抗氧化和抗腐蚀性能。它具有较高的比强度和比模量，是一种理想的航空、宇航材料。用高性能碳化硅纤维、碳化钛颗粒、硼化钛颗粒增强钛合金，可以使其获得更高的高温性能。钛基复合材料主要用于制造高性能航空发动机部件。

3. 用于 600～900℃ 的金属基体

在600～900℃温度范围内使用的金属基体主要是铁和铁基合金。

在金属基复合材料中使用的铁基体，主要是铁合金，按加工工艺分为变形高温合金和铸造高温合金。其中，铁基变形高温合金是奥氏体可塑性变形高温合金，主要组成为

15%～60%的铁，25%～55%的镍和11%～23%的铬。此外，根据不同的使用温度，分别加入钨、钼、铌、钒、钛等合金元素进行强化。铁基铸造高温合金是以铁为基体，用铸造工艺成型的高温合金，基体为面心立方晶体结构的奥氏体。铁基变形高温合金、铸造高温合金分别用于制造燃气涡轮发动机的燃烧室和涡轮轮盘、涡轮导向叶片等。

4. 用于1000℃左右的金属基体

用于1000℃左右的高温金属基复合材料的基体材料主要是镍基耐热合金和金属间化合物。其中，研究较为成熟的是镍基高温合金，金属间化合物基复合材料尚处于研究阶段。

（1）镍和镍合金。在金属基复合材料中使用的镍合金可分为镍基变形高温合金和镍基铸造高温合金。镍基变形高温合金以镍为基体（含量一般大于50%），加入钨、钼、钴、铬、铌等合金元素，使用温度在650～1000℃，具有较高的强度、良好的抗氧化和抗燃气腐蚀能力，可用于制造燃气涡轮发动机的燃烧室等。镍基铸造高温合金是以镍为基体，用铸造工艺成型的高温合金，能在600～1100℃的氧化和燃气腐蚀气氛中承受复杂压力，并能长期可靠地工作，主要用于制造涡轮转子叶片和导向叶片及其他在高温条件下工作的零件。另外，用钨丝、钍钨丝增强镍基合金还可以大幅度提高其高温性能。例如高温持久性能和高温蠕变性能一般可提高1.3倍。该种材料主要用于制造高性能航空发动机叶片等重要零件。

（2）金属间化合物。金属间化合物种类繁多，而用于金属基复合材料基体的金属间化合物通常是一些高温合金，如铝化镍、铝化铁、铝化钛等，使用温度可达1600℃。在这些高温合金的晶体结构中，原子主要以长程有序方式排列，在这种有序金属间化合物中，发生位错要比在无序合金中受到更大的约束，因此能使化合物在高温下保持强度。

5. 功能用金属基复合材料的基体

功能用金属基复合材料随着电子、信息、能源、汽车等工业技术的不断发展，越来越受到各方的重视，发展前景广阔。

高技术领域的发展要求材料和器件具有优良的综合物理性能，如同时具有高力学性能、高导热、低热膨胀、高导电率、高抗电弧烧蚀性、高摩擦系数和高耐磨性等。单靠金属与合金难以使材料具有优良的综合物理性能，而要靠优化设计和先进制造技术将金属基体与增强体制成复合材料来满足需求。例如，电子领域的集成电路，由于电子器件的集成度越来越高，单位体积中的元件数不断增多，功率增大，发热严重，需用热膨胀系数小、导热性好的材料做基板和封装零件，便于将热量迅速传递和散失，避免产生热应力，提高器件的可靠性。又如，汽车发动机零件要求耐磨、导热性好、热膨胀系数适当等，这些均可通过材料的组合设计来达到。

目前功能金属基复合材料主要用于制造电子封装材料、高导热耐电弧烧蚀的集电材料和触头材料、耐高温摩擦的耐磨材料、耐腐蚀的电池极板材料等。功能金属基复合材料主要选用的金属基体是纯铝及铝合金、纯铜及铜合金、银、铅、锌等金属。用于电子封装的金属基复合材料的基体主要是纯铝和纯铜；用于耐磨零部件的金属基复合材料的基体主要是铝、镁、锌、铜、铅等金属及合金；用于集电和电触头的金属基复合材料有碳（石墨）纤维、金属丝、陶瓷颗粒增强铝、铜、银及合金等。

三、陶瓷基体

陶瓷材料具有硬度高、耐高温、耐磨损、耐腐蚀及相对密度低等优点。陶瓷材料的结合键主要是离子键、共价键以及离子键和共价键的混合键。如图3-2所示，陶瓷材料的组织结构由晶体相、玻璃相和气相组成。

晶体相是陶瓷的主要组成相，其结构、数量、形态和分布决定陶瓷的主要性能。玻璃相是陶瓷烧结时各组成物及杂质产生一系列物理和化学变化后形成的一种非晶态结构。气相是陶瓷组织内部残留下来的气孔。

气孔的存在对陶瓷的性能不利，最明显的是对强度的影响，气孔通常是裂纹形成的根源，它降低了陶瓷材料的强度，式（3-1）为多孔陶瓷抗弯强度与气孔体积分数的经验公式：

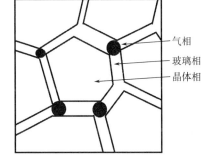

图3-2　陶瓷材料的组织结构

$$\sigma = \sigma_0 e^{-np} \tag{3-1}$$

式中：σ_0为致密试样的抗弯强度；σ为多孔陶瓷试样的抗弯强度；p为气孔的体积分数；n取值为4~7。

可以看出，随着陶瓷材料气孔体积分数的增加，陶瓷强度呈指数下降趋势。

（一）陶瓷材料力学性能特点

陶瓷材料的性能受许多因素影响，波动范围很大，但存在一些共同的特性。和金属材料相比，陶瓷的力学性能有如下特点：

1. 高硬度

大多数陶瓷硬度比金属高得多。例如，陶瓷的维氏硬度多为1000~5000HV。而淬火钢维氏硬度仅为500~800HV。

2. 高弹性模量

陶瓷具有很高的弹性模量，是各种材料中最高的，是金属材料的数倍，比高聚物高2~4个数量级。

3. 低抗拉强度及较高的抗压强度

一般陶瓷材料的抗压强度远大于抗拉强度，抗压强度约为抗拉强度的10倍。这是由于陶瓷内部存在大量气孔，其作用相当于裂纹，陶瓷拉伸时在拉应力作用下气孔使裂纹迅速扩展而导致脆性断裂，故陶瓷材料的抗拉强度低。而在压缩时，由于压应力作用下气孔不会使裂纹扩展，所以陶瓷材料的抗压强度远高于抗拉强度。

4. 优良的高温强度和低热震性

陶瓷的高温强度好，在高温下不仅保持高硬度，而且基本保持其室温下的强度；具有高的蠕变抗力及抗高温氧化性，广泛用作高温材料。

5. 塑性差

以离子晶体和共价键晶体为主的陶瓷在室温下几乎没有塑性。这是由于在塑性变形过程中，位错在共价键中移动需要较大的应力。陶瓷材料是非常典型的脆性材料，受力时不发生塑性变形，在较低的应力下断裂，因此其韧性极低、脆性极高。

（二）陶瓷材料的物理、化学性能

1. 热膨胀小

热膨胀是指温度升高时物质原子振动振幅增大，原子间距增大所导致的材料体积长大的现象。热膨胀系数的大小与晶体结构和结合键强度密切相关。键强度高的材料热膨胀系数低，结构较紧密的材料的热膨胀系数较大。陶瓷的热膨胀系数比高聚物和金属低。

2. 导热性差

导热性为在一定温度梯度作用下热量在固体中的传导速率。陶瓷的热传导主要依靠原子的热振动，由于没有自由电子的传热作用，陶瓷的导热性比金属小，是热的不良导体，故陶瓷材料为较好的绝热材料。

3. 热稳定性差

热稳定性指材料抵抗温度急剧变化而不被破坏的能力。材料的热稳定性与线膨胀系数和导热性等有关。线膨胀系数大和导热性低的材料的热稳定性低；韧性低的材料的热稳定性也不高。陶瓷的热稳定性很低，比金属低得多。这是陶瓷的另一个主要缺点。

4. 化学稳定性好

陶瓷的结构非常稳定，所以是很好的耐火材料。陶瓷对酸、碱、盐等腐蚀性很强的介质均有较强的抵抗能力，与许多金属的熔体也不发生作用，所以陶瓷是很好的坩埚材料。

5. 导电性差

由于缺乏电子导电机制，大多数陶瓷是良好的绝缘体。但不少陶瓷既是离子导体，又有一定的电子导电性；许多氧化物陶瓷，如ZnO等，是重要的半导体材料。

（三）常见的陶瓷基复合材料基体

常见的陶瓷基复合材料基体包括氧化物陶瓷和非氧化物陶瓷两大类，此外，还有玻璃陶瓷。

1. 氧化物陶瓷

氧化物陶瓷主要有Al_2O_3、MgO、SiO_2、ZrO_2和莫来石（$3Al_2O_3 \cdot 2SiO_2$）等。氧化物陶瓷熔点在2000℃以上，主要为单相多晶结构，还可能有少量气相（气孔）。微晶氧化物的强度较高；粗晶结构时，晶界残余应力较大，对强度不利。氧化物陶瓷的强度随环境温度升高而降低。这类材料应避免在高应力和高温环境下使用。这是因为Al_2O_3和ZrO_2的抗热震性差；SiO_2在高温下容易发生蠕变和相变等。

（1）氧化铝陶瓷。以氧化铝（Al_2O_3）为主要成分的陶瓷称为氧化铝陶瓷。氧化铝仅有一种热动力学稳定的相态，即Al_2O_3，属六方晶系。氧化铝陶瓷包括高纯氧化铝陶瓷、99氧化铝陶瓷、95氧化铝陶瓷和85氧化铝陶瓷等，其氧化铝含量（质量分数）依次为99.9%、99%、95%和85%，烧结温度依次为1800℃、1700℃、1650℃和1500℃。

（2）氧化锆陶瓷。以氧化锆（ZrO_2）为主要成分的陶瓷称为氧化锆陶瓷。氧化锆密度为$5.6 \sim 5.9 g/cm^3$，熔点为2175℃。氧化锆在1100℃时，从单斜相迅速转变为四方相，这一可逆转变伴随有7%~9%的体积变化。由于氧化锆具有可逆相变，故在氧化锆陶瓷的烧结过程中加入适量CaO、MgO等与ZrO_2结构近似的氧化物作为稳定剂，可以形成稳定的立方相结构。稳定的氧化锆陶瓷的比热容和导热系数小，韧性好，化学稳定性良好，高温时具有抗酸性和抗碱性。

2. 非氧化物陶瓷

非氧化物陶瓷主要有氮化物、碳化物、硼化物和硅化物。它们的特点是耐火性和耐磨性好，硬度高，但脆性也很高。碳化物、硼化物的抗热氧化温度为900～1000℃；硅化物的表面能形成氧化硅膜，所以抗热氧化温度可达1300～1700℃。

（1）氮化硅陶瓷。氮化硅属六方晶系，有α、β两种晶相。α-SiC属六方晶系，β-SiC属等轴晶系。氮化硅陶瓷强度和硬度高、抗热震和抗高温蠕变性好、摩擦系数小，具有良好的耐（酸、碱和有色金属）腐蚀（侵蚀）性。抗氧化温度可达1000℃，电绝缘性好。高温强度高，具有很高的热传导能力以及较好的热稳定性、耐磨性、耐腐蚀性和抗蠕变性。

（2）氮化硼陶瓷。氮化硼具有类似石墨的六方结构，在高温（1360℃）和高压作用下可转变成立方结构的β-氮化硼，耐热温度高达2000℃，硬度极高，可作为金刚石的代用品。

3. 玻璃陶瓷

许多无机玻璃可通过适当的热处理使其由非晶态转变为晶态，这一过程称为反玻璃化。某些玻璃反玻璃化过程可以控制，最后能够形成无残余应力的微晶玻璃，这种材料称为玻璃陶瓷。玻璃陶瓷的密度为2.0～2.8g/cm³，弯曲强度为70～350MPa，弹性模量为80～140GPa。玻璃陶瓷具有热膨胀系数小，力学性能好和导热系数较大等特点。例如，锂铝硅（Li_2O—Al_2O_3—SiO_2，LAS）玻璃陶瓷的热膨胀系数几乎为零，耐热好；镁铝硅（MgO—Al_2O_3—SiO_2，MAS）玻璃陶瓷的硬度高，耐磨性好。

四、碳（石墨）基体

石墨的熔点为3550℃（超过3500℃开始升华），沸点为4200℃，有金属光泽，能导电、传热，质软并有滑腻感。石墨是由原子晶体、金属晶体和分子晶体组成的一种过渡型晶体。在晶体中，六个碳原子在同一平面上形成正六边形的环，同层碳原子间以共价键结合，并伸展形成片层结构。石墨具有耐高温、抗热振、导热性好、弹性模量高、化学惰性高以及强度随温度升高而增加等性能，是一种优异的、适用于惰性气氛和烧蚀环境的高温材料。因此，石墨通常用于制备碳/碳复合材料的基体。碳/碳复合材料主要用于制备固体火箭发动机喷管、高性能刹车盘等高温零部件。

第二节 复合材料的增强体

在复合材料中，黏结在基体内以改进其性能的高强度材料称为增强体。按形貌分类，增强体共分为三类：纤维及其织物、晶须、颗粒。复合材料的增强体应具有以下基本特性：一是能明显提高基体的某种特性，如比强度、比模量、导热性、耐热性、耐磨性、低热膨胀性等，以便赋予基体某种所需的特性。二是具有良好的化学稳定性。增强体与基体应有良好的化学相容性，不发生严重的界面反应。在复合材料制备和使用过程中其组织结构和性能不发生明显的变化或退化。三是与基体有良好的浸润性，或通过表面处理能与基体良好浸润，能与基体良好复合并在基体中均匀分布。

在制备复合材料时，选择增强体的主要考虑因素有力学性能（如杨氏模量和塑性、强度）、物理性能（如密度和热扩散系数）、几何特性（如形貌和尺寸）、物理化学相容性和成本因素。

一、纤维及其织物

（一）无机纤维

1. 玻璃纤维

玻璃纤维是SiO_2、B_2O_3、CaO、Al_2O_3等原材料经过高温熔制、拉丝、络纱、织布等工艺制造成的，其单丝的直径为几个微米到二十几个微米，相当于一根头发丝的1/20～1/5。每束纤维原丝都由数百根甚至上千根单丝组成。玻璃纤维伸长率和热膨胀系数小，耐腐蚀，耐高温性能较好，价格便宜，品种多。缺点是不耐磨、易折断，易受机械损伤。

玻璃纤维的化学组成对其性质和生产工艺起决定性作用，以SiO_2为主的称为硅酸盐玻璃，以B_2O_3为主的称为硼酸盐玻璃。Na_2O、K_2O等碱性氧化物为助熔氧化物，可以降低玻璃的熔化温度和黏度，使玻璃熔液中的气泡容易排除。助熔氧化物主要通过破坏玻璃骨架，使其结构疏松，从而达到助熔的目的。加入CaO、Al_2O_3等，能在一定条件下构成玻璃网络的一部分，改善玻璃的某些性质和工艺性能。例如，用CaO取代SiO_2，可降低玻璃纤维的拉丝温度；加入Al_2O_3可提高玻璃纤维的耐水性。总之，玻璃纤维化学成分的确定，一方面要满足玻璃纤维物理和化学性能的要求，使其具有良好的化学稳定性；另一方面要满足制造工艺的要求，如合适的成型温度、硬化速度及黏度范围。

玻璃纤维的分类方法很多。通常从玻璃原料成分、单丝直径、纤维外观及纤维特性等方面进行分类。以玻璃原料成分分类，这种分类方法主要用于连续玻璃纤维的分类，一般以不同的含碱量来区分，包括无碱玻璃纤维、中碱玻璃纤维、有碱玻璃纤维、特种玻璃纤维。以玻璃纤维单丝直径的不同可以分为以下几种：粗纤维（30μm）、初级纤维（20μm）、中级纤维（10～20μm）、高级纤维（3～10μm，也称纺织纤维）、超细纤维（单丝直径小于4μm）。以纤维外观分类，有连续纤维，如无捻粗纱及有捻粗纱，用于纺织、短切纤维、空心玻璃纤维及磨细纤维等。根据纤维本身具有的性能可分为高强玻璃纤维、高模量玻璃纤维、耐碱玻璃纤维、耐酸玻璃纤维、普通玻璃纤维（指无碱及中碱玻璃纤维）等。

2. 碳纤维

碳纤维是由有机纤维经固相反应转变而成的纤维状聚合物碳。含碳量95%左右的称为碳纤维；含碳量99%左右的称为石墨纤维。碳纤维密度低、比重小、比强度大、比模量大、耐热性和耐腐蚀性好、化学稳定性好。此外，碳纤维制品具有非常优良的X射线透过性，阻止中子透过性。因此，碳纤维是一类极为重要的高性能增强体。

以碳纤维为增强体的复合材料具有比钢强度高、比铝质量轻的特性，是目前最受重视的高性能材料之一。它在航空航天、军事、体育器材等许多方面有着广泛的用途。

3. 硼纤维

硼纤维强度高、模量高，具有良好的力学性能。硼纤维具有耐高温和耐中子辐射性能。硼纤维的缺点是工艺复杂，不易大量生产，其价格昂贵，硼纤维在空气中的拉伸强度随温度升高而降低。

硼纤维的直径有100μm、140μm、200μm几种，是制造金属基复合材料最早采用的高性能纤维。用硼铝复合材料制成的航天飞机主舱框架强度高、刚性好，用于代替铝合金骨架可节省重量44%，取得了十分显著的效果，也有力地促进了硼纤维金属基复合材料的发展。

4. 氧化铝纤维

以氧化铝为主要纤维组分的陶瓷纤维统称为氧化铝纤维。通常情况下，将氧化铝含量大于70%的纤维相称为氧化铝纤维；将氧化铝含量小于70%，其余为二氧化硅和少量杂质的纤维称为硅酸铝纤维。

氧化铝纤维适合制造既需要轻质高强又需要耐热的结构件。用它制作雷达天线罩，其刚性比玻璃钢高，透电波性能好。若用氧化铝纤维的复合材料制备导弹壳体，则可以不开天线窗，将天线装在弹内。

5. 碳化硅纤维

碳化硅纤维是以碳和硅为主要组分的一种陶瓷纤维。碳化硅纤维是高强度、高模量纤维，有良好的耐化学腐蚀性、耐高温和耐辐射性能，是一种耐热的理想材料。

用碳化硅纤维编织成双向和三向织物，已经用于制造高温传送带、过滤材料，如汽车的废气过滤器等。碳化硅复合材料已应用于制造喷气发动机涡轮叶片、飞机螺旋桨等受力部件。在军事上，碳化硅纤维用于制造大口径军用步枪金属基复合枪筒套管、火箭发动机外壳、鱼雷壳体等。

6. 氮化硼纤维

氮化硼纤维是20世纪60年代发展起来的无机纤维，该纤维具有优良的机械性能、耐热性能、抗氧化性能、耐腐蚀性能以及独特的电性能等，可用作金属基、陶瓷基、聚合物基复合材料的增强材料。

氮化硼的结构类似于石墨，而氮化硼的耐氧化性能比石墨优越。在空气中，石墨纤维400℃时氧化，性能开始降低，而氮化硼纤维850℃时才开始氧化。石墨纤维被氧化时产生气体，不形成表面的保护层。而氮化硼纤维在氧化过程中具有增重现象，这是因为形成了氧化硼保护层，可以防止深度氧化。

（二）有机纤维

1. Kevlar 纤维

Kevlar纤维的化学键主要由芳环组成。这种芳环具有高的刚度，并使聚合物链呈伸展态而不是折叠状态，形成棒状结构，因而纤维具有高的模量。Kevlar纤维分子链是线性的，这使纤维能有效地利用空间而具有高的填充能力，在单位体积内可容纳很多聚合物。这种高密度聚合物具有较高的强度。同时这种芳环结构也使得纤维具有好的化学稳定性。由于芳环链结构的刚度，使纤维具有高度的结晶性。

Kevlar纤维的化学结构如图3-3所示，其中至少85%的酰胺直接键合在芳香环上，这种刚硬的直线状分子链纤维轴向上是高度定向的，各聚合物由氢键作横向连接，这种在沿纤维方向的强共价键和横向弱的氢键是纤维性能各向异性的原因，使其具有轴向强度及刚度高而横向强度低的特点。

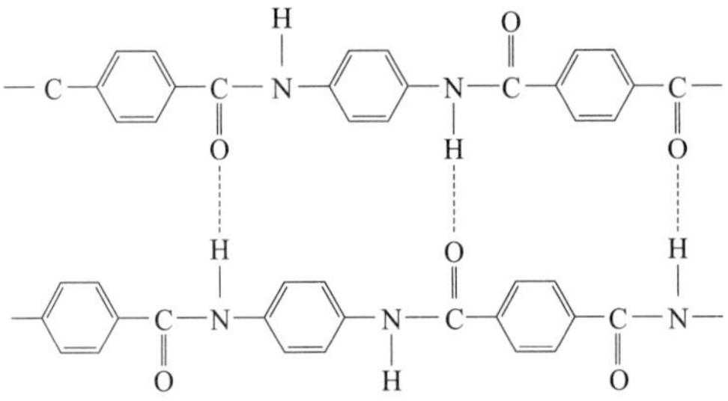

图3-3 Kevlar纤维的化学结构示意图

总之，Kevlar纤维具有强度高、弹性模量高、韧性好和比重小等的优点，常与碳纤维混杂，提高复合材料的冲击韧性。但其横向强度低，压缩强度和剪切性能不好以及容易劈裂等。

2. 聚乙烯纤维

聚乙烯纤维的化学结构式为：$-\!\!+\!\!CH_2CH_2\!\!+\!\!_n$。聚乙烯纤维分子量通常大于$10^6$，纤维的拉伸强度为3.5GPa，伸长率为3.4%，弹性模量116GPa，密度为0.97g/cm^3。

聚乙烯纤维是超强、高比强度、高比模量纤维。聚乙烯纤维制造成本比较低，同时具有耐冲击、耐磨、耐腐蚀、耐紫外线、耐低温、自润滑、电绝缘等优点，但熔点较低（约135℃），容易高温蠕变，使用温度在100℃以下。

二、晶须

晶须（Whiskers）是在人工控制条件下，以单晶形式生长成的一种纤维。如图3-4所示为金属锡晶须。晶须的直径一般为几微米，长的也有几十微米，是一种无缺陷的理想完整晶体，其拉伸强度接近其纯晶体的理论强度。晶须高强的主要原因为：它的直径非常小，不能容纳使晶体削弱的孔隙、位错和不完整等缺陷；晶须的内部结构完整，使它的强度不受表面完整性的严格限制。晶须可用作高性能复合材料的增强材料，用以增强金属、陶瓷和聚合物。

自1948年科学家首次发现晶须以来，迄今为止，材料学家们已研究开发出了上百种晶须，有金属、氧化物、碳化物、氮化物、硼化物以及无机盐等多种晶须。但是，已经得到实际应用并开始工业化生产的晶须只有几种。目前

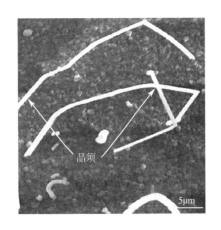

图3-4 锡晶须的扫描电子显微镜图片

常见的晶须有：

  碳化物晶须：SiC、TiC、ZrC、WC、B_4C；

  氮化物晶须：Si_3N_4、TiN、BN、AlN；

  氧化物晶须：MgO、ZnO、BeO、Al_2O_3、TiO_2；

  金属晶须：Ni、Fe、Cu、Ag、Ti、Sn；

  硼化物晶须：TiB_2、ZrB_2、TaB_2；

  无机盐晶须：$K_2Ti_6O_{13}$、$Al_{18}B_4O_{33}$等。

  常见晶须的性能见表3-2。

表3-2 常见晶须的性能

晶须	熔点/℃	密度/ （$g \cdot cm^{-3}$）	拉伸强度/ GPa	比强度/ （$\times 10^6 cm$）	弹性模量/ （$\times 10^2 GPa$）	比模量/ （$\times 10^8 cm$）
SiC	2690	3.18	21	67	4.9	16
Si_3N_4	1960	3.18	14	45	3.8	12
Al_2O_3	2040	3.96	21	54	4.3	11
Fe	1540	7.83	13	17	2	2.6

三、颗粒

  在复合材料中，颗粒也是一种有效的增强体。在基体中颗粒增强体的体积分数一般在15%~30%，特殊时也可为5%~75%。颗粒增强体根据其变形性能可分为刚性颗粒与延性颗粒两种。刚性颗粒一般为陶瓷颗粒，常见的有SiC、TiC、BC、WC、Al_2O_3等。其特点是高弹性模量、高拉伸强度、高硬度、高的热稳定性和化学稳定性，可显著改善复合材料的高温性能、耐磨性能、硬度和耐蚀性能，可用于制造热结构零件、切削刀具、高速轴承等。延性颗粒主要是金属颗粒，加入陶瓷、玻璃和微晶玻璃等脆性基体中，可增强基体材料的韧性。

  颗粒选材方便，可根据不同的性能要求选用不同的颗粒增强体。常见颗粒增强体的力学性能见表3-3。

表3-3 常见颗粒增强体的力学性能

颗粒	密度/ （$g \cdot cm^{-3}$）	熔点/℃	热膨胀系数/ （$\times 10^{-6} \cdot ℃^{-1}$）	硬度/MPa	弯曲强度/MPa	弹性模量/GPa
SiC	3.21	2700	4.0	27000	400~500	
B_4C	2.52	2450	5.73	27000	300~500	360~460
TiC	4.92	3300	7.4	26000	500	
Al_2O_3		2050	9			
Si_3N_4	3.2	2100	2.5~3.2	HRA89~93	900	330
TiB_2	4.5	2980				

根据其产生的方式不同，颗粒增强体可分为外生型和内生型两大类。外生型颗粒的制备与基体材料无关，是通过一定的合成工艺制备而成。而内生型颗粒则是选定的反应体系在基体材料中，在一定的条件下通过化学反应原位生成，基体可参与或不参与化学反应。原位反应产生的增强体颗粒直接位于基体材料中，因而相比于外生型颗粒具有以下特点：颗粒表面无污染、与基体界面干净无反应层、界面结合强度高、热力学稳定性强、分布均匀。控制反应工艺可调整颗粒尺寸，甚至可以通过原位反应产生纳米级颗粒增强体并在基体中均匀弥散分布。内生型颗粒的研究是复合材料的一个重要方向，也是当前复合材料研究的热点之一。颗粒增强复合材料的力学性能取决于颗粒的种类、形貌、直径、在基体中分布状况、体积分数及其与基体的结合界面等参数。

1. SiC 颗粒

SiC颗粒结构有 α、β 两种物相。α-SiC一般采用Acheson法合成，其工艺过程为：用石墨颗粒将置于固定壁上的电极联通成为芯棒，通电后，在电极上产生高温，导致充填在其周围的硅石和焦炭等配料发生还原反应生成SiC。同时形成由芯棒表面向外的温度梯度，在芯棒外侧生成梯度分布的 α-SiC、β-SiC和未反应区。在形成一定量的 α-SiC后开炉，选出 α-SiC晶块，经击碎、水洗、脱碳、除铁、分级后，即可获得不同粒度的 α-SiC颗粒。其中击碎法通常采用球磨机或粉碎机在干或湿的状态下进行，还可在液体或一定气氛（Ar）中进行。分级法也有干（气流）、湿（水流）两种，分级后若再经两次盐酸处理和一次氢氟酸处理，即可获得更细的 α-SiC粉末。β-SiC颗粒的制备同样为碳还原SiO$_2$法，在高温下还原石英砂生成SiC。生成的SiC颗粒中含有少量的游离硅、石英砂和氧化铁等杂质，残余碳含量大于1%，当碳化硅含量在96%左右时，颗粒为绿色；含量在94%左右时，颗粒则为黑色。

2. Si$_3$N$_4$ 颗粒

Si$_3$N$_4$颗粒有 α、β 两种晶型，α型为低温型，β型为高温型，均为六方晶系。Si$_3$N$_4$颗粒的制备包括：硅粉直接氮化法、二氧化硅还原和氮化法、亚胺硅或氮基硅的分解等方法。

3. Al$_2$O$_3$ 颗粒

Al$_2$O$_3$颗粒是最为常用的增强体颗粒之一，其熔点为2050℃，硬度是氧化物中最高的，氧化铝的晶型高达24种，但粉体中主要为 α 和 γ 两种晶型，其他晶型含量极少。α-Al$_2$O$_3$最为稳定，而 γ-Al$_2$O$_3$一般只用于催化。Al$_2$O$_3$颗粒可用铝铵钒热解法、高压釜法、低温化学法等方法制备。

4. B$_4$C 颗粒

B$_4$C颗粒有立方和斜方六面体两种结构，通常以斜方六面体结构为主。制备方法为：B$_2$O$_3$ 与C在熔炉中反应，用镁进行还原制备。

5. 内生型颗粒

由于内生化学反应需满足一定的热力学和动力学条件，因此，可选的反应体系不多，常见的有Al—Ti（TiO$_2$）—B（C、B$_2$O$_3$）、Al—ZrO$_2$—B（C、B$_2$O$_3$）、Al—Cr$_2$O$_3$、Al—NiO$_2$等，基体一般为陶瓷和金属。制备方法常见的有：自蔓延法、热爆反应法、接触反应法、气液固反应法、混合盐法、机械合金化法、微波反应合成法等。

6. 微珠

除了以上常用颗粒作为增强体外，还有微小球体颗粒增强体，又称微珠增强体。常见的微珠增强体为空心玻璃微珠。空心玻璃微珠具有隔热保温、吸声的特点。若在空心玻璃微珠表面镀上镍、钴等金属，还能使其具有吸波隐形性能。用空心玻璃微珠增强聚氨酯制备的复合材料有效地解决了海底管道输送原油时保温的难题。

微珠有空心和实心之分。实心微珠的制备相对简单，一般通过块体粉碎、表面光滑化形成。如将玻璃击碎成粉，通过火焰表面熔融，表面张力的作用可使表面光滑、球化，形成实心微珠。空心微珠的制备相对复杂，其直径一般为数个微米，根据生产原料的不同，可将空心微珠分为无机、有机和金属三种。常见的制备方法有：喷气封入法、气化原料中加入挥发成分的方法、芯材被覆成型法、发泡剂法、碳空心微珠法等。

四、碳纳米管和石墨烯

碳纳米管是由石墨中一层或若干层碳原子卷曲而成的笼状"纤维"。根据石墨层数的不同，碳纳米管分为单壁管和多壁管两种；若根据碳六边形网格沿管轴取向的不同，可将其分为锯齿形、扶手椅形和螺旋形3种。多壁管的外部直径为2～30nm，长度为0.1～50μm，单壁管的外部直径和长度分别为0.75～3nm和1～50μm。一般而言，单壁管的直径小，缺陷少，具有更高的均匀一致性。

单壁碳纳米管的杨氏模量为1054GPa，多壁管则高达1200GPa，比一般碳纤维高一个数量级。碳纳米管的拉伸强度为50～200GPa，约是高强钢的20倍，而比重只有钢的1/6。碳纳米管的化学稳定性仅次于石墨，在真空或惰性气氛中能够承受1800℃以上的高温，被认为是理想的聚合物基复合材料的增强体。如果用碳纳米管做绳索，从月球上挂到地球表面，它是唯一不会被自身重量所拉断的绳索。如图3-5所示为由碳纳米管制成的纤维。

图3-5 由碳纳米管制成的纤维

碳纳米管虽然具有优异的力学、电热性能，但是其复合材料性能远未达到人们的预期，主要原因是碳纳米管在分散、含量、取向、界面和长径比等方面尚存在问题。

石墨烯是一种以sp^2杂化连接的碳原子紧密堆积成单层二维蜂窝状晶格结构的新材料，其结构如图3-6所示。2004年，科学家成功地在实验室中从石墨中分离出石墨烯，从而证实石墨烯可以单独存在。

目前，石墨烯是世上最薄也是最坚硬的纳米材料，是人类已知物质中强度最高的，比钻石还坚硬，比钢铁强度高。作为单质，它在室温下传递电子的速度比已知导体都快。石墨烯几乎是完全透明的，只吸收2.3%的光，其导热系数高达5300W/（m·K），高于碳纳米管和金刚石，电阻率约$10^{-6}\Omega$·cm，比

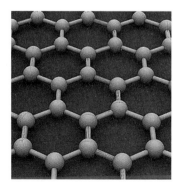

图3-6 石墨烯结构

铜和银还低，为目前电阻率最小的材料。石墨烯电池的充电速度比传统电池快100倍，被认为是一种未来革命性的材料，其可作为功能复合材料的第二相，发挥其优异的特性，如石墨烯/铂纳米复合材料等。

五、增强体的表面处理

增强体的表面处理是指在增强体的表面进行涂层，该涂层具有浸润剂、偶联剂和助剂等功能，利于在增强体与基体间形成一个良好的界面结构，从而改善和提高复合材料的各种性能。

（一）玻璃纤维的表面处理

常用表面处理剂为有机铬络合物类，主要由有机酸与氯化铬的络合物组成。有机铬络合物的品种较多，应用最广的是甲基丙烯酸氯化铬配合物。该配合物用作偶联剂时，水解使配合物中的氯原子被羟基取代，并与吸水的玻璃纤维表面的硅羟基形成氢键，干燥脱水后配合物之间以及配合物与玻璃纤维之间发生醚化反应形成共价键结合。玻璃纤维的表面处理方法主要有3种。

1. 前处理法

前处理法是将处理剂在玻璃纤维抽丝的过程中涂覆在玻璃纤维上。制成的复合材料可以直接使用，无需处理。前处理法的特点是工艺设备简单，纤维的强度保持较好，但目前尚无理想的处理剂。

2. 后处理法

后处理法分为两步，首先，除去抽丝过程中涂覆在纤维表面的纺织浸润剂；其次，纤维经处理剂浸渍、水洗、烘干，使其表面覆盖一层处理剂。该法适用性广，是目前国内外最常用的方法，但设备要求多，成本高。

3. 迁移法

迁移法是将化学处理剂加入树脂胶黏剂中，在纤维浸胶过程中，处理剂与经过热处理后的纤维接触，在树脂固化时产生偶联作用。该法的处理效果比不上前两种方法，但工艺简便。

（二）碳纤维的表面处理

由于碳纤维具有沿纤维轴择优取向的同质多晶结构，与树脂的界面结合力不大，特别是石墨碳纤维，故未经表面处理的碳纤维增强复合材料，其层间剪切强度都不高。为此，需对碳纤维进行表面处理，常见的方法有如下3种。

1. 氧化法

氧化法是最早采用的碳纤维表面处理方法，又包括气相氧化、液相氧化和阳极电解氧化3种。

（1）气相氧化。将碳纤维直接在氧化剂（空气、氧气、臭氧、二氧化碳等）气氛中加热到一定温度，保温一定时间即可。例如，常采用空气气氛，加热至400℃，保温1h，再加热至600℃保温3~4h。通过改变氧化剂种类、处理温度和时间，即可改变纤维的氧化程度。该法设备简单、操作方便、可连续化生产，但氧化程度难以控制，常会因过度氧化而严重影响纤维的力学性能。

（2）液相氧化。碳纤维置于一定温度的氧化剂中（浓硝酸、磷酸、次氯酸钠、浓硫酸等），保温一定时间后洗涤即可。例如，采用浓硝酸于120℃保温24h，洗涤干净，碳纤维与树脂基体的层间剪切强度可提高一倍以上。该法处理效果比较缓和，对碳纤维的力学性能影响较小，可增加碳纤维表面粗糙度和羧基含量，提高层间剪切强度，但工艺复杂，环境负担重，工业上应用较少。

（3）阳极电解氧化法。以碳纤维为阳极，Ni板或石墨为阴极，在含有NaOH、HNO$_3$、H$_2$SO$_4$、NH$_4$HCO$_3$等物质的电解质溶液中，通电数秒至数十分钟，处理后洗涤干净。电解产生的新生态氧对纤维表面进行氧化刻蚀，使碳纤维的表面粗糙度提高。处理后的碳纤维与环氧树脂复合后，层间剪切强度可提高60%以上。

2. 表面晶须化法

将碳纤维在1100～1700℃的晶须生长炉中表面沉积生长β-SiC晶须。晶须改变了碳纤维的表面形状、表面积、表面活性，提高了碳纤维与基体的黏结力。当表面晶须含量为64%时，层间剪切强度达14.3GPa。

3. 蒸气沉积法

在1000℃条件下裂解乙炔或甲烷，所生成的碳沉积在碳纤维上，沉积的碳活性大，易与树脂润湿，可显著提高层间剪切强度。沉积法对碳纤维的力学性能的影响甚小，主要是利用涂层来增加纤维与基体间的界面结合力。该涂层往往具有一定的厚度和韧性，可以缓减界面内应力，起到保护界面的作用。

（三）硼纤维的表面处理

金属基体与硼纤维在界面处易发生化学反应形成界面层，在外加载荷作用下，界面层因自身脆性而产生裂纹，并与纤维中原有的裂纹共同作用，增加材料脆性，降低材料性能。利用CVD技术在硼纤维表面形成碳化硅或碳化硼涂层，可以抑制热压成型时硼纤维与金属基体的界面反应。此外，通过化学反应原位产生的增强体，其界面干净，无反应层，界面结合强度高，复合材料性能优异。

第三节　复合理论

一、复合效应

复合效应是指将A、B两种材料复合起来，得到的材料同时具有组分A和组分B的性能特征。复合效应分为线性和非线性两大类，线性效应与非线性效应又分为若干小类，如图3-7所示。

（一）线性效应

1. 平均效应

平均效应又称混合效应，即复合材料的某项性能等于组成复合材料各组分的性能乘以该组分的体积分数之和。平均效应在复

图3-7　材料的复合效应

合材料中的典型应用为混合定律。混合定律可写为式（3-2）。

$$X_c = X_m V_m + X_f V_f \qquad (3-2)$$

式中：X为复合材料的某项性能，如强度、弹性模量、密度等；V为组分材料的体积百分比；下标c、m、f分别代表复合材料、基体和增强体。

2. 平行效应

平行效应是一种最简单的线性复合效应，即复合材料的某项性能与某一组分的该项性能相当。如玻璃纤维增强环氧树脂复合材料的耐蚀性能与环氧树脂基体相当。

3. 相补效应

相补效应是指各组分材料复合后，互补缺点，产生优异的综合性能。

4. 相抵效应

相抵效应是指各组分材料之间出现性能的相互制约，使复合材料的性能低于混合定律的预测值，是一种负的复合效应。

（二）非线性效应

1. 相乘效应

相乘效应是指把两种具有能量（信息）转换功能的组分材料复合起来，使它们相同的功能得到复合，而不同的功能得到新的转换。例如，石墨粉增强高聚物基复合材料作温度自控发热体，其工作原理为：高聚物受热膨胀遇冷收缩，而石墨粉的接触电阻因高聚物基体的膨胀而变大和高聚物的收缩而变小，从而使流经发热体的电流随温度变化自动调节，达到自动控温的目的。功能复合材料的相乘效应有多种，见表3-4。

表3-4 功能复合材料的相乘效应

A组分性质	B组分性质	相乘性质
压磁效应	磁阻效应	压阻效应
压磁效应	磁阻效应	压电效应
压电效应	场致发光效应	压力发光效应
磁致伸缩效应	压电效应	磁电效应
磁致伸缩效应	压阻效应	磁阻效应
光电效应	电致伸缩效应	光致伸缩效应
热电效应	场致发光效应	红外光转换可见光效应
辐照—可见光效应	光—导电效应	辐射诱导导电效应
热致变形效应	压敏效应	热敏效应
热致变形效应	压电效应	热电效应

2. 诱导效应

诱导效应指在复合材料两组分（两相）的界面上，一相对另一相在一定条件下产生诱导作用（如诱导结晶），使之形成相应的界面层。

3．共振效应

共振效应又称强选择效应，是指某一组分A具有一系列的性能，与另一组分B复合后，能使A组分的大多数性能受到抑制，而其中某一项或某几项性能得到充分发挥。

4．系统效应

系统效应指将不具备某种性能的各组分材料，通过特定的复合方法复合后，使复合材料具有单个组分材料不具有的某种新性能。

二、增强机制

（一）颗粒增强机制

颗粒作为增强体在基体中弥散均匀分布，阻碍位错运动引起位错塞积，增加位错密度强化基体，提高复合材料的强度。当颗粒强硬且与基体非共格时，位错与颗粒作用时无法切过，只能绕过；当颗粒自身强度不高，尺寸又相对较大时，位错与颗粒作用是切过颗粒。因此，颗粒增强机制主要分颗粒切过和未切过增强机制以及其他颗粒强化机制。

1．颗粒切过增强机制

当颗粒直径较大且自身强度也不高时，此时的外部载荷除了主要由基体承担外，颗粒也承担部分载荷，并约束基体的变形。颗粒阻碍位错运动的能力越强，其强化效果越好。在外加载荷的作用下，位错滑移受阻，并在颗粒上产生应力集中。如果颗粒与基体结合良好或有共格关系，且外加载荷足够大时，位错可以切过颗粒。此时的强化机制有以下5种：

（1）有序强化机制。当颗粒与基体共格时，位错切过，在滑移面两侧会形成两个反相畴。滑移面即为反相畴界，反相畴界能量高，需附加应力补偿。

（2）界面强化机制。位错切过，增加界面，增加的界面能也需外力补偿。

（3）共格应变强化机制。当颗粒与基体存在共格关系时，产生的应变场将与位错发生作用，对位错产生排斥或吸引作用力，使位错靠近或离开颗粒时均需附加应力。

（4）层错强化机制。当颗粒与基体结构相差较大时，两者的层错能不同，扩展位错宽度将发生变化，位错会受到附加力的作用。

（5）弹性模量强化机制。如果基体与颗粒的弹性模量不同，当位错切过颗粒时，位错应变能发生变化，需要增加外力。

2．颗粒未切过增强机制

（1）位错绕过理论。当颗粒尺寸较小且自身强度较高时，颗粒弥散分布于基体中，无法被位错切过，此时的外加载荷主要由基体承担。弥散颗粒阻碍位错运动的能力越强，其增强效果越好。这与合金时效析出强化机制相似，可用位错绕过理论来解释：位错通过基体中的弥散颗粒时出现拱弯现象，并留下位错环。

（2）位错攀移理论。高温条件下使用的复合材料，会发生蠕变现象。此时位错一般不会绕过颗粒，留下位错环，而是以攀移方式绕过颗粒，且攀移绕过颗粒所需的临界应力小于绕过颗粒所需的临界应力。

3. 颗粒增强的其他机制

（1）Hall-Petch强化机制。基体中的增强体颗粒除了可以钉扎位错外，还可以钉扎基体的晶界、亚晶界，使基体的晶粒难以长大，从而达到细晶强化的目的。

（2）残余应力场强化机制。增强体颗粒与基体间存在着膨胀系数与弹性模量的差异。其中，弹性模量差异仅在复合材料受到外应力作用时才产生微观应力再分布效应，对力学性能的影响甚小。而膨胀系数的差异则会在颗粒四周产生残余应力场，该应力场导致在基体中扩展的裂纹偏转方向，裂纹偏转方向时需消耗更多的能量，使复合材料增韧补强。

4. 影响颗粒强化的因素

（1）颗粒的性质。颗粒的性质，如强度、硬度以及颗粒的形状、体积分数、在基体中的平均间距和分布均直接影响其增强效果。此外，颗粒在基体中的化学热稳定性、扩散性、界面能、膨胀系数等也是重要的影响因素。

（2）基体的性质。同样的增强体颗粒、体积分数，加入的基体不同，其增强效果也不同，这主要是基体本身的性质以及界面结构不同的缘故。

（3）结合界面。良好的结合界面可有效传递载荷，颗粒可以强化基体，起到增强作用。这就要求增强颗粒在基体中不溶解、与基体不发生化学反应、界面能小。

（4）制备工艺。增强体颗粒如何进入基体，并能在基体中均匀分布，与制备工艺相关。特别是当增强体颗粒为原位化学反应产生时，分布均匀、尺寸细小、与基体的界面干净，颗粒与基体结合强度高、强化效果好。反之，当颗粒直接由外界加入，特别是颗粒尺寸较小时，表面活性增强而难以加入基体，在界面结合处易发生反应，影响界面结合强度和增强效果。因此，制备工艺同样直接影响颗粒的增强效果。

（二）纤维增强机制

在纤维增强复合材料中，基体通过界面将载荷有效地传递到纤维增强体，故基体不是主承力相。纤维增强体主要承受由基体传递来的载荷，为主承力相。

1. 长纤维增强机制

当基体和纤维均为线弹性时，因为复合材料的应变ε_m、基体的应变ε_c和纤维增强体的应变ε_f相等，故它们的弹性模量E_m，E_c，E_f有：

$$\frac{\sigma_f}{\sigma_m} = \frac{E_f}{E_m} \qquad \frac{\sigma_f}{\sigma_c} = \frac{E_f}{E_c} \qquad (3-3)$$

由式（3-3）可知，复合材料中各组分的应力承载比等于相应的弹性模量之比。因此，为了有效利用纤维的高强度，应使纤维具有比基体更高的弹性模量。

此外，纤维与复合材料的承载比还与纤维的体积分数有关。纤维与基体的体积分数比越大，纤维/基体的承载比就越大。因此，在给定的纤维/基体系统中，应尽可能提高纤维的体积分数。但纤维体积分数过高时，会导致基体与纤维的浸润困难，界面结合强度下降，气孔率增加，反而导致复合材料的性能变差。

2. 短纤维增强机制

当增强体为单向短纤维时：复合材料纵向弹性模量E_L为；

$$E_L = \frac{1 + 2\eta_L V_f \frac{l}{d}}{1 - \eta_L V_f} E_m \qquad \eta_L = \frac{\frac{E_f}{E_m} - 1}{\frac{E_f}{E_m} + 2\frac{l}{d}} \qquad (3-4)$$

式中：E_m 为复合材料的弹性模量，V_f 为纤维体积分数，$\frac{l}{d}$ 为纤维长径比。由式（3-4）可以看出，单向短纤维的纵向弹性模量与纤维长径比、纤维体积分数和纤维/基体弹性模量比有关。

复合材料横向弹性模量（E_T）为：

$$E_T = \frac{1 + 2\eta_T V_f}{1 - \eta_T V_f} E_m \qquad \eta_T = \frac{\frac{E_f}{E_m} - 1}{\frac{E_f}{E_m} + 2} \qquad (3-5)$$

由式（3-5）可知，单向短纤维的横向弹性模量仅与纤维体积分数和纤维/基体弹性模量比有关，而与纤维长径比无关。

当增强体为平面内随机取向分布的短纤维时，复合材料弹性模量 E_{random} 的经验公式为：

$$E_{random} = \frac{3}{8} E_L + \frac{5}{8} E_T \qquad (3-6)$$

第四章　金属基复合材料的成型方法

随着现代科学技术的飞速发展，人们对材料的要求越来越高。对于结构材料，不但要求强度高，还要求重量要轻，尤其是在航空航天领域。金属基复合材料正是为了满足上述要求而诞生的。

金属基复合材料相对于传统的金属材料，具有较高的比强度与比刚度；而与树脂基复合材料相比，又具有优良的导电性与耐热性；与陶瓷基材料相比，又具有高韧性和高冲击性能。金属基复合材料的这些优良的性能决定了它从诞生之日起就成了新材料家族中的重要一员，它已经在一些领域里得到应用并且其应用领域正在逐步扩大。

第一节　金属基复合材料概述

一、金属基复合材料的分类

金属基复合材料是以金属为基体，以高强度的第二相为增强体而制得的复合材料。因此，金属基复合材料的分类方法通常有两种：一是按照复合材料的基体合金类型进行分类；二是按照复合材料的增强相类别进行分类。

（一）按基体合金类型分类

1. 黑色金属基复合材料

常见的黑色金属基复合材料是钢铁基复合材料。作为最常用的功能材料，因钢铁熔点高、所占比例大、比强度小、制造工艺困难等，导致基于钢铁材料的复合材料研究并不广泛。然而现代工业的高速发展迫切需要在恶劣条件下可正常工作的结构件，因此，改进和提高钢铁基体的性能具有重要价值。复合材料采用高比刚度、比强度的增强颗粒与铁基体相结合的方法，可以降低基体材料的密度，并提高其硬度、耐磨度、弹性模量等物理性能。钢铁基复合材料现主要用于切削工具和耐磨部件等工业领域。

根据复合情况不同，钢铁基复合材料可分为整体复合材料和表面复合材料。对于整体复合材料，常见的制备方法有粉末冶金法、原位反应复合法、外加增强体颗粒法；表面复合材料常见的制备方法有铸渗法、铸造烧结法等。钢铁基复合材料多采用外加增强体颗粒法，其中碳化钛、碳化钨、碳化硅、碳化钒颗粒是最为常见的增强相。

2. 有色金属基复合材料

常见的有色金属基复合材料包括铝基、镍基、镁基、钛基复合材料。由于有色金属具有熔点低、硬度小的特点，故有色金属基复合材料比黑色金属基复合材料应用更为广泛。目前，在航天、航空和汽车工业等领域中，各种高比模量、高比强度的有色金属基复合材料轻型结构件正被广泛应用。

（1）铝基复合材料。是金属基复合材料中应用最广的一种。由于铝的基体为面心立方结构，因此具有良好的塑性和韧性，同时具有易加工性、工程可靠性及价格低廉等优点，为其在工程上应用创造有利的条件。在制造铝基复合材料时，通常并不是使用纯铝而是用各种铝合金。这主要是由于与纯铝相比，铝合金具有更好的综合性能。铝合金质量小、密度小、可塑性好。铝基复合材料不仅性能优异（如比强度和比刚度高、耐高温、抗疲劳、耐磨、阻尼性能好、热膨胀系数低），而且制备技术相对简单，易加工。选择何种铝合金做基体，可根据实际中对复合材料的性能需要来决定。

（2）镍基复合材料。是以镍及镍合金为基体制造的。由于镍的高温性能优良，因此这种复合材料主要是用于制造高温下工作的零部件。人们研制镍基复合材料的一个重要目的，是希望用它来制造燃气轮机的叶片，从而进一步提高燃气轮机的工作温度。但目前由于制造工艺及可靠性等问题尚未解决，所以还未能取得满意的结果。

（3）镁基复合材料。镁合金是密度最小的工程结构材料。镁基复合材料不仅结构性能优异（低密度、高比强度/比刚度、抗震耐磨、抗冲击、尺寸稳定性和铸造性能好），而且有良好的阻尼和电磁屏蔽等功能特性，是极具竞争力的结构功能一体化轻金属基复合材料。

（4）钛基复合材料。钛与其他的结构材料比具有更高的比强度。此外，钛在中温450～500℃时比铝合金能更好地保持其强度。因此，对飞机结构来说，当速度从亚音速提高到超音速时，钛比铝合金显示出了更大的优越性。随着飞机飞行速度的进一步加快，还需要改变其结构设计，采用更细长的机翼和其他翼型，为此需要高刚度的材料，而纤维增强钛恰可满足这种对材料刚度的要求。钛基复合材料中最常用的增强体是硼纤维，这是由于钛与硼的热膨胀系数比较接近。

（二）按增强相类别分类

1. 连续增强金属基复合材料

典型的连续增强方式有连续纤维增强和骨架增强两种。

（1）连续纤维增强金属基复合材料。连续纤维增强金属基复合材料，是利用高强度、高模量、低密度的纤维增强体（如碳/石墨、硼、碳化硅、氧化铝等）与金属基体复合而成的高性能复合材料。通过基体、纤维类型、纤维排布方式、体积分数的优化设计组合，获得各种高性能复合材料。在纤维增强金属基复合材料中，纤维具有很高的强度、模量，是复合材料的主要承载体，对基体金属的增强效果明显。基体金属主要起固定纤维、传递载荷、部分承载并赋予其特定形状的作用。纤维可以以单向、二维和三维编织的形式存在。单向纤维增强复合材料各向异性明显，二维编织复合材料在织物平面方向和垂直方向的力学性能不同，三维编织复合材料则基本呈各向同性。

（2）骨架增强金属基复合材料。骨架增强金属基复合材料的增强体呈三维联通网络结构，增强体是高强度、高模量、低密度的陶瓷（如碳化硅）或者金属（如钛）等。通过调节增强体的孔径大小、均匀性等改善复合材料的性能。相比其他增强方式，骨架增强复合材料中的两相相互约束作用更加明显，对裂纹扩展的阻碍作用更强，呈各向同性。

2. 非连续增强金属基复合材料

非连续增强金属基复合材料，是指由短纤维、晶须、颗粒为增强体与金属基体组成的复合材料。增强体随机均匀分散在金属基体中，其性能宏观上呈各向同性。在特殊条件下，短纤维也可通过对复合材料进行二次加工（挤压）实现定向排列。在此类复合材料中，金属基体仍起主导作用，增强体在基体中随机分布，其性能呈各向同性。非连续增强体的加入，明显提高了金属的耐磨性、耐热性，提高了高温力学性能、弹性模量，降低了热膨胀系数等。

相比连续增强金属基复合材料，非连续增强金属基复合材料最大的特点是可用常规的粉末冶金、液态金属搅拌、液态金属挤压铸造、真空压力浸渍等方法制备，并可用铸造、挤压、锻造、轧制、旋压等加工方法进行加工成型，制造方法简单，制造成本低，适合大批量生产，在汽车、电子、航空、仪表等工业领域中有广阔的应用前景。

3. 层状金属基复合材料

层状金属基复合材料，是指在韧性和成型性较好的金属基体材料中，含有重复排列的高强度、高模量片层状增强物的复合材料。这种材料性能呈各向异性（层内两维同性）。层状复合材料的强度和大尺寸增强物的性能比较接近，而与晶须或纤维类小尺寸增强物的性能差别较大。因为增强薄片在二维方向上的尺寸与结构件的大小相当，增强物中的缺陷可以成为长度和构件相同的裂纹的核心。由于薄片增强的强度不如纤维增强相高，因此层状结构复合材料的强度受到限制。然而，在增强平面的各个方向上，薄片增强物对强度和模量都有增强效果，这与纤维单向增强的复合材料相比具有明显的优越性。

二、金属基复合材料存在的问题和发展趋势

（一）存在的问题

从20世纪60年代至今，金属基复合材料已经经历多年的发展，不管是在制备还是应用方面都有较成熟的技术，尤其是在航空航天、武器装备等尖端产业的推动下，其制备成型工艺有了很大进步。但对于普通民用工业，金属基复合材料的研究发展还相对缓慢，应用也不是很广泛，所以要真正推广金属基复合材料，需要解决以下几个问题。

1. 制备成本与制备技术

相对于传统的金属或合金材料，金属基复合材料的制造成本偏高且工艺比较复杂。对于民用工业企业来说，高昂的生产研发成本是制约金属基复合材料进行规模化应用生产的最大问题。因此，若要使其实现产业化、规模化，就需要进一步研究制备方法，开发新型的制备工艺，降低成本，提高金属基复合材料在材料市场上的竞争力。

2. 增强体与金属的润湿性

增强相与金属或合金基体的结合情况及增强相的分布状况是决定金属基复合材料性能的重要因素。由于多数的基体和增强相之间的相互润湿性存在问题，甚至出现不润湿的现象，因此造成增强相与基体的结合强度差和在基体内的分布不均匀的现象，给复合材料的制备造成困难。通过研究发现，提高制备复合材料时金属或合金熔体的温度和向基体内添加特定的

合金元素都可以得到更好的润湿效果，但这些方法会增加制备复合材料的工艺步骤，有些甚至会牺牲制件本身的性能，得不偿失。因此，如何在低成本的基础上解决增强相和金属基体之间的润湿问题是金属基复合材料发展的关键。

3. 增强体与基体的界面

高温下制备金属基复合材料会使金属基体和增强相之间发生不同程度的界面反应。一般来说，轻微的界面反应对于整个工艺是有利的，虽然产生界面的脆性相会损伤增强体，改变基体成分，但不会造成严重损伤。一旦界面反应显著生成脆性层，就会严重损伤增强相和基体，造成制件性能严重下降，甚至低于金属或合金基体本身的性能。因此，将整个工艺过程温度控制在合理的范围内，减少基体与增强相之间的界面反应对于制备复合材料具有极其重要的意义。

4. 增强体在基体中的分布

在制备金属基复合材料过程中，增强体在基体中偏聚是研究者遇到的难题之一，如何使其分布均匀也同样困扰着研究者。研究者试图通过离心铸造、加强搅拌、配制中间合金、原位复合等手段解决该问题。

此外，金属基复合材料的进一步发展离不开新材料的应用。近几年，随着石墨烯、碳纳米管金属基复合材料的快速发展，说明更小颗粒增强相的金属基复合材料发展拥有巨大的潜力，若通过一些途径进行改性处理来提高其与金属基体的结合性能，这类复合材料的发展和应用前景将非常广阔。

（二）金属基复合材料研究的发展趋势

当代金属基复合材料的结构和功能都相对简单，而高科技发展要求金属基复合材料能够满足高性能化和多功能化的挑战，因此新一代金属基复合材料必然朝着结构复杂化的方向发展。

1. 微结构设计的优化

金属基复合材料的性能不仅取决于基体和增强体的种类和配比，还取决于增强体在基体中的空间配置模式（如形状、尺寸、连接形式和对称性）。传统上增强体均匀分布的复合结构是最简单的空间配置模式，而近年来理论分析和实验结果都表明，在中间或介观尺度上人为调控的有序非均匀分布更有利于发挥设计自由度，从而进一步发掘金属基复合材料的性能潜力、实现性能目标的最优化配置，这是金属基复合材料研究发展的重要方向。

2. 结构—功能一体化

随着科学技术的发展，对金属材料的使用要求不再局限于力学性能，而是要求其在多场合服役条件下具有结构—功能一体化和多功能响应的特性。在金属基体中引入的颗粒、晶须、纤维等异质材料，既可作为增强体提高金属材料的力学性能，也可作为功能体赋予金属材料本身不具备的物理和功能特性。

3. 制备与成型加工一体化

成型和加工技术难度大、成本高始终是困扰金属基复合材料工程应用的主要障碍之一。特别是当陶瓷颗粒增强体含量高到一定程度（如体积分数超过50%）时，传统的铸造及塑性加工成型几乎不可能，机械加工也十分困难。因此开发制备与成型加工一体化工艺具有重大的工程意义。

三、金属基复合材料制造技术概述

金属基复合材料制备技术是影响金属基复合材料迅速发展和广泛应用的关键问题。金属基复合材料的性能、应用、成本等在很大程度上取决于其制造方法和工艺，因此研究和发展有效的制备技术一直是金属基复合材料研究中重要的问题之一。

（一）制备技术的要求

为了得到性能良好、成本低廉的金属基复合材料，制备技术应满足以下5个方面的要求：

（1）能使增强材料以设计的体积分数和排列方式分布于金属基体中，满足复合材料结构和强度设计要求。

（2）不得使增强材料和金属基体原有性能下降，特别是不能对高性能增强材料造成损伤。

（3）能确保复合材料界面效应、混杂效应或复合效应充分发挥，有利于复合材料性能的提高或互补，不能因制造工艺不当造成材料性能下降。

（4）尽量避免增强材料和金属基体之间各种不利化学反应的发生，得到合适的界面结构和性能，充分发挥增强材料的增强增韧效果。

（5）设备投资少，工艺简单易行，可操作性强，便于实现批量或规模生产。尽量能制造出接近最终产品的形状、尺寸和结构。减少或避免后加工工序。

（二）制备技术的关键

由于金属固有的物理和化学特性，其加工性能不如树脂的好，在金属基复合材料制备中需要解决一些关键技术问题。

1. 制备温度

（1）面临问题。复合材料制备过程中，为了确保基体的润湿性和流动性，需要采用很高的制备温度（往往接近或高于基体熔点）。然而，基体与增强材料在高温下易发生界面反应，有时会发生氧化而生成有害的反应产物。这些反应往往会对增强材料造成损害，形成过强结合界面而使材料发生早期低应力破坏。并且，高温下反应物通常呈脆性，会成为复合材料整体破坏的裂纹源。因此，控制复合材料的制备温度十分关键。

（2）采取措施。一是尽量缩短高温加工时间，使增强材料与基体界面反应降至最低；二是提高工作压力，促使增强材料与基体浸润速度加快；三是采用扩散黏结法可有效地控制加工温度并缩短加工时间。

2. 润湿性

（1）面临问题。绝大多数的金属基复合材料（如碳/铝、碳/镁、碳化硅/铝、氧化铝/铜等），均存在基体对增强相润湿性差甚至不润湿的现象，这给复合材料的制备带来极大的困难。

（2）采取措施。一是添加合金元素。添加合金元素可有效减小基体金属表面张力、固—液界面能及化学反应，从而改善基体对增强材料的润湿性。常用的合金元素有钛、锆、铌、铈等。二是对增强材料进行表面处理。采用表面处理能改变增强材料的表面状态及化学成分，从而改善增强材料与基体间的润湿性。常用的表面处理方法有化学气相沉积法、物理气相沉积法、溶胶—凝胶法和电镀或化学镀法等。三是提高液相压力。渗透力与毛细压力成正比。提高液态金属压力，可促使液态金属渗入纤维的间隙内。

3．增强材料的分布状态

（1）面临问题。控制增强材料按所需方向均匀地分布于基体中是获得预期性能的关键。然而，增强材料的种类较多，如短纤维、晶须、颗粒等，还有直径较粗的单丝、直径较细的纤维束等，并且在尺寸、形态、理化性能上也有很大差异，使得增强材料均匀地或按设计强度的需求分布显得非常困难。

（2）采取措施。一是对增强材料进行适当的表面处理，以加快其浸润基体的速度。二是加入适当的合金元素来改善基体的分散性。三是施加适当的压力，使基体分散性增大。

（三）制备技术的分类

金属基复合材料体系繁多，且各组分的物理化学性质差异较大，复合材料的用途也有很大差别，因而复合材料的制备方法也是千差万别的。根据各种方法的基本特点，把金属基复合材料的制备工艺分为三大类：

1．固态法

固态法是金属基体处于固态情况下与增强材料混合组成新的复合材料的方法，包括粉末冶金法、真空热压扩散结合法、热等静压法、挤压和拉拔法、轧制法、焊接爆炸法、自蔓延高温合成技术等。

2．液态法

液态法是金属基体处于熔融状态下与增强材料混合组成新的复合材料的方法，包括真空压力浸渍法、挤压铸造法、搅拌铸造法、液态金属浸渍法、喷射沉积法及原位反应生成法等。

3．其他制备方法

其他制备技术包括原位生成法、物理气相沉积法、化学气相沉积法、化学镀和电镀法及复合镀法等，详细见本章第四节。

金属基复合材料的制备工艺方法对复合材料的性能有很大影响，是金属基复合材料的重要研究内容之一。

第二节　固态法制备金属基复合材料

固态法典型的特点是制备过程中温度较低，金属基体与增强相处于固态，可抑制金属与增强相之间的界面反应。

一、粉末冶金法

1. 粉末冶金工艺概述

粉末冶金是用金属粉末作为原料，经过成型和烧结，制造各种类型制品的工艺技术，粉末冶金法与生产陶瓷有相似的地方，因此也叫金属陶瓷法。粉末冶金是冶金学的一个分支，其内容包括：制取金属粉末，将金属粉末或金属粉末和非金属粉末的混合物，经成型和烧结，制成各种金属和金属—非金属的材料和制品。

粉末冶金制品的应用范围十分广泛，从普通机械制造到精密仪器；从五金工具到大型机械；从电子工业到电机制造；从民用工业到军事工业；从一般技术到尖端高技术，均能见到粉末冶金工艺的身影。

粉末冶金工艺的第一步是制取金属粉末、合金粉末、金属化合物粉末以及包覆粉末，第二步是将原料粉末通过成型、烧结以及烧结后的处理制得成品。粉末冶金工艺的基本工序包括以下4个步骤：

（1）原料粉末的制备。现有的制粉方法大体可分为机械法和物理化学法。机械法可分为机械粉碎及雾化法；物理化学法又分为电化腐蚀法、还原法、化合法、还原—化合法、气相沉积法、液相沉积法以及电解法。其中应用最为广泛的是雾化法、还原法和电解法。

（2）粉末成型为所需形状的坯块。成型的目的是制得一定形状和尺寸的压坯，并使其具有一定的密度和强度。成型的方法分为加压成型和无压成型。加压成型中应用最多的是模压成型。

（3）坯块的烧结。烧结是粉末冶金工艺中的关键性工序。成型后的压坯通过烧结使其得到要求的力学性能。烧结又分为单元系烧结和多元系烧结。对于单元系和多元系的固相烧结，烧结温度比所用的金属及合金的熔点低；对于多元系的液相烧结，烧结温度一般比其中难熔成分的熔点低，而高于易熔成分的熔点。除普通烧结外，还有松装烧结、熔浸法、热压法等特殊的烧结工艺。

（4）产品的后序处理。烧结后的处理，可以根据产品要求的不同，采取多种方式，如精整、浸油、机加工、热处理及电镀。此外，近年来一些新工艺如轧制、锻造也应用于粉末冶金材料烧结后的加工，取得较理想的效果。

2. 粉末冶金法制备金属基复合材料

粉末冶金是最早用来制造金属基复合材料的方法。粉末冶金既可用于连续长纤维增强，又可用于短纤维、颗粒或晶须增强的金属基复合材料。早在1961年Kopenaal等就利用粉末冶金法制造纤维体积含量为20%~40%的连续碳纤维增强铝基复合材料，但由于性能很低，也无有效措施提高性能，这种方法已不用来制造连续长纤维增强复合材料，而主要用于制造颗粒或晶须增强的金属基复合材料。

粉末冶金法制备金属基复合材料的工艺与金属材料的粉末冶金工艺基本相同，首先将金属粉末和增强体混合，制得复合坯料，再压制烧结成锭，通过挤压、轧制和锻造等二次加工制成型材和零件，其工艺流程如图4-1所示。根据复合材料的种类，对制品的形状、尺寸、性能等方面的要求不同，具体的工艺过程以及脱气、成型、固化等方法也不同。

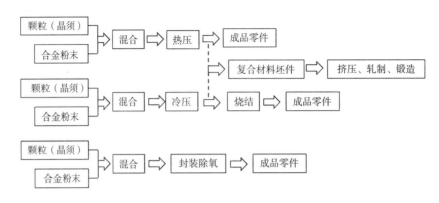

图4-1 粉末冶金法制造金属基复合材料的工艺流程

（1）原料。基体金属与强化颗粒均为粉末状原料。从提高强化效果、增加强化颗粒含量的要求来看，基体金属粉末与强化颗粒越细越好。但颗粒越细，其凝聚性越强，且单位重量

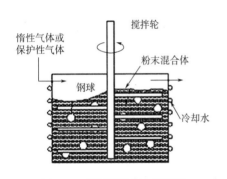

图4-2 球磨机混合法示意图

（或体积）的颗粒数迅速增加，要使1μm以下的微细强化颗粒均匀分散于基体之中变得困难。通常基体金属粉末的平均粒度为十几至数十微米，而强化颗粒的平均粒度为几至十几微米。

（2）混合。通常采用高能量球磨机混合法，也称为机械合金化（mechanical alloying，MA）方法。球磨机混合法的原理如图4-2所示，为防止混合过程中粉末的发热、氧化，混合容器的外周采用水冷，而内部则通入惰性气体或还原性气体进行保护。搅拌轮的转速一般为每分钟数百转，搅拌时间视基体金属与强化颗粒的种类、尺寸（粒度）、添加量等而定，在一至数十小时之间。

（3）压粉（压密、压型）。金属粉末与强化颗粒均匀混合后，除采用真空热压烧结固化的工艺外，一般均需对粉末混合体进行压密处理，通过压型模或金属包套赋予压粉体一定的形状，同时提高其初始密度。在常压下烧结直接制取制品，需要施加较高的压粉压力，以获得较高的初始密度，减少后续烧结过程中的收缩。

（4）脱气。脱气处理的目的是除去粉末、颗粒表面的水分与吸附气体，防止烧结后材料内部产生气孔、疏松等现象。粉末均匀混合后，根据成型工艺不同，脱气的方式也不同。当采用热压（hot press）烧结，或直接采用热塑性变形烧结时，需要进行专门的脱气处理。当采用真空热压烧结时，在真空热压机内首先进行预脱气处理，再压密、脱气、烧结三者同时进行。

（5）压粉坯的致密化。根据需要，可在烧结之前对粉末坯施以冷等静压（CIP）处理，或轧制、挤压变形，达到致密化的目的。

（6）烧结（固化）。主要的烧结方式有常压烧结、热压烧结、真空热压烧结、热等静压（HIP）烧结、热塑性变形烧结（固化）等。从烧结后制品性能来看，热塑性变形烧结法最好，热等静压法次之，常压烧结最差。塑性变形（挤压、锻造、轧制）可以破坏粉末表面的氧化膜，压合材料内部的孔隙，粉末间的接合状态变好，有利于烧结的进行，提高其致密度与性能。

3. 粉末冶金法制备复合材料的优缺点

（1）粉末冶金法的优点。

①热等静压或烧结温度低于金属熔点，因而由高温引起的增强材料与金属基体的界面反应少，减小了界面反应对复合材料性能的不利影响。同时可以通过热等静压或烧结时的温度、压力和时间等工艺参数来控制界面反应。

②可根据性能要求，使增强材料（纤维、颗粒或晶须）与基体金属粉末以多种比例混合，纤维含量最高可达75%，颗粒含量可达50%以上，这是液态法无法达到的。

③可降低增强材料与基体互相湿润，以及增强材料与基体粉末的密度差的要求，使颗粒或晶须均匀分布在金属基复合材料的基体中。

④采用热等静压工艺时，所得材料组织细化、致密、均匀，一般不会产生偏析、偏聚等缺陷，可使孔隙和其他内部缺陷得到明显改善，从而提高复合材料的性能。

⑤粉末冶金法制备的金属基复合材料可通过传统的金属加工方法进行二次加工。可以得到所需形状的复合材料构件的毛坯。

（2）粉末冶金法主要缺点。

①工艺过程比较复杂。

②金属基体必须制成粉末，增加了工艺的复杂性和成本。

③在制备铝基复合材料时，还要防止铝粉引起爆炸。

4. 粉末冶金法的应用

用粉末冶金法可以制造复合材料坯料，供挤压、轧制、锻压、旋压等二次加工后制成零部件，也可以直接制成复合材料零件。目前用粉末冶金法已制造了不同成分的铝合金基体和不同颗粒（晶须）含量的复合材料及各种零件、管材、型材和板材，它们具有很高的比强度、比模量和耐磨性，已用于汽车、飞机、航天器等。

该工艺适于制造SiC_p/Al、$SiCW/Al$、Al_2O_3/Al、TiB_2/Ti等金属基复合材料零部件、板材或锭坯等。常用的增强材料有SiC_p、Al_2O_3、SiC、W等颗粒、晶须及短纤维等。常用的基体金属有Al、Cu、Ti等。

5. 案例分析

（1）案例分析一。粉末冶金法制备直升机发动机导流叶（图4-3）。

图4-3　直升机发动机导流叶

基体为Al，增强体为Al_2O_3—SiO_2耐火纤维，设计步骤如下：

①Al_2O_3—SiO_2耐火纤维经晶化处理后粉碎，与Al粉按比例混合，在混粉机上混合均匀。

②将混合均匀的粉料在压制机上压成所需形状。

③将坯件放入真空炉中进行烧结。

（2）案例分析二。粉末冶金法制备多孔铝基复合材料（图4-4）。

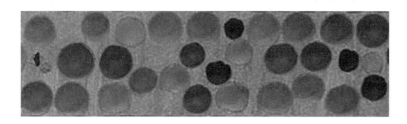

图4-4　粉末冶金法制备的多孔铝基复合材料

设计步骤如下：

①铝粉和其他粉末按配比计算出各成分所用质量，用电子天平称取配料，混合均匀，再按比例加入所需成孔剂颗粒。

②将①中配好的配料混合均匀。

③采用模压成型，压制成所需形状。

④利用成孔剂低熔点、低沸点的性质，通过加热去除模压好的坯体中的成孔剂，得到多孔的坯体。

⑤选择合适的烧结方式进行烧结。

⑥后处理，如精整、真空注油、蒸汽处理、组装、加工、热处理、其他。

其工艺流程图如图4-5所示：

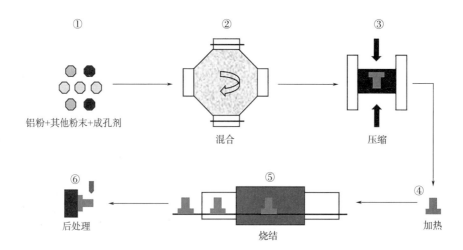

图4-5　粉末冶金法制备的多孔铝基复合材料流程图

二、扩散黏结法

扩散黏结法是在较长时间的高温及不大的塑性变形作用下，依靠接触部位原子间的相互扩散进行。热压法和热等静压法都属于扩散粘结法，是加压焊接的一种，因此有时也称扩散焊接法。

扩散黏结法工艺是要在一定温度和压力下，把表面新鲜清洁的相同或不相同的金属，通过表面原子的互相扩散使金属基体与增强相结合在一起。因此扩散黏结过程可分为三个阶段：一是黏结表面之间的最初接触，由于加热和加压使表面发生变形、移动、表面膜破坏；二是随着时间的推移发生界面扩散和体积扩散，使接触面密切粘结；三是由于扩散结合界面最终消失，黏结过程完成。影响扩散黏结过程的主要参数是温度、压力和温度及压力下维持的时间，其中温度最为重要，气氛对产品质量也有影响。常用的扩散黏结技术有热压技术和热等静压技术。

1. 热压技术

热压扩散法是连续纤维增强复合材料成型的一种常用方法。如图4-6所示为热压法制备金属基复合材料的示意图。先将经过预处理的连续纤维与金属基体制成复合材料预制片，再将预制片按设计要求裁剪成所需的形状叠层排布（纤维方向），视对纤维体积含量的要求，在叠层时添加基体箔，将叠层放入模具内，进行加热加压，最终制得所需的纤维增强金属基复合材料。

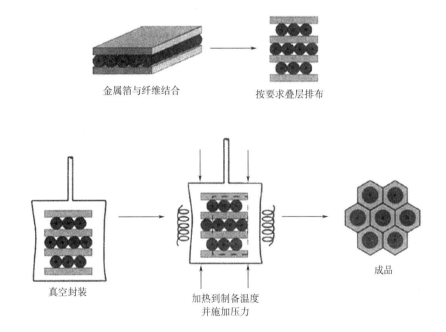

金属箔与纤维结合　　　　　　按要求叠层排布

真空封装　　　　加热到制备温度并施加压力　　　　成品

图 4-6　热压法制备金属基复合材料的工艺过程

在金属基复合材料的热压制备过程中，预制片制备和热压过程是最重要的两个工序，直接影响复合材料中纤维的分布、界面的特性和性能。

（1）预制片制备。复合材料预制片的来源有等离子喷涂、离子涂覆、箔黏结法及液态金属浸渍法。用等离子喷涂法制得的粗直径纤维—金属预制片（图4-7），用液态金属浸渍法获得细直径的一束多丝纤维—金属预制片（带、丝）。如图4-8所示，用离子涂覆法制得的预制片，将纤维用易挥发胶黏剂粘在金属箔上得到纤维/聚合物黏结剂预制片。前一种预制片中纤维与基体已经基本复合好，后一种预制片中基体与纤维完全没有复合，这种预制片也称为生片。生片中的胶黏剂要求在热压加热的前期完全挥发，无留残物。

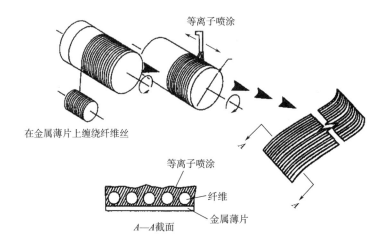

图4-7　等离子喷涂纤维/基体箔材预制片（板）

图4-8　纤维/聚合物黏结剂预制片（板）

（2）热压。预制件制备完成后，通过热压过程完成最终复合。热压过程中两个主要的工艺参数为温度和压力。提高温度可改善基体合金的流动性，从而促进扩散黏结。复合材料的热压温度比扩散焊接高，但也不能过高，以免纤维和基体之间发生反应，影响材料性能。热压温度一般稍低于基体合金的固相线。选用的压力可在较大范围内变化，但过高容易损伤纤维，一般控制在10MPa以下。压力的选择与温度有关，温度高，压力可适当降低。时间在10～20min即可。

（3）热压法的应用。热压法是目前制造直径较粗的硼纤维和碳化硅纤维增强铝基、钛基复合材料的主要方法。热压法生产的产品可作为航天发动机主仓框架承力柱、发动机叶片、火箭部件等，已得到应用。热压法也是制造钨丝—超合金、钨丝—铜等复合材料的主要方法之一，其工艺流程如图4-9所示。

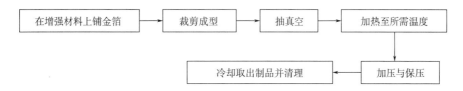

图 4-9 热压法制备金属基复合材料工艺流程图

例如，热压法制造硼纤维增强的铝基复合材料，如图4-10所示，按照制品的形状、硼纤维体积密度及性能要求，将铝金属基体与增强材料按一定顺序和方式组装成形，再加热到某一低于金属基体熔点的温度，同时加压保持一定时间，使基体金属产生蠕变和扩散，与纤维之间形成良好的界面结合，得到复合材料制品。

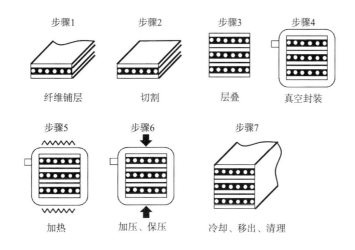

图4-10 热压法制备硼—铝复合材料工艺流程

热压技术适用于制造B/Al、SiC/Al、SiC/TiC/Al、C/Mg等复合材料零部件，管材和板材等。

常用的增强材料有：B、SiC、C和W等。

常用的基体金属有：Al、Ti、Cu和耐热合金等。

（4）案例分析。热压法制备多元层状复合材料（图4-11）。

设计步骤如下：选取金属组元一材料与金属组元二材料作为多层复合材料的组元，首先，将金属各组元材料加工成所需形状，并对其进行打磨、抛光。其次，将两种金属组元依次排列，端部对接，将该多层复合材料放入真空热压炉内进行真空热压，热压过程中保持一定时间的恒定温度，并保持一定的真空度，随炉冷却。最后，将热压后的多层复合材料按照一定的轧制工艺进行

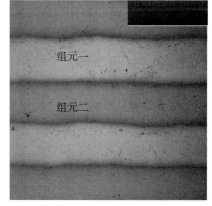

图 4-11 热压法制备的多元
层状金属基复合材料

多道次热轧。制备工艺流程如图4-12所示。

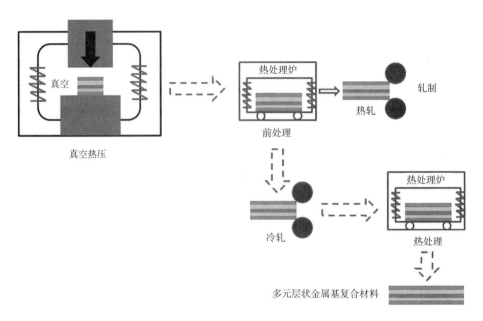

图4-12 热压法制备的多元层状金属基复合材料

2. 热等静压技术

（1）概述。热等静压技术（HIP）是热压技术的一种，热等静压设备主要由高压容器、加热炉、压缩机、真空泵、冷却系统和计算机控制系统组成，如图4-13所示，其中，高压容器为整个设备的关键装置。热等静压工艺是将制品放置到密闭的容器中，用惰性气体向制品施加各向同等的压力，使工件在各个方向上受到均匀压力的作用，同时施以高温，在高温高压的作用下，制品得以烧结和致密化。

制备金属基复合材料时，将金属基体（粉末或箔）与增强材料（纤维、晶须、颗粒）

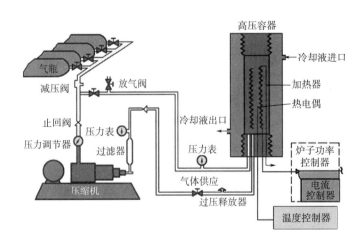

图4-13 热等静压技术工作原理和设备简图

按一定比例混合或排布（或用预制片叠层后放入金属包套中），抽气封装后放入热等静压装置中加热加压，复合成金属基复合材料。热等静压装置的温度范围为几百度到2000℃，工作压力在10～200MPa。随着热等静压技术发展，采用热等静压技术制备金属陶瓷复合材料，改善了成型和烧结条件，使材料的孔隙度明显降低，致密度提高，综合性能大大提高。

热等静压技术制造金属基复合材料过程中，温度、压力、保温保压时间是主要工艺参数，温度是保证工件质量的关键因素，一般选择的温度应低于热压温度，防止发生严重的界面反应。压力根据基体金属在高温下变形的难易程度而定，易变形的金属应选择低一些的压力，难变形的金属则选择较高的压力。保温保压时间根据工件的大小来确定，工件越大保温时间越长，一般为30min到数小时。

热等静压工艺有三种：一是先升压后升温，其特点是无需将工作压力升到最终所需要的最高压力，而是随着温度升高，气体膨胀，压力不断升高直至达到所需压力，这种工艺适合金属包套工件的制造；二是先升温后升压，此工艺对于玻璃包套制造复合材料比较合适，因为玻璃在一定温度下软化，加压时不会发生破裂，还可有效传递压力；三是同时升温升压，这种工艺适合于低压成型、装入量大、保温时间长的工件制造。

采用热等静压技术能获得高密度的金属陶瓷复合材料，大大改善了金属陶瓷复合材料的韧性、强度和硬度，从而广泛用于制造耐高温、耐磨损和承受较高应力的材料，如国防军工（陶瓷装甲）、航空航天（发动机外壳）、医疗（骨架）、汽车发动（高性能活塞）、电子元件（电子封装材料）机械材料（切削刀具）等，在国民经济中占有重要地位，受到世界各国的高度重视，已成为材料科学领域中最为活跃的研究领域之一。

热等静压技术适用于多种复合材料的管、筒、柱及形状复杂零件的制造，特别适用于钛、金属间化合物、超合金基复合材料。热等静压产品的组织均匀致密，无缩孔、气孔等缺陷，性能均匀。热等静压法的缺点是设备投资大、工艺周期长、成本高。

（2）案例分析。

先热等静压法制备氧化铝增强铜基复合材料（图4-14）。

选择原材料为电解铜粉、氧化铝晶须、氧化铝颗粒以及其他烧结粉末。设计步骤如下：

先用表面活性对氧化铝晶须进行表面处理；然后按照实验配方进行球磨混料，得到复合粉末；再选择模压成型的方式得到块体复合材料；最后将块体复合材料按一定的工艺进行热等静压处理，实行致密化。

具体工艺流程如图4-15所示。

图4-14　热等静压法制备的氧化铝增强铜基复合材料

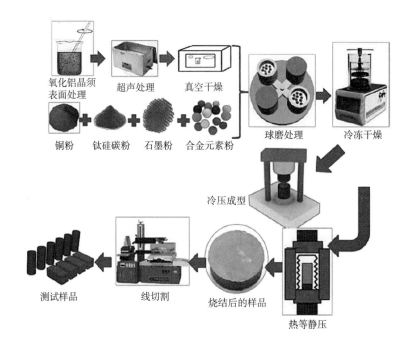

图4-15 热等静压法制备氧化铝增强铜基复合材料的工艺流程

热等静压法制造B—Al轻质传动轴复合材料管，工艺流程如图4-16所示。

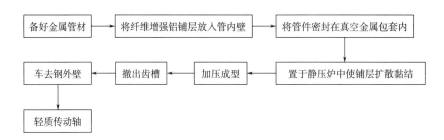

图4-16 热等静压法制造B—Al轻质传动轴复合材料管的工艺流程

三、电火花烧结工艺

1. 概述

电火花烧结（spark plasma sintering，简称SPS）可看成是一种物理活化烧结，又称放电等离子烧结，是利用粉末间火花放电所产生的高温，同时受外应力作用的一种特殊烧结方法，是制备功能材料的新方法之一。放电等离子烧结技术的发展为功能材料制备提供了一种升温速度快、烧结时间短、效果好的新方法。

电火花烧结是将金属等粉末装入由石墨等材料制成的模具内，通过一对电极板和上、下模冲，向模腔内的粉末直接通入高频或中频交流和直流叠加电流。压模由石墨或其他导电材料制成。依靠放电火花产生的热和通过粉末与模具的电流产生的热使粉末升温。粉末在高温下处于塑性状态，通过模冲加压烧结，并且由于高频电流通过粉末形成的机械脉冲波作用，致密化过程在极短的时间内完成。

SPS技术还可以用于制备金属基复合材料（MMC）、纤维增强复合材料（FRC）、TiAl—TiB$_2$复合材料、Mn—Zn铁氧体、Fe—M—B软磁合金等磁性材料、MoSi$_2$—C复合制件。

SPS利用放电等离子体进行烧结。等离子体是物质在高温或特定激励下的一种物质状态，是除固态、液态和气态以外，物质的第四种状态。等离子体是电离气体，是由大量正负带电粒子和中性粒子组成的，并表现出集体行为的一种准中性气体。

等离子体是解离的、高温导电气体，可提供反应活性高的状态。等离子体温度为4000～10999℃，其气态分子和原子处在高度活化状态，而且等离子气体内离子化程度很高，这些性质使得等离子体成为一种非常重要的材料制备和加工工具。

产生等离子体的方法包括加热、放电和光激励等。放电产生的等离子体包括直流放电、射频放电和微波放电等离子体。SPS利用的是放电等离子体。

2. 电火花烧结系统组成

如图4-17所示，电火花烧结系统包含以下几部分：由上、下压头组成的垂直压力施加装置；特殊设计的水冷上、下电极；水冷真空室；真空/空气/氩气气氛控制系统；特殊设计的脉冲电流发生器；水冷控制系统；位移测量系统；温度测量系统以及各种安全装置。它通过瞬时脉冲电源在粉末颗粒间产生放电等离子，去除颗粒表面的氧化膜和吸附在颗粒表面的气体，然后对粉末施加轴向压力并进行电阻加热，通过插入石墨模具内的热电偶测量样品的烧结温度，通过线性测量装置测量样品的收缩率。

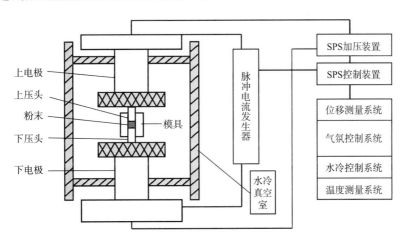

图4-17　电火花烧结系统结构示意图

在SPS加热中，电极通入直流脉冲电流时瞬间产生的放电等离子体，使烧结体内部各个颗粒自身均匀地产生焦耳热并使颗粒表面活化。与自身加热反应合成法（SHS）和微波烧结法一样，SPS是有效利用粉末内部的自身发热作用进行烧结的新型烧结法。这种放电直接加热法，热效率极高，放电点的弥散分布能实现粉末均匀加热，因而容易制备均质、致密、高质量的烧结体。SPS可以看作颗粒放电、导电加热和加压综合作用的结果。除加热和加压这两个促进烧结的因素外，在SPS中，颗粒间的有效放电可产生局部高温，使表面熔化、表面物质剥落；高温等离子的溅射和放电冲击清除了粉末颗粒表面杂质（如去除非氧化物、表层氧化物）和吸附的气体；电场的作用是加快扩散。

3. 电火花烧结的主要工艺流程

（1）向粉末样品施加初始压力，使粉末颗粒之间充分接触，便于粉末样品内产生均匀且充分的放电等离子。

（2）施加脉冲电流，在脉冲电流的作用下，粉末颗粒接触点产生放电等离子，颗粒表面由于活化产生微放热现象。

（3）关闭脉冲电源，对样品进行电阻加热，直至达到预定的烧结温度并且样品收缩完全为止。

（4）卸压，合理控制初始压力、烧结时间、成型压力、加压持续时间、烧结温度、升温速率等主要工艺参数可获得综合性能良好的材料。

4. 电火花烧结工艺特点

SPS的主要特点是通过瞬时产生的放电等离子使得烧结体内部每个颗粒均匀地自身发热并活化颗粒表面。热效率高、适合电火花烧结的材料体系广、升温和冷却速度快、加热均匀、成型压力低、产生放电等离子体、采用脉冲电源烧结时间短。

5. 案例分析

SPS制备CNT/Cu复合材料，设计步骤如下：

（1）使用浓H_2SO_4和浓HNO_3配制的混酸处理CNTs。

（2）湿混吸附—球磨法制备复合粉末。

（3）分别称量CNT/Cu复合粉末，使用SPS对复合粉末进行烧结。

具体工艺流程如图4-18所示。

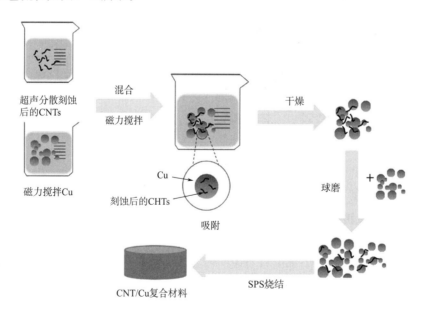

图4-18　SPS制备CNT/Cu复合材料工艺流程图

四、变形压力加工

变形压力加工是利用金属具有塑性成型的工艺特点，通过热轧、热拉拔、热挤压等塑性加工手段，使复合好的颗粒、晶须、短纤维增强金属基复合材料锭坯进一步加工成型。该工艺在固态下进行加工，速度快，纤维与基体作用时间短，纤维的损伤小，但是不一定能保证纤维与基体的良好结合，并且在加工过程中产生的高应力容易造成脆性纤维的破坏。

热轧法、热挤压法和热拉法都是金属材料中成熟的塑性成型加工工艺，在此用于制造复合材料。

热轧法主要用来将已经复合好的颗粒、晶须、短纤维增强金属基复合材料锭坯进一步加工成板材。也可将金属箔和连续纤维组成的预制片制成板材，如铝箔与硼纤维、铝箔与钢丝。为提高黏结强度，常在纤维上涂银、镍、铜等涂层，轧制过程中为防止氧化常用钢板包覆。与金属材料的轧制相比，长纤维—金属箔轧制时每次的变形量小，轧制道次多。对于颗粒或晶须增强金属基复合材料板材，先经粉末冶金或热压成坯料，再经热轧成复合材料板材。

热挤压法和热拉法主要用于颗粒、晶须、短纤维增强的金属基复合材料坯料的进一步加工，制成各种形状的管材、型材、棒材等。经挤压、拉拔后复合材料的组织变得均匀、缺陷减少或消除，性能明显提高，短纤维和晶须还有一定的择优取向，轴向拉伸强度提高很多。

热挤压法和热拉法也是制造金属丝增强金属基复合材料很有效的方法，其具体做法是在基体金属坯料上钻长孔，将金属丝制成棒放入基体金属孔中，密封后进行热挤压或热拉，使增强金属棒变成丝。也有将颗粒或晶须与基体金属粉末混合均匀后装入金属管中，密封后直接热挤压或热拉成复合材料管材或棒材的。如图4-19所示是热拉法制造金属基复合材料工艺示意图。

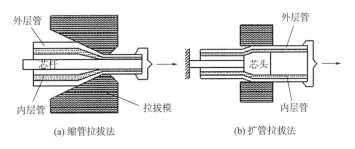

(a) 缩管拉拔法　　　　　　　　　(b) 扩管拉拔法

图4-19　热拉拔法制造金属基复合材料工艺示意图

五、爆炸焊接法

爆炸焊接法是利用炸药爆炸驱动基体与增强材料发生高速碰撞，通过使碰撞的材料发生塑性变形、黏接处金属局部扰动及热过程，使基体与增强材料结合而形成复合材料的一种方法。如图4-20所示为爆炸焊接工艺的示意图。如果用金属丝作为增强材料，焊接前应将其固定或编织好，避免其移位或卷曲，并且基体和金属丝在焊接前必须除去表面的氧化膜和污物。爆炸焊接用底座材料的密度和声学性能应尽可能与复合材料的相近，一般将金属板放在用碎石层或铁屑层做的底座上。

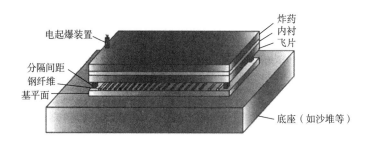

图4-20 爆炸焊接工艺的示意图

爆炸焊接法的工艺特点是作用时间短，材料的温度低，因而组分材料之间发生界面反应的可能性小，产品性能稳定。爆炸焊接法可以制造形状复杂的零件和大尺寸的板材，可以一次作业制造多块复合板，还可用于制造金属层合板和金属丝增强金属基复合材料，例如，钢丝增强铝、钼丝或钨丝增强钛、钨丝增强镍等复合材料。

第三节　液态法制备金属基复合材料

液态法也称为熔铸法，是指金属基体处于熔融状态下与固体增强材料复合而制备金属基复合材料的工艺过程。包括铸造法、熔体渗透法、共喷沉积法等。

液态法是目前制备颗粒、晶须和短纤维增强金属基复合材料的主要工艺方法。与固态法相比，液态法的工艺及设备相对简便易行，与传统金属材料的成型工艺，如铸造、压铸等方法非常相似，制备成本较低，因此液态法得到较快的发展。

一、铸造法

铸造法是一边搅拌金属或合金熔融体，一边向熔融体逐步投入增强体，使其分散混合，形成均匀的液态金属基复合材料，再采用压力铸造、离心铸造、液态金属搅拌铸造、原位反应铸造等方法形成金属基复合材料。

1. 压铸法

压铸法是指在压力作用下将液态或半液态金属基复合材料或金属以一定速度充填压铸模型腔或增强材料预制体的孔隙中，在压力下快速凝固成型而制备金属基复合材料的工艺方法。

压铸法的具体工艺：首先，将包含有增强材料的金属熔体倒入预热模具中后迅速加压，压力为70～100MPa，使液态金属基复合材料在压力凝固。其次，待复合材料完全固化后顶出，即制得所需形状及尺寸的金属基复合材料的坯料或压铸件。

压铸工艺中，影响金属基复合材料性能的工艺因素主要有：熔融金属的温度；模具预热温度；使用的最大压力；加压速度四个。

对于铝基复合材料，熔融金属温度一般为700～800℃，预制件和模具预热温度一般可控制在500～800℃，并可相互补偿。如前者高些，后者可以低些，反之亦然。采用压铸法生产的铝基复合材料的零部件，其组织细化、无气孔，可以获得比一般金属模铸件性能优良的压铸件。

与其他金属基复合材料制备方法相比，压铸工艺设备简单，成本低，材料的质量高且稳定，易于工业化生产。

2. 离心铸造法

如图4-21所示，将液态金属混合物浇入旋转的铸型里，在离心力作用下充型并凝固成铸件的铸造方法称为离心铸造法。

广泛应用于空心件铸造成型的离心铸造法，可以通过两次铸造成型法成形双金属层状复合材料，此方法简单，具有成本低铸件致密度高等优点，但是界面质量不易控制，难以形成连续长尺寸的复合材料。

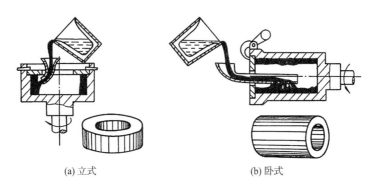

(a) 立式　　　　　　　　　　　　(b) 卧式

图4-21　离心铸造示意图

3. 液态金属搅拌铸造法

液态金属搅拌铸造法是一种适合于工业化生产颗粒增强金属基复合材料的主要方法，工艺过程简单，制造成本廉价。这种方法的基本原理是将颗粒直接加入基体金属熔体中，通过一定方式的搅拌使颗粒均匀地分散在金属熔体中并与之复合如，如图4-22所示，再浇铸成锭坯、铸件等。

液态金属搅拌铸造法根据工艺特点及所选用的设备可分为漩涡法、杜拉肯（Duralcon）法、复合铸造法三种。

（1）漩涡法。漩涡法的基本原理是利用高速旋转的搅拌器桨叶搅动金属熔体，使其强烈流动，并形成以搅拌旋转轴为对称中心的漩涡，将颗粒加到漩涡中，依靠漩涡的负压抽吸作用，颗粒进入金属熔体。经过一段时间的强烈搅拌，颗粒逐渐均匀地分布在金属熔体中，并与之复合在一起。如图4-23所示是漩涡搅拌法的工艺原理图。

漩涡法的主要工序有基体金属熔化、除气、精炼、颗粒预处理。漩涡搅拌法控制的主要工艺参数是搅拌复合工序的搅拌速度、搅拌时基体金属熔体的温度、颗粒加入速度等。搅拌速度一般控制

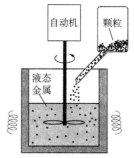

图4-22　液态金属搅拌铸造示意图

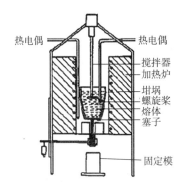

热电偶　　　　　　　热电偶

　　　　　　　　　搅拌器
　　　　　　　　　加热炉
　　　　　　　　　坩埚
　　　　　　　　　螺旋桨
　　　　　　　　　熔体
　　　　　　　　　塞子

　　　　　　　　　固定模

图 4-23　漩涡法的工艺原理

在 500～1000r/min，温度一般选在基体金属液相线温度以上100℃，搅拌器通常为螺旋桨形。

　　漩涡搅拌法工艺简单，成本低，主要用来制造含较粗颗粒（直径50～100μm）的耐磨复合材料，如 Al_2O_3—Al—Mg、ZrO_2—Al—Mg、Al_2O_3—Al—Si、SiC—Al—Si、SiC—Al—Mg、石墨—铝等。

　　目前，用这种方法制造细颗粒增强金属基复合材料还有一定困难，不适用于制造高性能的结构用颗粒增强金属基复合材料。

　　（2）杜拉肯（Duralcan）法。Duralcan法为无漩涡法，是20世纪80年代中期由Alcon公司研究开发的一种颗粒增强铝、镁、锌基复合材料的方法。这种方法现已成为一种工业规模的生产方法，可以制造高质量的SiC_p—Al、Al_2O_3—Al等复合材料，年产量达1.1万吨的颗粒增强金属基复合材料的工厂已经建立。如图4-24所示是杜拉肯液态金属搅拌法的工艺装置简图。

　　杜拉肯法的主要工艺过程是：将熔炼好的基体金属熔体注入可抽真空，或通惰性气体保护并能保温的搅拌炉中，加入颗粒增强物，搅拌器在真空或充氩条件下进行高速搅拌。搅拌器由主、副两搅拌器组成。主搅拌器具有同轴多桨叶，旋转速度高，可在1000～2500r/min范围内变化。高速旋转对金属熔体和颗粒起剪切作用，使细小的颗粒均匀分散在熔体中，并与金属基体润湿复合。副搅拌器沿坩埚壁缓慢旋转，转速小于100r/min，起消除漩涡和将黏附在坩埚壁上的颗粒刮离并带入金属熔体中的作用。搅拌过程中金属熔体保持在一定温度，一般以高于基体液相线50℃为宜，搅拌时间通常为20min。搅拌器的形状、搅拌速度和温度是杜拉肯法的关键，需根据基体合金的成分、颗粒的含量和大小等因素决定。

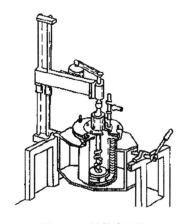

图 4-24　杜拉肯法的
工艺装置简图

　　由于杜拉肯法在真空或氩气中搅拌，有效地防止了金属的氧化和气体吸入，复合好的颗粒增强金属基复合材料熔体中气体含量低，颗粒分布均匀，铸成的锭坯的气孔率小于1%，组织致密，性能好。这种方法适用于多种颗粒和基体，但主要用于铝合金，包括形变铝合金LD2、LD10、LY12、LC4和铸造铝合金ZL101、ZL104等。金属基复合材料熔体可以采用连续铸造、金属型铸造、低压铸造等方法制成各种零件，以及进一步轧制、挤压用的坯料，现在能够生产的最大铸锭已达600kg。杜拉肯法目前是工业规模生产颗粒增强铝基复合材料的主要方法。

　　（3）复合铸造法。复合铸造法也采用机械搅拌将颗粒混入金属熔体，其特点是搅拌在半固态金属中进行，而不在完全液态的金属中进行，因此也叫半固态复合铸造法。半固态复合铸造时金属熔体的温度控制在液相线和固相线之间，通过搅拌，使部分树枝状结晶体破碎成固态颗粒，固态颗粒的含量控制在40%~60%（质量分数）。这种固态颗粒是非晶结构，防止半固态熔体的黏度增加。当加入预热后的增强颗粒时，因熔体中含有一定量的金属颗粒，在搅拌中增强颗粒受阻而滞留在半固态熔体中而不会结集和偏聚，同时搅拌可促进颗粒与金属基体的接触、反应和润湿。

这种方法可以用来制造颗粒细小、含量高的颗粒增强金属基复合材料，也可用来制造晶须、短纤维增强的金属基复合材料。

复合铸造法的工艺原理简图如图4-25所示。这个工艺的关键是搅拌速度和搅拌器的形状，存在的主要问题是基体合金系的选择受限较大。要求必须选择一定的体系和温度，才能析出大量的初晶相，并达到40%~60%（质量分数）的含量。

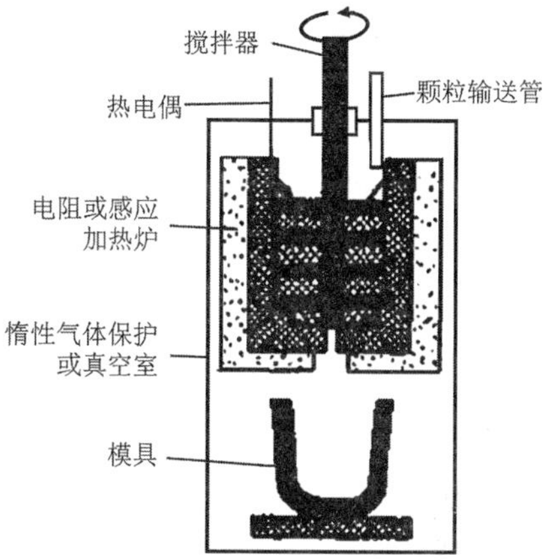

与其他制造颗粒增强金属基复合材料的方法相比，液态金属搅拌铸造法工艺简单、生产效率高、制造成本低，适用于多种基体和多种颗粒，最具有竞争力。这种方法也在不断改进和发展，如熔体稀释法、底部真空反漩涡搅拌法等。

图4-25 复合铸造工艺原理

4. 原位反应铸造法

原位反应铸造法是最近发展的一种新方法。它与上述方法的根本区别在于：增强陶瓷颗粒不是外加的，而是在制备过程中通过化学反应在原位生成的。其基本原理是：在一定的液态合金中，利用高温使合金液中的合金元素之间或合金元素与化合物之间发生化学反应，生成一种或几种陶瓷增强颗粒，再通过铸造成型获得由原位颗粒增强的金属基复合材料。

二、熔体渗透法

熔体渗透法是指在一定条件下将液态金属浸渗到增强材料多孔预制件的孔隙中，并凝固获得复合材料的制备方法。包括压力浸渍法和无压浸渍法。

1. 压力浸渍法

（1）真空压力浸渍法。真空压力浸渍法是在真空和高压惰性气体共同作用下，将液态金属压入增强材料制成的预制件，制备复合材料零件的一种方法。它兼备真空吸铸和压力吸铸的优点，由美国Alcon公司于1960年首先发明，经过不断改进，逐步发展成能控制熔体温度、预制件温度、冷却速度、压力等工艺参数的工业性制造方法。

①真空压力浸渍法的设备。熔体进入预制件有三种方式，即底部压入式、顶部注入式和顶部压入式。如图4-26所示为典型的底部压入式真空压力浸渍的结构简图。浸渍炉由耐高压的壳体、熔化金属的加热炉、预制件预热炉、坩埚升降系统、控温系统、气体加压系统和冷却系统组成。金属熔化过程和预制件预热过程可在真空或保护气氛下进行，防止金属氧化和增强材料表面损伤。

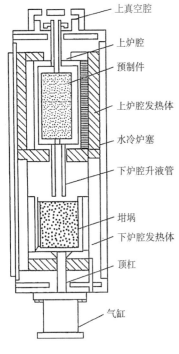

上真空腔

上炉腔

预制件

上炉腔发热体

水冷炉塞

下炉腔升液管

坩埚

下炉腔发热体

顶杠

气缸

图4-26 底部压入式真空压力浸渍的结构简图

②真空压力浸渍法的工艺流程。真空压力浸渍法制造金属基复合材料的工艺流程如图4-27所示。首先将增强材料预制件放入模具，并将基体金属装入坩埚中，再将装有预制件的模具和装有基体金属的坩埚分别放入浸渍炉和熔化炉内，密封和紧固炉体，将预制件模具和炉腔抽真空，当炉腔内达到预定真空度后开始通电加热预制件和熔化金属基体。控制加热过程使预制件和熔融基体达到预定温度，保持一定时间，提升坩埚，使模具升液管插入金属熔体中，并通入高压惰性气体，在真空和惰性气体的共同作用下，液态金属渗入预制件中并充满增强材料之间的孔隙，完成浸渍过程，形成复合材料。凝固在压力下进行，复合材料及其制品一般无铸造缺陷。

真空压力浸渍法制备金属基复合材料过程中，预制件的制备和工艺参数的控制是制得高性能复合材料的关键。复合材料中纤维、颗粒等增强材料的含量、分布、排列方向由预制件决定，应根据需要可采取相应的方法制造满足设计要求的预制件。

③真空压力浸渍法的特点。

a.适应面广，可用于多种金属基体和连续纤维、短纤维、晶须和颗粒等增强材料的复合，增强材料的形状、尺寸、含量基本上不受限制，也可用来制造混杂复合材料。

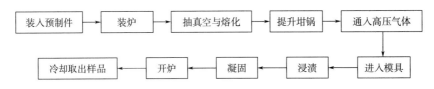

装入预制件 → 装炉 → 抽真空与熔化 → 提升坩锅 → 通入高压气体

冷却取出样品 ← 开炉 ← 凝固 ← 浸渍 ← 进入模具

图4-27 真空压力浸渍法制造金属基复合材料的工艺流程图

b.可直接制成复合材料零件，特别是形状复杂的零件，基本无须进行后继加工。

c.浸渍在真空中进行，压力下凝固，无气孔、疏松、缩孔等铸造缺陷，组织致密，材料性能好。

d.工艺简单、参数易于控制，可根据增强材料和基体金属的物理化学特性，严格控制温度、压力等参数，避免发生严重的界面反应。

e.真空压力浸渍法的设备比较复杂，工艺周期长、投资大，制造大尺寸的零件要求大型设备。

该工艺适于制造C/Al、C/Cu、C/Mg、SiC_p/Al、$SiCW+SiC_p/Al$等复合材料零部件、板材和锭坯等。常用的增强材料有各种纤维、晶须、颗粒等。常用的基体金属有Al、Ni、Mg、Cu等。

④案例分析。真空压力浸渍法制备SiC_p/Al复合材料（图4-28）。

设计步骤如下：

a.SiC_p多孔预制体制备。按一定体积比取造孔剂与SiC颗粒，采用模压成型，压制成多孔预制体素坯，如图4-29所示。

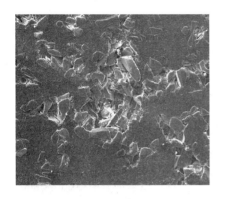

图4-28　真空压力浸渍法制备的
　　　　 SiC_p/Al复合材料

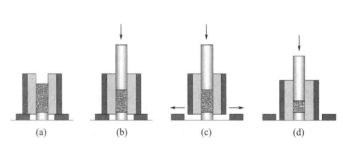

图4-29　SiC_p多孔预制体的
　　　　 成型过程

b.SiC_p多孔预制体高温烧结。

c.铝液浸渗SiC_p多孔预制体。

成型的SiC_p多孔预制体如图4-30所示。

（2）挤压铸造法（压力溶渗法）。挤压铸造法是利用压机将液态金属强行压入增强体预制件中以制造复合材料的一种方法，工艺流程如图4-31所示。其过程是先将增强材料制成一定形状的预制件，经干燥预热后放入模具中，注入熔融金属，用压头加压，压力为70～100MPa，液态金属在压力作用下浸渗入预制件中，并在压力下凝固，制成接近最终形状和尺寸的零件或供用塑性成型法二次加工的锭坯。

图4-30　成型的SiC_p
　　　　 多孔预制体

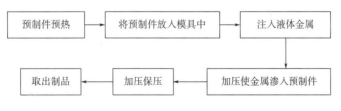

图4-31　挤压铸造法工艺流程

预制件的质量、模具的设计、预制件预热温度、熔体温度、压力参数的控制是得到高性能复合材料的关键。

挤压铸造主要用于批量制造陶瓷短纤维、颗粒、晶须增强铝、镁基复合材料的零部件，且制造成本低。由于高压的作用，可以促进熔体对增强材料的润湿，增强材料不需要进行表面预处理，熔体与增强材料在高温下接触的时间短，不易发生严重的界面反应。

该工艺适用于制造SiC_p—Al、Al_2O_3—Al、SiCW—Al、C—Al、C—Mg、SiO_2/Al等复合材料及其零部件、板材和锭坯等。常用的增强材料有纤维、晶须、C、Al_2O_3、SiC_p、SiO_2等颗粒。常用的基体金属有Al、Zn、Mg、Cu等。

2. 无压浸渍法

无压浸渍法是指金属熔体在无外接压力作用下，借助浸润导致的毛细管压力自浸渗入增强体预制块而形成复合材料。该法能较明显降低金属基复合材料的制造成本，但复合材料的强度较低，而其刚度显著高于基体金属。

（1）应满足的条件。为实现自发浸渗，金属熔体与固体颗粒需满足以下几个条件：

①金属熔体对固态颗粒浸润。金属熔体的表面能通常为$10^3 mJ/m^2$量级。若该熔体对固体的浸润角为0°，在与颗粒度为1μm粉体压成的预制体接触时，所受到的毛细管压力达数百个大气压，足以使该熔体自发渗入并充满预制件中的所有孔隙。

②粉体预制件具有相互连通的渗入通道。除化学成分和杂质含量外，颗粒形状、尺寸及分布是粉体的重要参数。需要采取适当的工艺措施，使预制件内作为渗入通道的孔隙尺寸分布均匀，相互连通，熔体能均匀渗入，达到完全致密、消除缺陷的效果。

③体系组分性质需匹配。浸渗相的熔点应远低于颗粒相的熔点，两者的化学反应或互溶反应应对渗入过程及最后制品质量有利，两者的热膨胀系数要匹配。浸润性来自组分间适当的反应和互溶，过度的反应会破坏组分界面的稳定性而成为不利因素。

④渗入条件不宜苛刻。自发渗入必须在熔体熔点以上温度完成，以保障熔体足够的流动性。这一温度应与实验室和工业化条件相适应。渗入还需要非氧化气氛环境，如惰性气氛或真空条件。

（2）无压浸渗的方法。无压浸渗的方法有3种，即蘸液法、浸液法及上置法，如图4-32所示。

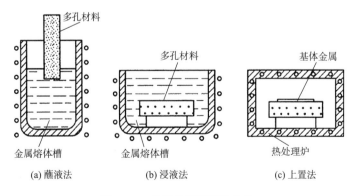

(a) 蘸液法 (b) 浸液法 (c) 上置法

图4-32 常用的无压浸渗方法

①蘸液法。金属熔体在毛细管压力的驱动下自下而上地渗入预制件间隙，浸渗前沿简单几何面向前推进，预制件内气体随渗入前沿向上被推出预制件，这样能有效地减少缺陷，实现致密化，但可能导致重力作用下制品上下渗入程度不均匀，凝固时上下熔体补缩量不一致。

②浸液法。将预制件淹没在熔体内，基体在毛细管压力作用下由周边渗入预制件内部。与蘸液法相比，优缺点恰好相反。浸液法操作简单，可实现规模生产。预制件内的气体排出受液、气表面能降低驱动，经过较复杂的过程，最终能完全排除。

③上置法。固体状金属放置在支架支撑着的预制件上部，同置于加热系统中，加热融化后，熔体自上而下渗入预制件内。可避免重力作用产生的不均匀性，但凝固补缩及渗流的可控性较差，一般在复合材料的初步研制中采用。

（3）无压渗透的工艺过程。

①将增强材料制成预制体，置于氧化铝容器内。

②再将基体金属坯料置于可渗透的增强材料预制体上部。

③氧化铝容器、预制体和基体金属坯料均装入可通入流动氮气的加热炉中。

④通过加热，基体金属熔化，并自发渗透进入网络状增强材料预制体中。

三、共喷沉积法

共喷沉积法是制造各种颗粒增强金属基复合材料的有效方法，1969年由Siager发明，随后由Ospray金属有限公司发展成工业规模的制造技术，现可以用来制造铝、铜、镍、铁、金属间化合物基复合材料。

1. 共喷沉积法的基本原理

液态金属基体通过特殊的喷嘴，在惰性气流的作用下雾化成细小的液态金属流，喷向衬底，将颗粒加入到雾化的金属流中，与金属液滴混合在一起并沉积在衬底上，凝固形成金属基复合材料。共喷沉积法包括基体金属熔化、液态金属雾化、颗粒加入及与金属雾化流的混合、沉积和凝固等工艺过程。主要工艺参数有：熔融金属温度，惰性气体压力、流量、速度，颗粒加入速度，沉积底板温度等。这些参数对复合材料的质量影响均十分显著。不同的金属基复合材料有各自的最佳工艺参数组合，必需十分严格地加以控制。

2. 共喷沉积法的工艺

如图4-33所示为共喷沉积法的工艺设备简图。液态金属雾化是共喷沉积法制备金属基复合材料的关键工艺过程，它决定

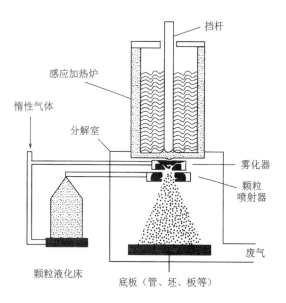

图4-33　共喷沉积法工艺设备简图

了液态金属雾化液滴的大小和尺寸分布、液滴的冷却速度。雾化后金属液滴的尺寸一般在 $10 \sim 300\mu m$，呈非对称统计分布。金属雾化液滴的大小和尺寸分布主要取决于金属熔体的性质、喷嘴的形状和尺寸、喷射气流的参数等。液态金属在雾化过程中形成的液滴在气氛作用下迅速冷却，大小不同的液滴的冷却速度不同，颗粒越小冷却速度越快。液态金属雾化后最细小的液滴迅速冷却凝固，大部分液滴处于半固态（表面已经凝固，内部仍为液体）和液态。为使增强颗粒与基体金属复合良好，要求液态金属雾化后的液滴的大小有一定分布，使大部分金属液滴在到达沉积表面时保持半固态和液态，在沉积表面形成厚度适当的液态金属薄层，利于填充到颗粒之间的孔隙，获得均匀致密的复合材料。

颗粒连续均匀加入雾化金属液滴中，对其在最终复合材料中的均匀分布十分重要，因此必须选择合适的加入方式、加入方向和颗粒喷射器的结构。加入量和加入速度应稳定，颗粒加入量的波动直接影响金属基复合材料中颗粒含量的变化和分布均匀性，造成材料组织及性能的不均匀。

雾化金属液滴与颗粒混合、沉积和凝固是最终形成复合材料的关键，沉积和凝固是交替进行的过程。为使沉积和凝固顺利进行，沉积表面应始终保持一薄层液态金属膜，直到过程结束。为了达到沉积—凝固的动态平衡，要求控制雾化金属流与颗粒的混合沉积速度和凝固速度，这主要可通过控制液态金属的雾化工艺参数和稳定衬底的温度来实现。

3. 共喷沉积法的特点

共喷沉积法作为一种制备颗粒增强金属基复合材料的新方法已逐步受到各国的重视，正逐步发展成为一种工业生产方法，它具有以下特点：

（1）工艺流程短，工序简单，喷射沉积效率高，有利于实现工业化生产。

（2）具有高致密度，直接沉积的复合材料密度一般可达到理论的95%～98%。

（3）属快速凝固方法，冷速可达$10^3 \sim 10^6 K/s$，故金属晶粒及组织细化，消除了宏观偏析，合金成分均匀，同时增强材料与金属液滴接触时间短，很少或没有界面反应。

（4）具有通用性和产品多样性。该工艺适于多种金属材料基体，如高合金钢、低合金钢、铝及铝合金、高温合金等。同时可设计雾化器和收集器的形状和一定的机械运动，以直接形成盘、棒、管和板带等接近零件实际形状的复合材料的坯料。

四、3D打印技术

3D打印技术又称激光增材制造技术，是以数字化模型文件为基础，运用粉末状金属或线材塑料等可黏合材料，通过选择性粘接、逐层堆叠积累的方式来形成实体的过程。其中，以激光作为热源的激光增材制造技术，因可熔融多种金属粉末，已成为金属基复合材料制备的研究热点。如图4-34所示为激光增材制造的工作原理图。

1. 工艺过程

（1）将基体金属与增强材料粉末铺置在基板上。

（2）在计算机上编写好预定的程序，计算机控制激光束的扫描路径。

（3）激光束作用于混合粉末，位于激光束作用区域的金属粉末发生熔化，与金属基板

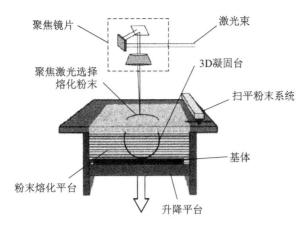

图 4-34　激光增材制造工作原理图

形成熔合。

（4）金属基板下降，重新铺一层粉末，该层粉末中位于激光焦距内的粉末熔化，使其和下层的金属熔到一起。

（5）层层堆积，最终形成所需的金属基复合材料。

2. 激光增材制造快速成型方法

（1）直接金属沉积技术。直接金属沉积技术是采用大功率激光熔化同步供给的金属粉末，利用特制喷嘴在沉积基板上逐层堆积而形成金属零件的快速成型技术。直接金属沉积技术的实质是计算机控制金属熔体的三维堆积成型，其最严重的工艺问题是激光熔覆层开裂倾向明显，裂纹的存在将极大地降低激光熔覆件的致密度。

（2）选区激光烧结技术。选区激光烧结技术是采用激光束有选择地分层烧结固体粉末，烧结过程中，激光束逐行、逐层地移动进行区域化扫描，并使烧结成型的固化层层层叠加，生成所需形状的零件。其整个工艺过程包括CAD模型的建立及数据处理、铺粉、烧结及后处理等。选区激光烧结技术中烧结金属粉末机制是液相烧结机制，即粉末部分熔化状态下的半固态成型机制，故在成型材料中含有未经熔化的颗粒，这在一定程度上会影响成型致密度。并且由于液相黏度较高，表面张力效应显著，球化现象严重，会使大量孔隙存在于成型组织中。选区激光烧结技术在烧结铁粉过程中，由于激光束作用于粉末时的温度比较高，能量比较大，在成型过程中易发生烧结层的分层，从而产生球化现象，形成比较大的裂纹，球化、分层、裂纹等工艺缺陷的存在会显著降低成型件的致密度。

（3）选区激光熔化技术。选区激光熔化技术工作原理与选区激光烧结技术相似，区别在于选区激光烧结技术作用于粉末时，粉末未被完全熔化，呈半熔化状态制备成所需的成型件。选区激光熔化技术作用于粉末时，其使粉末发生完全熔化/凝固的方式，使成型件的成型质量相比于选区激光烧结技术制备出的成型件有着显著的提高。

采用3D打印技术制备金属基复合材料，在制备过程中能有效抑制增强相分布不均匀、增强相晶粒过大、气孔率过高等现象，两相比例可控且能够制备高基体相含量的复合材料，应用前景广阔。

第四节　金属基复合材料的新型制造技术

一、原位制备技术

在金属基复合材料的制备过程中，往往会遇到增强体与金属基体之间的相容性问题，即增强体与金属基体的润湿性要求。同时，无论是固相法还是液相法，增强体与金属基体之间都存在界面反应。它影响到金属基复合材料在高温制备时和高温应用时的性能和稳定性。如果增强体（颗粒、纳米颗粒、晶须等）能从金属基体中直接（即原位）生成，则上述相容性问题可以得到较好的解决。原位生成的增强体与金属基体界面结合良好，生成相的热力学稳定性好，不存在增强体与金属基体之间的润湿和界面反应等问题。这种制备方法就是原位复合法。

原位复合的概念起源于凝固过程中的原位结晶（in-situ crystallization）和原位聚合（in-situ polymerization）。金属基复合材料原位合成技术与传统复合工艺相比有如下特点：一是增强体是从金属基体中原位形核、长大的热力学稳定相，因此增强体表面无污染，避免了与基体相容性不良的问题，且界面结合强度高。二是通过合理选择反应元素（或者是化合物）的类型、成分及其反应性，可有效地控制原位生成增强体的种类、大小、分布和数量。三是省去了增强体单独合成、处理和加工等工序，因此工艺简单、成本较低。四是从液态金属基体中原位形成增强体的工艺可采用金属成型方法制备形状复杂、尺寸较大的净近形零件。

迄今为止，已经有大量运用原位反应技术制备金属基复合材料的报道，其基体涉及Al、Ti、Mg、Fe、Cu、Ni及其合金以及金属间化合物等多种基体组织，而增强相包括TiC、TiB_2、Al_2O_3、SiC_p、BN、AlN、$MoSi_2$、Mg_2Si、Si_3N_4、NbC等多种陶瓷或金属间化合物颗粒，以及在金属表面进行陶瓷粒子或金属间化合物的涂覆。

原位复合法工艺的缺点是工艺过程要求严格，较难掌握，增强相的成分和体积分数不易控制。

1. 原位反应生长法（XD^{TM}）

原位反应生长法可以生成颗粒与晶须共同增强或单独增强的金属基和金属间化合物基复合材料。它的工艺原理是：将两种固态反应元素粉末和金属基体粉末均匀混合，压实除气后，将压坯快速加热到基体金属的熔点以上温度，两固态元素粉末在熔体介质中产生放热化学反应而生成增强体颗粒。

XD^{TM}法制备的坯块可以通过铸造、挤压、锻造二次成型，其工艺流程如图4-35所示。

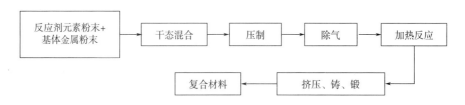

图4-35　XD^{TM}法制备金属基复合材料工艺流程图

根据所选择的原位生长的增强相的类别或形态，选择基体和增强相生成所需的原材料，如一定粒度的金属粉末、硼或碳粉，按一定比例混合制成预制体，并加热到熔化或自蔓延燃烧（SHS）反应发生的温度时，预制体的组成元素进行放热反应，以生成在基体中弥散的微观增强颗粒、晶须和片晶等，其工艺原理如图4-36所示。

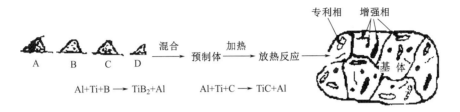

图4-36　反应生长法工艺原理示意图

XD^{TM}工艺的优点是增强相原位生成，具有热稳定性，保证在后续过程中的稳定性，与基体界面结合强度高；增强相的类型、形态可以选择和设计，如颗粒或晶须、硬质相或塑性金属相，适用于宽泛的材料体系和成分；后续成型灵活；工艺简单，成本低且材料性能良好。

该工艺的缺点是高温制备过程中，如果增强相在基体相中有一定的溶解度，可能出现颗粒的粗化。对于希望获得弥散强化和晶界钉扎作用的弥散相而言，这种颗粒粗化和合并将对力学性能，如屈服强度、蠕变抗力等产生严重影响；另外，该工艺技术性强、难度高、不易掌握。

2. 自蔓延燃烧反应法（SHS）

自蔓延燃烧反应法的基本原理：将增强相的组分原料A与金属粉末B充分混合，挤压成型，在真空或惰性气氛中预热或室温下点火引燃，使A、B之间发生放热化学反应，放出的热量进一步引起邻近部分相继反应生成AB，直至全部完成。反应生成的增强相弥散分布于基体中。

自蔓延燃烧反应需要一定的条件：一是组分之间的化学反应必须有足够高的热效应；二是反应过程中的热损失应小于反应系统的放热量，以保证反应不中断；三是在反应过程中应能生成液态或气态反应物，便于生成物的扩散传质，使反应迅速进行。SHS的主要影响因素有预热温度、预热速率、引燃方式、反应物的粒度、致密度等。表征SHS工艺的主要参数有燃烧波的形态，燃烧波的速度、绝热燃烧温度等。

该方法的难点是，反应过程激烈，难以控制，反应产物中易出现缺陷和非平衡过渡相，往往致密度不高。

3. 放热弥散法（XD）

XD法是美国马丁阿里塔实验室（Martin Arietta Laboratory）在SHS法的基础上改进而来，其基本原理是将增强相组分物料与金属基粉末按比例均匀混合，冷压或热压成坯，置于真空炉中，如图4-37所示，无需引燃装置，而是预热试样至一定温度时（通常高于基体的温度而低于增强相的熔点），增强相各组分之间进行放热化学反应生成增强相，并在基体中呈弥散分布。XD法也被用来合成复相陶瓷、金属陶瓷，以及陶瓷基复合材料。

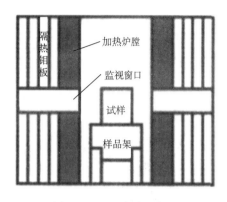

图4-37　XD合成示意图

用该法制得TiB_2或Al_2O_3颗粒增强Al基复合材料，增强相细小，可达亚微米或纳米级，基体晶粒尺寸仅为$2 \sim 10\mu m$，其弹性性能比纯铝高出40%，并且其高温性能、耐磨性能、抗疲劳性能也有较大提高。与SHS法相比该法无引燃装置，设备简单；反应产物致密度较高，能耗少；反应过程便于控制；可进行一些SHS法难以进行的反应。该法的缺点是工艺流程长，反应过程的影响因素多。

4. 反应喷射沉积法（RSD）

反应喷射沉积工艺的基本装置示意图如图4-38所示。反应喷射沉积包含以下几个不同的动力学过程：熔融金属雾化过程、反应产穿插进入沉积坯过程、化学反应过程和液滴沉积凝固过程。在喷射沉积过程中金属液流被雾化成粒径很小的液滴，它们具有很大的体表面积，同时又具有一定的高温，为喷射沉积过程中的化学反应提供了驱动力。借助液滴飞行过程中与雾化气体之间的化学反应，或者液滴在基体上沉积凝固过程中与外加反应剂粒子之间的化学反应，或者预制反应剂块压入到过热金属熔体中发生原位合成反应而生成粒度细小、分散均匀的增强相陶瓷颗粒或金属间化合物颗粒。

根据增强颗粒生成的反应模式，反应喷射沉积法有如下几种类型：

（1）气—液反应。气—液反应是在喷射沉积成型过程中，在雾化气体中混入一定比例或全部的反应性气体（如N_2、O_2或CH_4等），通过调整雾化气体和熔融金属的成分促使第二相颗粒的原位形成。此种气—液反应型喷射沉积的装置与基本装置图相同，只是采用含有一定反应性气体的雾化气体，不添加高活性固体颗粒。

（2）液—液反应。液—液反应即将含有反应剂元素的合金液混合并雾化，或将含有反应剂的合金液在雾化时共喷冲撞混合，从而发生化学反应生成高熔点颗粒的反应方式。在液—液反应喷射沉积过程中，通过控制金属熔滴冷却速率和坯料中的冷却速率来控制弥散相的尺寸。雾化过程中将两种液态金属混合，反应将形成高熔点颗粒，其装置示意图如图4-39所示。

因为一般液态金属之间发生反应会放出大量的反应热，为安全起见，一般采用如图4-39（a）所示的形式，且需在两种金属混合的同时加入冷的颗粒（调和剂）来降温，如图4-39（b）所示的形式较少采用。

（3）固—液反应。在金属液被雾化前（如在导液管处）或在雾化锥中，喷入高活性的固体颗粒，可能会发生一些液固反应，导致喷入的颗粒在雾化过程中溶解

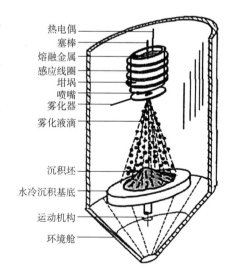

图4-38　反应喷射沉积工艺装置示意图

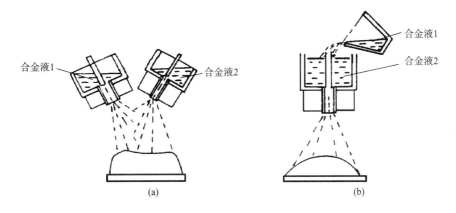

图4-39 液—液反应喷射沉积基本装置

并与基体中的一种或多种元素反应，形成稳定的弥散相，控制喷雾的冷却速率以及随后坯件的冷却速率可以控制弥散相的尺寸。

金属基复合材料的发展关键在于制备技术，而制备技术必须在生产应用中得到检验和认可。原位反应制备技术虽然取得了长足发展，但目前仍处在研究阶段，很少有工业化生产应用的报道。在制备工艺的稳定性和最终获得良好性价比的复合材料方面，还需要深入扎实的研究。

二、梯度复合技术

1. 物理气相沉积技术

物理气相沉积技术的实质是材料源的不断气化和在基材上的冷凝沉积，最终获得涂层。物理气相沉积可分为真空蒸发、溅射和粒子涂覆3种，是成熟的材料表面处理的方法，后2种方法也被用来制备金属基复合材料的预制片（丝）。

溅射是靠高能粒子（正离子、电子）轰击作为靶的基体金属，使其原子飞溅出来，沉积在增强材料上，得到复合丝，由扩散黏结法最终制得复合材料或零件。电子束由电子枪产生，离子束可使惰性气体（如氩气）在辉光放电中产生。沉积速度为5～10μm/min。溅射的优点在于适用面较广，如用于钛合金、铝合金等，且基体成分范围较宽，合金成分中不同元素的溅射速率的差异可通过靶材成分的调整得到弥补。对于溅射速率差别大的元素，可先不将其加入基体金属中，而作为单独的靶同时进行溅射，在最终的沉积物中得到需要的成分。

离子涂覆的实质是使气化了的基体在氩气的辉光放电中发生电离，在外加电场的加速下沉积到作为阴极的纤维上形成复合材料。例如，在用离子涂覆法制备碳纤维—铝复合材料预制片时，先将铝合金制成直径为2mm的丝，清洗后送入涂覆室的坩埚内熔化蒸发，铝合金蒸气在氩气的辉光放电中发生电离，沉积到作为阴极的碳纤维上。碳纤维均为一束多丝，在送入涂覆室前必须将其分开，使其厚度不超过4～5根纤维直径。在涂覆前，纤维先经离子刻蚀。调节纤维的运送速度可方便地控制铝涂层的厚度，得到的无纬带的宽度为50～75mm。

物理气相沉积技术尽管不存在界面反应问题，但其设备相对比较复杂，生产效率低，只能制造长纤维复合材料的预制丝或片，如果是一束多丝的纤维，则涂覆前必须先将纤维分开。

2. 化学气相沉积技术

化学气相沉积技术是化合物以气态在一定的温度条件下发生的分解或化学反应，分解或反应产物以固态沉积的方式在工件上得到涂层的一种方法。最基本的化学沉积装置有两个加热区：第一个加热区的温度较低，维持材料源的蒸发并保持其蒸气压不变；第二个加热区温度较高，使气相中（往往以惰性气体作为载气）的化合物发生分解反应。

化学气相沉积技术所用原材料应是在较低温度下容易挥发的物质。这种物质在一定温度下比较稳定，但能在较高温度下分解或被还原，作为涂层的分解或还原产物是在服役温度下不易挥发的固相物质。常用的原材料是卤化物，其中以氯化物为主，也可用金属的有机化合物。

化学气相沉积技术常用来制备长纤维复合材料预制丝，大多数的基体金属只能用它们的有机化合物作为材料源。例如，铝的有机化合物三异丁基铝，其价格高昂，在沉积过程中的利用率低。但是这种方法可用来对纤维进行表面处理，涂覆金属镀层、化合物镀层和梯度涂层，以改善纤维与金属基体的润湿性和相容性。

3. 电镀、化学镀和复合镀技术

（1）电镀。电镀是利用电解沉积的原理在纤维表面附着一层金属而制成金属基复合材料的方法。其原理是：以金属为阳极，位于电解液中的转轴为阴极，在金属不断电解的同时，通过使转轴以一定的速度旋转或调节电流大小，改变纤维表面金属层的附着厚度，将电镀后的纤维按一定方式层叠、热压，可以制成多种制品。例如，利用电镀技术在氧化铝纤维表面附着镍金属层，将纤维热压固结在一起，制成的复合材料在室温下显示出良好的力学性能。但是，在高温环境下，可能因纤维与基体的热膨胀系数不同，强度不高。在直径为7μm的碳纤维的表面上镀一层厚度为1.4μm的铜，将长度切为2~3μm的短纤维，均匀分散在石墨模具中，先抽真空预制处理，再在5MPa和700℃下处理1h，得到碳纤维体积含量为50%的铜基复合材料。

（2）化学镀。化学镀是在水溶液中进行的氧化还原过程，溶液中的金属离子被还原剂还原后沉积在工件上，形成镀层。该过程不需要电流，因此化学镀也称为无电镀。由于不需要电流，工件可以由任何材料制成。

金属离子的还原和沉积只有在催化剂存在的情况下才能有效进行。因此，工件在化学镀前可先用$SnCl_2$溶液进行敏化处理，再用$PdCl_2$溶液进行活化处理，使在工件表面上生成金属钯的催化中心。铜、镍一旦沉积下来，由于它们的自催化作用（具有自催化作用的金属还有铂、钴、铬、钒等），还原沉积过程可自动进行，直到溶液中的金属离子或还原剂消耗尽。化学镀镍用次亚磷酸钠作还原剂，用柠檬酸钠、乙醇酸钠等作络合剂；化学镀铜用甲醛作还原剂，用酒石酸碱钠作络合剂；此外，还需添加促进剂、稳定剂、pH调整剂等试剂。除了用还原剂从溶液中将铜、镍还原沉积外，也可用电负性较大的金属，如镁、铝、锌等直接从溶液中将铜、镍置换出来，沉积在工件上。化学镀常用来在碳纤维和石墨粉上镀铜。

（3）复合镀。复合镀是通过电沉积或化学液相沉积，将一种或多种不溶固体颗粒与基体金属一起均匀沉积在工件表面上，形成复合镀层的方法。这种方法在水溶液中进行，温度一般不超过90℃，因此可选用的颗粒范围很广，除陶瓷颗粒（如SiC、Al_2O_3、TiC、ZrO_2、B_4C、Si_3N_4、BN、$MoSi_2$、TiB_2）、金刚石和石墨等外，还可选用易受热分解的有机物颗粒，如聚四氟乙烯、聚氯乙烯、聚酰胺。复合镀还可同时沉积两种以上不同颗粒制成的混杂复合镀层。例如，同时沉积耐磨的陶瓷颗粒和减磨的聚四氟乙烯颗粒，使镀层具有优异的摩擦性能。复合镀主要用来制造耐磨复合镀层和耐电弧烧蚀复合镀层。常用的基体金属有镍、铜、银、金等，金属用常规电镀法沉积，加入的颗粒被带到工件上与金属一起沉积。通过金属镀层中加入陶瓷颗粒，可以使工件表面形成有坚硬质点的耐磨复合镀层；将陶瓷颗粒和$MoSi_2$、聚四氟乙烯等同时沉积在金属镀层中制成有自润滑性能的耐磨镀层。金、银的导电性能好，接触电阻小，但硬度不高、不耐磨、抗电弧烧蚀能力差，加入SiC、La_2O、WC、$MoSi_2$等颗粒可明显提高它们的耐磨和耐电弧烧蚀能力，成为很好的触头材料。

复合镀具有设备、工艺简单，成本低，过程温度低，镀层可设计选择，组合上有较大的灵活性等优点，但主要复合镀用于制作复合镀层，难以得到整体复合材料，同时，还存在速度慢、镀层厚度不均匀等问题。

（4）案例分析。电镀法制备Cu基金刚石复合材料，设计步骤如下：

①配制原始电镀液，磁力搅拌均匀。

②加入金刚石颗粒，继续磁力搅拌。

③采用水平电镀方式，加入预配比的原材料，充分磁力搅拌均匀。

④通入直流电，控制搅拌速率，使金刚石颗粒在重力作用下自然沉降于阴极表面，参与铜基底电沉积，当铜基体在金刚石颗粒的三维空间网络中形成连续完整的基体时，形成Cu基金刚石复合材料。

⑤达到预期厚度要求，断开电路，取下阴极基底与复合样品，用去离子水多次冲洗干净。

⑥阴极基底与复合样品浸没于氢氟酸溶液中，完全去除玻璃基底，随后清洗干净残留于样品表面的氢氟酸，再将复合样品浸没于高锰酸钾溶液中，完全去除Cr层，并用去离子水多次冲洗干净，氮气吹干复合样品，得到自支撑Cu及金刚石复合材料。

具体工艺流程如图4-40所示。

4. 喷涂和激光熔覆技术

（1）喷涂技术。喷涂技术按照工艺和反应条件，可分为热喷涂技术和冷喷涂技术。

①热喷涂技术。热喷涂技术是利用热源将喷涂材料加热至熔化或半熔化状态，并以一定的速度喷射沉积到经过预处理的基体表面形成涂层的方法。按照热源方式不同，热喷涂可分为火焰喷涂、电弧喷涂、等离子喷涂、爆炸喷

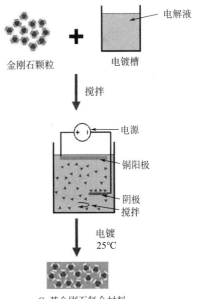

图 4-40 Cu 基金刚石复合材料制备的工艺流程图

涂及超声速喷涂等。制造金属基复合材料主要采用等离子喷涂法，以等离子弧为热源，将金属基体熔化后喷射到增强纤维基底上，经冷却并沉积下来的一种复合方法。基底为固定于金属箔上的定向排列的增强纤维。

等离子喷涂法适用于直径较粗的单丝纤维（如B、SiC纤维）增强铝、钛基复合材料的大规模生产。对于纤维束丝，需先使纤维松散，铺成只有数倍纤维直径厚的纤维层作基底。等离子喷涂得到的预制体还需用热压或热等静压才能制成复合材料零件。

近些年，国内外研究人员积极开展有关等离子喷涂法制备颗粒增强复合材料的研究，其基本原理是用等离子弧将增强颗粒与基体金属的混合粉末中的金属粉末熔化，并与增强颗粒一起喷射到衬板上，固化后分离即可获得复合材料。目前，采用等离子喷涂法已成功制备出SiC、Al_2O_3、AlN增强铝基、铁基、镍基及铜基等多种复合材料。

②冷喷涂技术。冷喷涂技术是基于空气动力学与高速碰撞动力学原理的涂层制备技术，通过将细小粉末颗粒（0～50μm）送入高速气流（300～1200m/s）中，经过加速，在完全固态下高速撞击基体，产生较大的塑性变形而沉积于基体表面，并形成涂层。根据喷涂压力的不同，冷喷涂技术可以分为低压喷涂和中高压喷涂系统。

a.低压冷喷涂。低压冷喷涂是一种便捷式冷喷涂系统，工作原理如图4-41所示。其特点是输入电源为220V±22V，采用频率为50Hz的民用电源设计，即插即用，所需喷涂气体工作压力在0.8MPa左右，可直接通过空气压缩机供气，工作温度范围为0～600℃，喷涂系统小巧，可手持喷涂。由于受到喷涂压力和气体工作温度的限制，低压冷喷涂适用于喷涂铝、铜、锡、镍等软质纯金属及其合金。

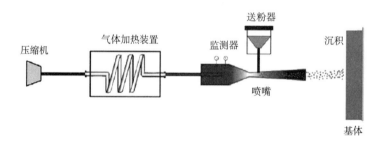

图4-41　低压冷喷涂系统原理图

b.中高压冷喷涂。中高压冷喷涂系统通常指喷涂压力在2～5MPa范围的冷喷涂设备，气体的工作温度提高到1000℃。相比低压冷喷涂系统，为了提高工作气体的温度和压力，避免软连接管路材料对温度和压力的限制，气体加热装置集成在冷喷涂枪中，气流加热后直接进入喷嘴（图4-42），导致冷喷涂枪体积庞大，喷涂便携性大大降低。中高压冷喷涂设备可喷涂硬度较高的钛合金、WC—Co、CrC—NiCr等材料涂层，进一步拓展了喷涂材料的适用范围。

相比于传统的金属基复合材料制备技术，如粉末冶金、固相烧结、原位反应喷射沉积成型等，冷喷涂技术的低温特点可避免传统技术制备过程中有害的界面反应、增强相利用率低及产品制造成本高等问题，在制备金属基复合材料涂层方面展现出了巨大的优势。

采用冷喷涂技术制备复合材料涂层的技术正在逐渐走向成熟，也从实验室研发阶段逐渐

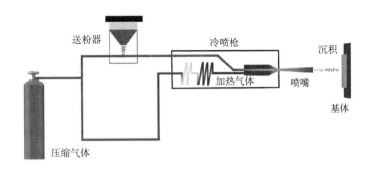

图 4-42　中高压冷喷涂系统原理图

向工业应用过渡，但仍存在一些科学问题亟待解决：涂层的韧性较差；对金属—陶瓷复合涂层中陶瓷相颗粒的粒度、含量和分布等的有效控制；增强相与金属基体间界面结合机理；工艺参数对涂层组织和性能的影响。冷喷涂技术制备的复合材料涂层潜在的应用范围将涉及航空航天、石油化工、汽车制造、机械生产、医疗卫生及电子元件等众多领域，应用前景十分广阔。

　　（2）激光熔覆技术。激光熔覆技术是将熔覆材料通过喷嘴添加到基体上，利用激光束使之与基体一起熔凝，实现冶金结合。再重复以上过程，通过改变成分可以得到任意多层的梯度涂层。

　　按照熔覆填料方式，激光熔覆制备金属基复合材料可以分为同步送粉法和预置法。其中，同步送粉法主要是在基体表面上同步放置激光束和熔覆材料，同时进行熔覆和供料，如图4-43所示。而预置法是先在基体材料表面的熔覆部位放置熔覆材料，再利用激光束对其进行扫描照射，使其迅速熔化、凝固。

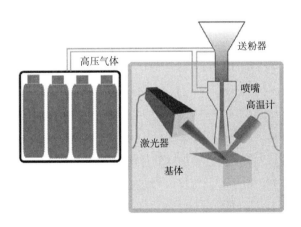

图 4-43　激光熔覆技术系统原理图

　　激光熔覆技术制备金属基复合材料的优点：一是激光熔覆对基体产生较小的热影响区，工件变形小；二是熔覆层与基体材料之间可实现冶金结合，且熔覆材料稀释率较低；三是熔覆层晶粒细小、结构致密，能够获得较高的硬度和耐磨、抗腐蚀性能；四是可实现选择性局部细微修复，有效降低成本；五是材料体系适应性高。而在实际的生产当中，熔覆层质量的控制具有较大的难度，非常容易产生裂纹。一般来说，基体材料和熔覆层应满足热膨胀系数的同一性原则。

第五章　树脂基复合材料的成型方法

树脂基复合材料成型通常有一步法与二步法。一步法是由纤维、树脂等原材料直接混合浸渍，一步固化成型形成复合材料。二步法则是预先对纤维树脂进行混合浸渍加工，使之形成半成品，再由半成品成型出复合材料制品。热固性树脂基复合材料制品典型的生产工艺过程如图5-1所示，在准备工序中增加半成品制备工艺环节，由专业厂家生产，生产出的半成品贮存备用。可见半成品是复合材料整个生产过程中的一种中间材料，也是复合材料成型用的一种特殊种类的原材料。由原材料经过一定的加工制成干态或半干态的半成品材料的过程，即半成品制备工艺，也属于复合材料工艺的内容。

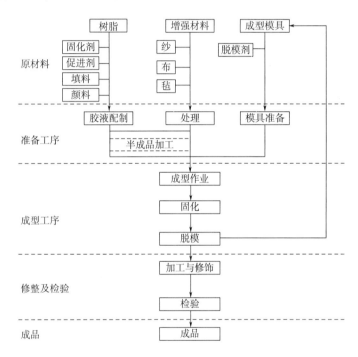

图5-1　树脂基复合材料制品的生产流程图

早期制造复合材料多采用一步法（又称湿法）工艺，如成型模压制品是先将纤维或织物置于模具中，倒入配好的树脂胶液后加压成型。一步法工艺简便，设备简单。但溶剂、水分等挥发物不易去除，裹入制品形成孔洞，树脂不易分布均匀，在制品中形成富胶区和贫胶区，严重时会因纤维浸渍不好而出现白丝现象，生产效率低，工作环境恶劣。针对一步法的缺点改进措施是预先将纤维浸渍树脂，或纤维树脂预先混合，经过一定处理，使浸渍物或混合物成为一种干态或稍有黏性的材料，即半成品材料，再用它成型复合材料制品，因此二步法又称干法。二步法将浸渍过程提前，可很好地控制含胶量并解决纤维树脂均匀分布问题。在半成品制备过程中烘去溶剂、水分和低分子组分，降低了制品的空隙率，也改善了复合材料成型作业的环境。通过半成品的质量控制，确保复合材料制品的质量。

目前，生产中采用的成型工艺有：手糊成型、注射成型、真空袋压法成型、挤出成型、压力袋成型、纤维缠绕成型、树脂注射和树脂传递成型、真空辅助树脂注射成型、连续板材成型、拉挤成型、离心浇铸成型、层压或卷制成型、夹层结构成型、模压成型、热塑性片状模塑料热冲压成型、喷射成型等。

第一节　树脂基复合材料成型用半成品的制备

树脂基复合材料，常预先将纤维等添加剂与树脂混合制成成型用材料（半成品），再经压制、注射等成型操作获得。对热塑性塑料，习惯上把这种成型用材料叫作粒料；对热固性塑料而言，则叫作模塑料；对连续纤维增强塑料即复合材料，则称为预浸料。它们是由树脂制成塑料或复合材料制品的重要中间环节，其质量直接影响着成型工艺条件及产品的性能。本节简要介绍几种纤维增强半成品的制造方法。

一、纤维增强热塑性塑料粒料的制造方法

纤维增强热塑性模塑料是粒状形式的半成品，适宜高效率的注射模塑成型。制造纤维增强粒料的工艺方法很多，其目的是将体积庞大、结构松散的玻璃纤维加入基体树脂中，形成均匀分散的粒状材料。热塑性增强粒料有长纤维型和短纤维型两种。

1. 长纤维型粒料的制造工艺

长纤维型粒料一般采用电缆包覆法制造，其工艺流程如图5-2所示。玻璃纤维粗纱通过十字形挤出机头（或在聚合物出料口安装包覆机头），被熔融树脂包覆，经冷却、牵引、切粒而成。长纤维粒料由于树脂包覆差，纤维分布不均匀，粒料硬度不高，仅适宜于螺杆式注射机成型。在成型时依靠螺杆的混合作用，使纤维均匀地分散于树脂中。

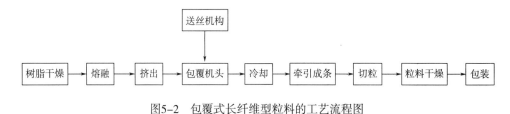

图5-2　包覆式长纤维型粒料的工艺流程图

市售长纤维粒料有三种截面结构形式，如图5-3所示。形式一［图5-3（a）］中的玻璃纤维呈一大束包于粒子中，包覆不紧，切粒时易拉毛，玻璃纤维易飞扬，注射成型时不利于玻纤的均匀分散形式二［图5-3（b）］中的玻璃纤维呈几小束分散于四周，虽然玻璃纤维分散了，但纤维过于靠近粒子边缘，树脂包覆力不够，在切粒时也容易起毛，致使纤维飞扬；形式三［图5-3（c）］中的玻璃纤维成几小束包于粒子中，是最理想的结构形成，玻璃纤维分散得好，且周围树脂较厚，粒子包覆较结实，因而粒子端面平整，玻璃纤维不易被

拉毛及飞扬。

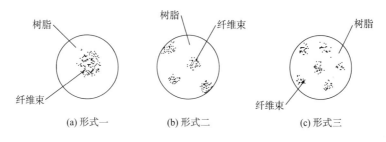

图5-3 长纤维型粒料截面结构形式

2．短纤维型粒料的制造工艺

短纤维型增强粒料，是为解决高熔融黏度树脂的长纤维型粒料，因纤维在树脂中分散不好易引起制品性能和外观不理想而产生，所以也称分散型增强粒料。短纤维型粒料的制造工艺先将短切纤维和树脂初混合，再经螺杆挤出机混炼，纤维被折断，以长度为0.25～0.5mm的短纤维形式，均匀地分散于树脂中，其工艺流程如图5-4所示。短纤维型粒料具有较好的成型加工性和表面平滑性，用柱塞式和螺杆式注射成型机均可成型。但由于纤维在造粒时磨损严重、长度短，制品强度不高。由于短纤维型粒料的加工流动性较好，它适合于制造壁薄和形状复杂的制品。

图5-4 短纤维型粒料的工艺流程图

二、短纤维增强热固性模塑料的制造方法

纤维模塑料即短纤维预浸料，它是由树脂浸渍短纤维经过烘干制成，因通常用于模压工艺，故称为模塑料。所用树脂主要是酚醛树脂，以及不饱和聚酯树脂、有机硅树脂、环氧树脂等。所用纤维主要有玻璃纤维、棉纤维、石棉、有机纤维、碳纤维等。根据不同的纤维和不同的树脂，其模塑料的制造方法也是多种多样的，但概括起来，最主要的制造方法有三大类，即预混法、预浸法和挤出法。

1．预混法

预混法是将短纤维（如棉纤维、石棉纤维等）或切成10～50mm长的纤维（如玻璃纤维、合成纤维等）与一定量的胶液混合均匀，再经撕松、烘干而制成模塑料的工艺方法。一般为间断操作，其生产工艺流程如图5-5所示。这种模塑料的特点是：纤维较松散而无定向，流动性好，宜做形状复杂的小型模压制品。但在制造过程中纤维的强度损失较大，不宜制作强度要求很高的模压制品。模塑料均匀性较差，比容大，压模要有较大的装料室，装模困难，劳动条件差。浸渍与混合批量小时可用手工反复搓揉，批量大时需采用Z型捏合机。对于棉纤维则要先把捏合物在压机上加压处理，压榨物料在辊压机上辊压后，再在盘式混合机（即轮碾机）上研碾混合。撕松的作用是将捏合成团的物料蓬松，大批量生产时采用撕松机完成。撕松的预混料在室温下晾置，等大部分溶剂挥发后，再进行烘干处理，使挥发组分进一步挥发掉，同时使树脂进行一定程度的预聚。手工预混法多用于研制用材料的制备，操作过程纤维损失较小。

图5-5　预混合法生产工艺流程图

2. 预浸法

预浸法制造短纤维模塑料是将连续纤维束整束通过胶槽、浸渍，再经刮胶辊后，在烘箱中烘干，切割成所需长度单向纤维模塑料的工艺方法。这种方法为连续生产法，其模塑料的特点是成束状，比较紧密。生产过程中纤维损伤较少，质量均匀，比容小，模具不需较大的装料室，装料简单，在装料时易于按制品受力状态进行物料的铺设。因此，用这种方法制得的模塑料易制造形状较复杂的高强度模压制品。预浸料的日生产量一般比预混法低，而且模塑料的流动性及料束间的互溶性较差。

预浸法也分为手工预浸法和机械预浸法两类。机械预浸法一般采用连续无捻粗纱，纤维不像预混法那样受到捏合和蓬松、撕松过程的强力搅动，因而纤维的原始强度不会受到严重损失。该方法的机械化程度较高，操作简单，劳动强度小，设备简单，易于制造，可连续化生产。

预浸、预混法模塑料的质量指标主要有树脂含量、挥发成分含量和不溶性树脂含量。制备工艺过程中主要控制树脂溶液黏度、纤维和短切长度、浸渍时间、烘干条件等因素。

3. 挤出法

挤出法制造短纤维模塑料采用螺杆挤出机生产，克服了上述预浸法、预混法采用胶液浸渍使用大量有机溶剂的缺点，改善了劳动卫生条件，降低了成本。产品质量均匀稳定，生产可以连续化、自动化。缺点是玻璃纤维在螺杆中被磨损、被剪断的情况较严重，从而降低了模塑料的强度。该法适用于在生产过程无需排除低分子物的玻璃纤维模塑料，如DAP（邻苯二甲酸二烯丙基酯）玻璃纤维模塑料的生产。其生产方法是：将预先粉碎的DAP预聚体和其他组分按配方初步混合后，再与玻璃纤维混合，连续地加到单螺杆挤出机中。在加热及剪切摩擦热的作用下，树脂熔融，借助螺杆的转动使各组分充分浸渍并混合均匀；将熔融物挤出成条状物，经冷却切割，即得到DAP玻璃纤维模塑料。

三、片状模塑料 SMC 的制造方法

片状模塑料（sheet moulding compound，简称SMC）是20世纪60年代发展起来的一种干法制造聚酯玻璃钢的新型模塑料。它是用多组分的不饱和聚酯树脂糊充分浸渍短切玻璃纤维（或玻璃毡），并在上、下面覆盖聚乙烯薄膜而获得的片状夹芯形式的模塑料。树脂糊包含不饱和聚酯树脂、引发剂、化学增稠剂、低收缩添加剂、粉状模料、颜料、脱模剂等。增

强材料一般为无捻玻璃粗纱，其短切长度20~50mm。上、下面覆盖的聚乙烯薄膜的目的是防止空气、灰尘、水汽等对材料的污染和交联剂苯乙烯的蒸发。使用SMC时，只需撕掉两面的聚乙烯薄膜，按制品相应尺寸裁切、叠层，再放入模具中加温加压固化，即得到所需要的制品。

片状模塑料中，树脂系统（包括聚酯树脂、引发剂、增稠剂、低收缩添加剂、脱模剂、阻聚剂等）约占30%；填料约占40%；玻璃纤维约占30%。$CaCO_3$色白、吸油率低，是SMC最常用的增量性填料，它的使用大大降低了材料的成本，同时降低模塑料收缩率，改善了制品表面质量。水合氧化铝为阻燃性填料，可改善制品的耐水性和电绝缘性。树脂增稠多选用MgO或$Ca(OH)_2$，它们以配位络合物的形式使树脂的分子量增大，并不促进其胶凝。低收缩添加剂一般用热塑料树脂如聚乙烯、聚苯乙烯、氯乙烯—醋乙烯酯共聚物。

片状模塑料的生产工艺流程如图5-6所示，制造SMC的设备示意如图5-7所示。

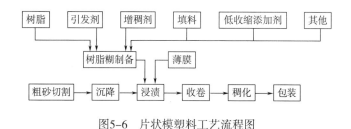

图5-6 片状模塑料工艺流程图

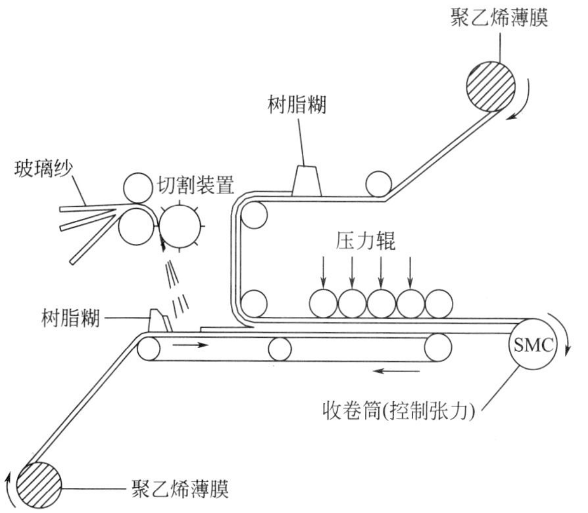

图5-7 制备SMC设备示意图

首先将树脂和填料等组分预先充分混合，制成树脂糊。树脂糊制备有两种方法：批混合法和连续混合计量法。批混合法是将树脂和除增稠剂外的各组分依次搅拌混合，然后加入增稠剂，混合后经过计量即由混合泵输送到传送带或承载膜上。批混合制成的树脂糊贮存时间为30min，时间过长，树脂开始快速增稠，影响对玻璃纤维的浸渍，因此适用于试验性或小批量生产。采用连续混合计量法时，先将树脂糊按增稠剂和树脂分开成两部分单独制备，再通过计量装置经过一个静态混合器，直接按比例将两部分连续混合并喂到制片机组的上糊区。连续混合计量法能保证在机组切割沉降点处树脂黏度近似不变。

将树脂糊输送到上层和下层聚乙烯薄膜上，通过刮刀均匀刮平至一定厚度，连续玻璃纤维粗纱经过切割器短切，均匀沉降在下层薄膜的树脂糊上，同时用刮涂有树脂糊的上层薄膜覆盖，形成树脂糊—短切玻纤—树脂糊夹层材料，再通过一系列压力辊的揉捏作用，使树脂浸透纤维并驱除团聚集于夹层内的气泡，将片材压紧成均一厚度，最后收卷。片材在一定的环境条件下，经过一定时间的熟化，使之增稠，黏度达到稳定且适用于模压的范围内方可使用。

SMC操作方便，模压成型时间短，生产效率高，改善了成型加工工作环境和劳动条件；成型流动性好，可成型结构复杂的制体或大型制件，并且制品表面质量好；组分的种类配比可调配性好，可降低成本或使制品轻量化；玻璃纤维在生产和成型过程中均未损伤，长度均匀，制品强度高。

四、复合材料成型用连续纤维预浸料的制造方法

纤维预浸料，是将树脂体系浸涂到连续纤维或纤维织物上，通过一定的处理过程，所形成的一种贮存备用的半成品，它是制造连续纤维增强复合材料制品的重要中间材料。预浸料的品种规格很多，按纤维排布形式不同有织物预浸料（预浸胶布、预浸纱带），单向纤维预浸料无纬布、预浸纱等，广泛用于层压、卷制、缠绕、裱糊、真空袋、热固罐、模压和拉挤等各种成型工艺。按树脂类型分为热固性树脂预浸料和热塑性树脂预浸料。按纤维种类不同又有碳纤维预浸料、芳纤预浸料、玻璃纤维预浸料和棉布预浸料等。预浸料的制备方法按树脂浸渍纤维的方法不同大致有溶液浸渍法、热熔浸渍法、胶膜辗压法、粉末法等。

1. 溶液浸渍法

溶液浸渍法与预浸法制备短纤维模塑料一样，将构成树脂的各组分按预定的固体含量溶解到溶剂中，纤维（纱或织物）通过树脂溶液，黏着一定量的树脂，经烘干除去溶剂即得预浸料。由于采用树脂溶液浸渍纤维，所以该法属湿法工艺。

用于层压、卷制、布带缠绕成型的预浸胶布多采用溶液法浸渍纤维织物获得，其制备在卧式或立式浸胶机上连续进行。纤维织物（布）以一定速度均匀移动，首先通过热处理炉除去水分或石蜡浸润剂，经过浸胶槽浸渍一定量的树脂溶液，再经过烘干炉除去大部分溶剂和挥发成分，并使树脂预固化到一定程度，最后收卷贮存。预浸布经剪裁成窄带后用于缠绕成型。

单向纤维预浸料，根据制备设备的不同，分辊筒缠绕和阵列式连续排铺法。辊筒缠绕法多采用湿法工艺，阵列式连续排铺法逐渐由湿法向干法发展。

（1）辊筒缠绕法。辊筒缠绕法工艺过程如图5-8所示。连续纤维束从纱团引出，进入胶

槽浸渍树脂，经挤胶器除去多余树脂后，靠喂纱导器纤维纱依次整齐地环向缠绕在贴有隔离膜的辊筒上，最后沿辊筒母线切断展开，即成单向纤维预浸料。因其纬向没有纤维，经纱靠树脂将其黏在一起，所以也叫无纬布。该法设备简单，操作方便，但制备的无纬布长度受辊筒直径限制，生产速度较低，一般适用于实验室或小批量生产。

（2）陈列式连续排铺法。阵列式连续排铺法的基本过程：许多平行的纤维束（或织物）同时连续浸涂树脂，经辊压等工序后，即成连续预浸料。该法生产效率高，适用于大量生产。其湿法制造连续无纬布的主要流程如图5-9所示。一定数量的纱束从纱架引出，经整径平行整齐地进入装有树脂溶液的浸渍胶槽，经挤胶、烘干、垫铺隔离纸和压实，即可收卷，获得成卷的连续预浸料。为获得质量合格的预浸料，必须严格控制环境温度、胶液浓度、辊筒缝隙和纤维的行进速度等。

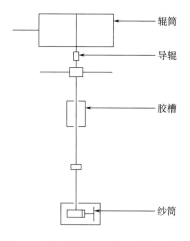

图5-8 辊筒缠绕法制备无纬布示意图

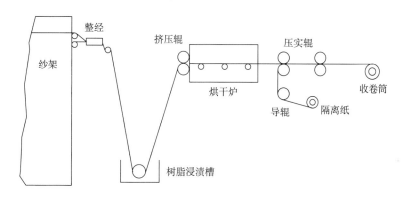

图5-9 阵列式连续排铺法制备预浸料的主要流程示意图

2. 热熔浸渍法和胶膜辊压法

干法制造预浸料有熔融法和胶膜法两种。由于不使用溶剂，干法的生产现场和环境无污染，不易引起火灾，节约溶剂，预浸料和挥发分含量低，制备复合材料的孔隙小。

（1）熔融法。熔融法主要借助加热从漏槽中流出的熔融树脂体系刮涂于隔离纸裁体上，随后转移到经整经、排列整齐的平行纤维纱上，同时，纤维的另一面贴附上一层隔离纸，三者呈一夹芯结构，经热辊后，使树脂浸润纤维，最后压实收卷。

（2）胶膜法。如图5-10所示为胶膜法制造预浸料的工艺流程示意图。与熔融法相似，一定数量的纱束经整齐排铺后，夹于胶膜之间，呈夹芯状，再通过加热辊挤压，使纤维浸嵌于树脂膜，最后加附隔离纸裁体压实，即可分切收卷。胶膜法可制备树脂含量很低的预浸料，产品中树脂分布均匀。树脂含量和质量受胶膜厚度、压辊间隙和温度影响。胶膜法对树脂体系的工艺性要求较高，树脂应具有优良的成膜性，胶膜应有适度的柔性和黏性，较长的贮存寿命。

干法制备解决了那些树脂体系不溶解于普通低沸点溶剂的预浸料的制造问题，成膜性和柔性通常采取添加一定量的热塑性树脂或较高分子量的线性热固性树脂获得，同时也提高了固化树脂的韧性。

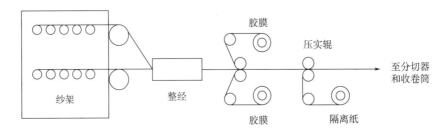

图5-10　胶膜法制备预浸料的工艺流程示意图

采用织物为原料制造预浸料时，不需要排纱整经，工序较简单。

3. **粉末法**

粉末法又分为粉末静电法和粉末悬浮法，主要用于制备热塑性树脂和高熔点难溶解树脂的预浸料。

（1）粉末静电法。粉末静电法是在连续纤维表面沉积带电树脂粉末，用辐射加热的方法使聚合物粉末永久性地黏附在纤维表面上。此法不会引起纤维/树脂界面应力，也不会因聚合物在高温下持续时间过长而导致性能退化。粉末静电法需事先将高聚物研磨成非常细微的颗粒，其典型的粒子大小是240μm、110μm和80μm。采用超细颗粒的粉末，可获得柔软的预浸料。如图5-11所示是粉末静电法示意图。

（2）粉末悬浮法。粉末悬浮法通常分为水悬浮和气悬浮两种。水悬浮是在水中悬浮的树脂颗粒黏附到连续运动的纤维上，气悬浮是细度为10～20μm的聚合物颗粒在流化床中悬浮，聚合物颗粒附着在连续的纤维上，随即套上护管，使粉末不再脱离纤维表面。

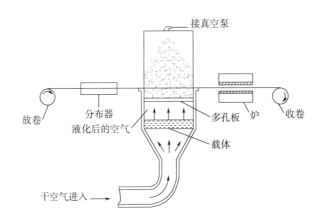

图5-11　静电粉末法制备预浸料

第二节　树脂基复合材料的成型工艺

一、树脂基复合材料成型要素

1. 成型环节

复合材料由原材料加工出成品的整个成型过程有三个重要的环节。

（1）赋形。赋形在于增强材料如何达到均匀或保证在特定的方向上排列。将增强材料预成型是先行的赋形过程，使毛坯与制品最终形状接近，而最终形状的赋形则在压力作用下靠成型模具完成。

（2）浸渍。浸渍指将增强材料间的空气置换为基体树脂，形成良好的界面黏接和复合材料的低孔隙率。浸渍机理分脱泡和浸润两部分。浸渍好坏受树脂黏度、种类、配比和增强材料的品种、形态影响。预浸料半成品制备，已将主要浸渍过程提前，但在加热成型过程还需进一步完善树脂对纤维的浸渍。

（3）固化。热固性树脂发生交联的化学反应，形成三向网络基体材料。热塑性树脂形成的过程则是冷却硬化定型的过程。

2. 成型要点

各种工艺方法在工艺过程中必须共同遵守的要点有：

（1）要使纤维均匀地按设计要求分布在制品的各个部分。

（2）要使树脂适量地均匀分布在制品的各个部位，并适当地固化。

（3）工艺过程中要尽可能减少气泡，降低孔隙率，提高制品的致密性。

（4）充分掌握所用树脂的性能，根据树脂性能制定合理的工艺规范。在整个工艺过程，纤维不发生变化，发生变化的是树脂。在初期，树脂一般是黏度较低的液体，充分浸渍纤维，排除气泡，在工艺过程中黏度逐渐增加，产生凝胶，直至固化。只有充分掌握所用树脂配方的工艺性能，才能制定出合理的固化工艺规范，制造出质量优良的制品。

二、复合材料制品的成型特点

与其他材料不同，复合材料及其制品是在同一个成型工艺过程中一次形成的。

各种工艺方法除模压和注射外，都采用低压成型，压力一般在10~20MPa。这给制造大型制品带来便利，对成型设备和工艺装备的要求降低。

一般塑料制品成型时，施加压力的作用是：使塑料产生流动，即克服塑料本身黏滞流动阻力和塑料与模具相对运动的摩擦阻力；排除低分子物压紧材料，使之与模具形状吻合，并得到致密均匀的制品。

纤维复合材料制品可以采用低压成型，主要是采用了如下措施：

（1）使填料预成型。很多工艺方法是预先将浸渍填料配置成接近制品形状的坯料，或将填料预成型再浸渍胶液，再加压压紧。这样在制品成型过程中，材料无需很大的相对流动，减小了材料内摩擦和材料与模具的摩擦。

（2）采用可低压成型的树脂配方。这类树脂配方固化时不放出挥发性的副产物，或单位时间内放出的挥发性副产物的量较少，可以降低压制时抵抗内部挥发物所需的一部分压力。

（3）利用弹性介质（如气体）传递压力。使压力垂直作用于制品表面，加压效果好。

三、接触低压成型工艺

（一）手糊成型

手糊成型指以手工作业为主成型复合材料制件的方法。手糊成型工艺是复合材料最早的一种成型方法，也是一种最简单的方法。手糊成型工艺非常重要，不可替代，其优点是：制备技术简单易学，但需要操作经验和技巧；只需简单的操作工具和模具以及简易的场地，便于推广；铺层根据需要随时可调，可增可减，操作自由度大；适于多品种、单件或小批量生产，不受制品尺寸和形状的限制。

1. 保证手糊制品质量的基本条件

根据制品的性能要求合理选用原材料；根据制品结构特点进行正确的结构设计（模具设计、铺层设计等），注意对各工序的质量检测、监控；提高工人的责任心和素质。

2. 常用增强材料和基体材料

手糊成型常用的增强材料是纤维织物和短纤维毡，用量最大的是玻璃布（精布和土工布），日本多采用毡类，基体材料以热固性树脂为主，用量最多的是UP和EP。

3. 工艺流程

手糊成型工艺流程如图5-12所示。首先，在模具上涂刷含有固化剂的树脂混合物，再在其上铺贴一层按要求剪裁好的纤维织物，用刷子、压辊或刮刀压挤织物，使其均匀浸胶并排除气泡后，再涂刷树脂混合物和铺贴第二层纤维织物，反复上述过程直至达到所需厚度为止。在一定压力作用下加热固化成型（热压成型）或者利用树脂体系固化时放出的热量固化成型（冷压成型），最后脱模得到复合材料制品。为了得到良好的脱模效果和理想的制品，同时使用几种脱模剂，可以发挥多种脱模剂的综合性能。

4. 主要产品

目前采用手糊成型生产的主要产品为：波形瓦、浴盆、冷却塔、活动房、卫生间、贮罐、风机叶片、各类渔船和游艇、微型汽车和客车壳体、大型雷达天线罩及天文台屋顶罩、设备防护罩、雕像、舞台道具、飞机蒙布、机翼、火箭外壳、防热底板等大中型零件。

5. 优缺点

（1）手糊成型工艺优点。不受产品尺寸和形状限制，适宜尺寸大、批量小、形状复杂产品的生产；设备简单、投资少、设备折旧费低；工艺简单；易于满足产品设计要求，可以在产品不同部位任意增补增强材料；制品树脂含量较高，耐腐蚀性好。

（2）手糊成型工艺缺点。生产效率低，劳动强度大，劳动卫生条件差；产品质量不易控制，性能稳定性不高；产品力学性能较低。

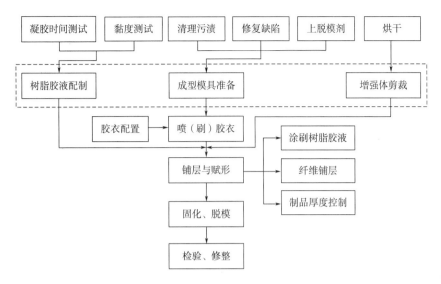

图5-12　手糊成型工艺流程图

6. 案例分析

餐桌椅的手糊成型（图5-13）。

（1）餐桌椅结构特点分析。具有一定的曲面形状；双面光滑；一次整体成型；能够承受人或重物的压力。

图5-13　餐桌椅的手糊成型实物图

（2）餐桌椅成型模具材料选择。一般轻质材料（木材、水泥、石膏、复合材料、金属等）均可；餐桌椅一次整体成型，且双面光滑，底座上有预埋固定架，制作数量较多；采用玻璃钢模具成型（玻璃钢模具制造成本相对不高，同时可以满足生产数量较多的要求）。

（3）玻璃钢模具制备过程（图5-14）。

（4）玻璃钢模具制备流程图（图5-15）。

①主要原材料。191#UP；33#胶衣；04#中碱玻璃布；02#中碱玻璃布；黄色色浆；预埋固定架（焊接铁架）。

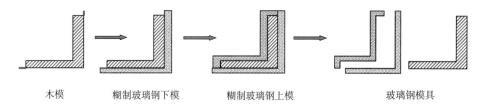

木模　　　　糊制玻璃钢下模　　　　糊制玻璃钢上模　　　　玻璃钢模具

图5-14　餐桌椅的手糊成型过程

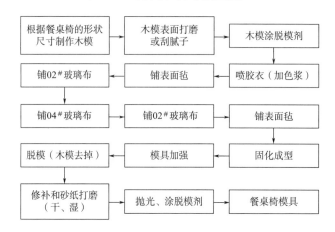

图5-15　玻璃钢模具制备流程图

②UP树脂液配方（表5-1，需要控制树脂的凝胶时间）。

表5-1　UP树脂液配方

配方	重量比/%
191#UP	100
过氧化甲乙酮	1~2
促进剂	1~4

③手糊成型步骤。

a. 首先检查阴、阳模型腔是否存在缺陷，如没有缺陷，即可涂上脱模剂，进行抛光处理。

b. 配制胶衣糊（33#胶衣+固化剂+促进剂+色浆）。

c. 涂刷胶衣糊，待达到黏手但不粘手的程度。

d. 配制UP树脂胶液（191#UP+固化剂+促进剂+色浆）。

e. 分别在阴、阳模上铺一层02#玻璃布。

f. 在阴模上铺3层04#玻璃布。

g. 阴、阳模合模，用强力钳夹紧，常温固化成型。

h. 脱模、检验、修边、修补等。

（二）喷射成型

喷射成型技术是手糊成型的改进，为半机械化。喷射成型技术在复合材料成型工艺中所占比例较大，如美国占9.1%、西欧占11.3%、日本占21%。目前国内用的喷射成型机主要从美国进口。

喷射成型是通过喷射的树脂流与短切纤维混匀，沉积在开模上，压实固化成制件的方法，其模具的准备与材料准备与手糊成型基本相同，主要不同点是它将手工裱糊与叠层工序变成了由喷枪进行的机械连续作业。图5-16为喷射工艺示意图。将装有引发剂的树脂和装有促进剂的树脂分装于两个罐中，由液压泵或压缩空气按比例输送到喷枪内雾化，同时与短切纤维混合并喷射到模具上，沉积到一定厚度时，用压辊排气压实，再继续喷射，直到完成坯件制作，再固化成型。

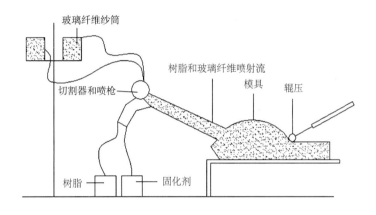

图5-16 喷射工艺示意图

该工艺要求树脂黏度低，易于雾化，主要用于不需加压室温固化的不饱和聚酯树脂。将分别混有促进剂和引发剂的不饱和聚酯树脂从喷枪两侧（或在喷枪内混合）喷出，同时将玻璃纤维无捻粗纱用切割机切断并由喷枪中心喷出，与树脂一起均匀沉积到模具上。当不饱和聚酯树脂与玻璃纤维无捻粗纱混合沉积到一定厚度时，用手辊滚压，使纤维浸透树脂、压实并除去气泡，最后固化成制品。其具体工艺流程如图5-17所示。

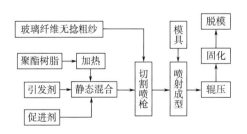

图5-17 喷射工艺流程图

喷射成型的优点是：用玻璃纤维粗纱代替织物，可降低材料成本；生产效率比手糊成型高2～4倍；产品整体性好，无接缝，层间剪切强度高，树脂含量高，抗腐蚀、耐渗漏性好；可减少飞边、裁布屑及剩余胶液的消耗；产品尺寸、形状不受限制。缺点为：树脂含量高，制品强度低；产品只能做到单面光滑；污染环境，有害工人健康。

喷射成型效率达15kg/min，故适合于大型船体制造。已广泛用于加工浴盆、机器外罩、整体卫生间、汽车车身构件及大型浮雕制品等。

（三）树脂传递模塑成型（RTM）

1. RTM工艺原理及特点

树脂传递模塑成型简称RTM（resin transfer molding）。RTM始于20世纪50年代，是手糊成型工艺改进的一种闭模成型技术，可以生产出两面光的制品。属于这一工艺范畴的还有树脂注射工艺（resin injection）和压力注射工艺（pressure infection）。日本强化塑料协会将RTM工艺和拉挤工艺评为两大最有发展前途的工艺，欧美很多公司投入巨资用于研究开发RTM工艺，其中仅欧共体投资的开发RTM工艺技术和应用项目就耗资290万欧元，美国设置了专科学校，用于培训RTM专业人才。

（1）RTM的基本原理。将玻璃纤维增强材料铺放到闭模的模腔内，用压力将树脂胶液注入模腔，浸透玻璃纤维增强材料，再固化，脱模成型，其工艺流程如图5-18所示。从目前的研究水平来看，RTM技术的研究发展方向包括微机控制注射机组、增强材料预成型技术、降低模具成本、快速树脂固化体系，提高工艺稳定性和适应性等。

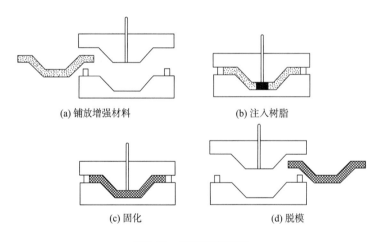

(a) 铺放增强材料　　　　　　　　　　　(b) 注入树脂

(c) 固化　　　　　　　　　　　　　　　(d) 脱模

图5-18　RTM工艺流程

（2）RTM成型技术的特点。可以制造两面光滑的制品；成型效率高，适合于中等规模的玻璃钢产品生产（20000件/年以内）；RTM为闭模操作，不污染环境，不损害工人健康；增强材料可以任意方向铺放，容易实现按制品受力状况铺放增强材料；原材料及能源消耗少；建厂投资少，工程启动快。

（3）RTM技术适用范围很广，目前已广泛用于建筑、交通、电信、卫生、航空航天等工业领域。已开发的产品有汽车壳体及部件、娱乐车构件、螺旋桨、8.5m长的风力发电机叶片、天线罩、机器罩、浴盆、沐浴间、游泳池板、座椅、水箱、电话亭、电线杆、小型游艇等。

2. RTM工艺及设备

RTM生产过程分11道工序,如图5-19所示,各工序的操作人员及工具、设备位置固定,模具由小车运送,依次经过每一道工序,实现流水线作业。模具在流水线上的循环时间,基本反映了制品的生产周期,小型制品一般只需十几分钟,大型制品的生产周期可以控制在1h内。

RTM成型设备主要是树脂压注机和模具。树脂压注机由树脂泵、注射枪组成。树脂泵是一组活塞式往复泵,最上端是一个空气动力泵。当压缩空气驱动空气泵活塞上下运动时,树脂泵将桶中树脂经过流量控制器、过滤器定量地抽入树脂贮存器,侧向杠杆使催化剂泵运动,将催化剂定量地抽至贮存器。压缩空气充入两个贮存器,产生与泵压力相反的缓冲力,保证树脂和催化剂能稳定的流向注射枪头。注射枪口后有一个静态紊流混合器,可使树脂和催化剂在无气状态下混合均匀,经枪口注入模具,混合器后面设计有清洗剂入口,它与一个有0.28MPa压力的溶剂罐相联,当机器使用完后,打开开关,溶剂自动喷出,将注射枪清洗干净。RTM模具分玻璃钢模具、玻璃钢表面镀金属模具和金属模具3种。玻璃钢模具容易制造,价格较低,聚酯玻璃钢模具可使用2000次,环氧玻璃钢模具可使用4000次。表面镀金属的玻璃钢模具可使用10000次以上。

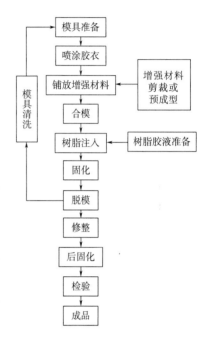

图5-19 RTM工艺流程图

3. RTM原材料

RTM用的原材料有树脂体系、增强材料和填料。RTM工艺用的树脂主要是不饱和聚酯树脂。RTM的增强材料主要是玻璃纤维,其含量为25%~45%(质量分数);常用增强材料的形态有连续毡、复合毡及方格布。填料对RTM工艺很重要,它不仅能降低成本,改善性能,而且能在树脂固化放热阶段吸收热量。常用的填料有氢氧化铝、玻璃微珠、碳酸钙、云母等,其用量为20%~40%质量分数。

(四)铺层加压固化方法

铺层加压固化方法有袋压法、热压罐法、液压釜法和热膨胀模塑法,统称为低压成型工艺。其成型过程是用手工铺叠方式,将增强材料和树脂(含预浸材料)按设计方向和顺序逐层铺放到模具上,达到规定厚度后,经加压、加热、固化、脱模、修整而获得制品。这4种方法与手糊成型工艺的区别仅在于增加了加压固化这道工序。因此,它们只是手糊成型工艺的改进,是为了提高制品的密实度和层间黏接强度。

以高强度玻璃纤维、碳纤维、硼纤维、芳纶纤维和环氧树脂为原材料,用低压成型方法制造的高性能复合材料制品,已广泛用于飞机、导弹、卫星和航天飞机,如飞机舱门、整流罩、机载雷达罩，支架、机翼、尾翼、隔板、壁板及隐形飞机等。

1. 袋压法

袋压法是将手糊成型的未固化制品，通过橡胶袋或其他弹性材料向其施加气体或液体压力，使制品在压力下密实、固化。

（1）袋压成型法的优点。产品两面光滑；能适应聚酯、环氧和酚醛树脂；产品质量比手糊法高。

（2）袋压法分压力袋法和真空袋法2种。

①真空袋法（图5-20）。此法是将手糊成型未固化的制品加盖一层橡胶膜，制品处于橡胶膜和模具之间，密封周边，抽真空（0.05～0.07MPa），使制品中的气泡和挥发物排除。该法工艺简单，不需要专用设备，常用来制造室温固化的制件，也可在固化炉内成型高、中温固化的制件。本方法适用于大尺寸产品的成型，如船体、浴缸及小型的飞机部件。真空袋法产生的压力小于0.1MPa。真空袋成型法由于真空压力较小，故此法仅用于聚酯和环氧复合材料制品的湿法成型。

②压力袋法（图5-21）。压力袋法是将手糊成型未固化的制品放入一橡胶袋内，固定好盖板，再通入压缩空气或蒸汽（0.25～0.5MPa），使制品在热压条件下固化。由于压力较高，对模具强度和刚度的要求也较高，还需考虑热效率，故一般采用轻金属模具，加热方式通常采用模具内加热。

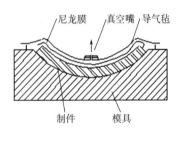

图5-20 真空袋成型

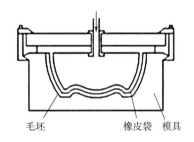

图5-21 压力袋成型

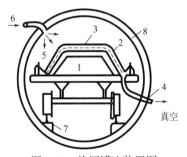

图5-22 热压罐法装置图

1—模具小车 2—手糊铺层 3—橡胶袋
4—抽真空口 5—密封装置 6—压缩空气
7—模具车轨 8—压力釜

2. 热压罐法和液压釜法

热压罐法和液压釜法都是在金属容器内，通过压缩气体或液体对未固化的手糊制品加热、加压，使其固化成型的一种工艺。

（1）热压罐法。

①方法介绍。热压罐法是一个卧式金属压力容器，未固化的手糊制品，加上密封胶袋，抽真空，然后连同模具用小车推进热压釜内，通入蒸汽（压力为1.5～2.5MPa），并抽真空，对制品加压、加热，排出气泡，使其在热压条件下固化，其装置示意图如图5-22所

示。它综合了压力袋法和真空袋法的优点，生产周期短，产品质量高。热压罐法能够生产尺寸较大、形状复杂的高质量、高性能复合材料制品。产品尺寸受热压尺寸限制，目前国内最大的热压罐直径为2.5m，长为18m，已开发应用的产品有机翼、尾翼、卫星天线反射器、导弹再入体、机载夹层结构雷达罩等。此法的最大缺点是设备投资大、重量大、结构复杂、费用高等。

②案例分析。复合材料卫星整流罩端头热压罐成型（图5-23）。

a. 整流罩端头的结构特点。卫星整流罩是运载火箭的关键部段之一，其作用是保护有效载荷在运载火箭飞行过程中免受气动加热载荷、热流以及外界环境的影响。端头是卫星整流罩的一部分，其外形是一个球缺体。在运载火箭飞行过程中，端头承受着较大的外压和严重的气动力加热。因此，端头结构既要有较高的弯曲刚度，又要有良好的隔热性能，以满足卫星整流罩的要求。

b. 整流罩端头的原材料。增强材料：高性能玻璃纤维织物；树脂基体：酚醛—环氧型树脂；含胶量：32%。

c. 端头成型设计方案。热压罐成型；阴模铺层。

d. 预浸料制备。将纤维织物放置于树脂基体中浸渍到含胶量30%，烘干备用。

e. 预浸料剪裁和铺层。因为端头是球缺形状，因此预浸料的剪裁形状基本为圆形。制备方法为：首先，在阴模底部中心铺放一块圆胶布块，再把若干块球面胶布块沿模具周向依次铺放。其次，胶布块之间搭接10～20mm，端头变厚度处用不同尺寸的胶布块铺层，并做到平滑过渡。在铺层过程中，把平面胶布块铺放成球面，

图5-23 复合材料卫星整流罩

需要在适当位置将胶布块剪开搭接铺层才能贴模。再次，在目测外观密实无气泡时，再铺放下一层。胶布块铺层完毕后，铺放聚四氟乙烯透气玻璃布作为隔离层，根据要求铺若干层吸胶材料。最后，用密封材料将模具密封。

f. 端头制品固化成型。升温速率控制在（0.5±0.1）℃/min范围内。挥发成分的排除采用了在树脂软化时抽真空，再停止抽真空，通空气，加一个外压的方法。产品固化时的加压窗口采用DSC热分析来确定，同时要考虑固化前胶布的受热历程和实际产品的升温速率等因素。

（2）液压釜法。液压釜是一个密闭的压力容器，体积比热压釜小，直立放置，生产时通入压力热水，对未固化的手糊制品加热、加压，使其固化，其装置示意图如图5-24所示。液压釜的压力可达到2MPa或更高，温度为80～100℃。用油载体、热度可达200℃。此法生产的产品密实，生产周期短，液压釜法的缺点是设备投资较大。

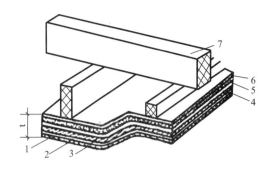

图5-24　液压釜法装置图

1—釜体　2—模具　3—支架　4—橡胶袋　5—未固化制品　6—密封圈　7—载热体（水油）

（五）热膨胀模塑法

热膨胀模塑法用于生产空腹、薄壁、高性能复合材料制品，其工作原理是采用不同膨胀系数的模具材料，利用其受热体积膨胀不同产生的挤压力，对制品施加压力。热膨胀模塑法的阳模采用膨胀系数大的硅橡胶，阴模采用膨胀系数小的金属材料，手糊法未固化的制品放在阳模和阴模之间。加热时由于阳模和阴模的膨胀系数不同，产生巨大的变形差异，使制品在热压下固化。

四、注射成型工艺

注射成型工艺是热塑性复合材料的主要生产方法，历史悠久，应用广泛。其优点是：成型周期短，能耗小，产品精度高，一次可成型复杂及带有嵌件的制品，一模能生产多个制品，生产效率高。缺点是不能生产纤维增强复合材料制品，对模具质量要求较高。根据目前的技术水平，注射成型的最大产品为5kg，最小为1g，这种方法主要用来生产各种机械零件、建筑制品、家电壳体、电器材料、车辆配件等。

如图5-25所示，注射成型的原理是将纤维增强的粒料从料斗加入注射成型机的料筒，受热熔化至流动状态，以很高的压力和较快的速度注入温度较低的闭合模具内，在模具内固化，脱模即得制品。该工艺主要是热塑性塑料的注塑成型。近来又发展了新的注射工艺：反应注射成型和增强反应注射成型。

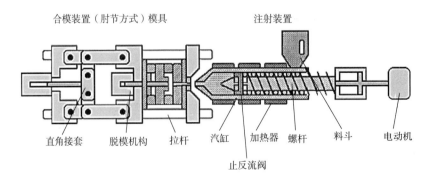

图5-25　注射成型原理图

（1）反应注射成型。反应注射成型是使两种高活性的液状单体在高压下碰撞混合，并在模具中迅速发生聚合反应的工艺方法。此法与热塑性塑料注射成型的区别在于成型过程的同时发生化学反应。由于原料是液态，注射压力低，降低了机器合模力和模具造价；反应注射成型与一般注射成型比较，不需塑化，因此无塑化装置，注射量受设备限制较少；原料黏度低、注射压力低、锁模力小，故锁模结构简单；由于液态单体在模具中发生聚合反应时放热，故不须外界再提供热能，成型时耗能少。由于成型时物料流动性好，故可以成型壁厚变化和形状复杂的制品，制品表面光洁度也高。

（2）增强反应注射成型（RRIM）。增强反应注射成型是在反应注射成型基础上发展起来的，在单体中加入增强材料制成复合材料制品的工艺。增强材料主要有短切纤维与磨碎纤维。短切纤维的长度一般为1.5~3mm，增强效果比磨碎纤维要好。

五、模压成型工艺

模压成型工艺是一种复合材料生产中古老而又富有无限活力的成型方法。它是将一定量的预混料或预浸料加入金属对模内，经加热、加压固化成型的方法。

1. 模压成型工艺的特点

模压成型工艺的主要优点：生产效率高，便于实现专业化和自动化生产；产品尺寸精度高，重复性好；表面光洁，无须二次修饰；能一次成型结构复杂的制品；属批量生产，价格相对低廉。

模压成型的不足：模具制造复杂，投资较大；受压机限制，适合批量生产中小型复合材料制品。随着金属加工技术、压机制造水平及合成树脂工艺性能的不断改进和发展，压机吨位和台面尺寸不断增大，模压料的成型温度和压力也相对降低，使得模压成型制品的尺寸逐步向大型化发展，目前已能生产大型汽车部件、浴盆、整体卫生间组件等。

2. 模压成型工艺的分类

模压成型工艺按增强材料物态和模压料品种可分为7种：

（1）纤维料模压法。将经预混或预浸的纤维状模压料，投入金属模具内，在一定的温度和压力下成型复合材料制品的方法。该方法简便易行，用途广泛。根据具体操作的不同，有预混料模压和预浸料模压法。

（2）碎布料模压法。将浸过树脂胶液的玻璃纤维布或其他织物，如麻布、有机纤维布、石棉布或棉布等的边角料切成碎块，再在金属模具中加温加压成型复合材料制品。

（3）织物模压法。将预先织成所需形状的两维或三维织物浸渍树脂胶液，再放入金属模具中加热加压成型为复合材料制品。

（4）层压模压法。将预浸过树脂胶液的玻璃纤维布或其他织物，裁剪成所需的形状，再在金属模具中经加温或加压成型复合材料制品。

（5）缠绕模压法。将预浸过树脂胶液的连续纤维或布（带），通过专用缠绕机提供一定的张力和温度，缠在芯模上，再放入模具中进行加温加压成型复合材料制品。

（6）片状塑料（SMC）模压法。将SMC片材按制品尺寸、形状、厚度等要求裁剪下料，再将多层片材叠合后放入金属模具中加热加压成型制品。

（7）预成型坯料模压法。先将短切纤维制成品形状和尺寸相似的预成型坯料，再将其放入金属模具中，向模具中注入配制好的黏结剂（树脂混合物），在一定的温度和压力下成型。

模压料的品种有很多，可以是预浸物料、预混物料，也可以是坯料。目前所用的模压料品种主要有预浸胶布、纤维预混料、BMC、DMC、HMC、SMC、XMC、TMC及ZMC等。

3. 模压成型用原材料

（1）合成树脂。复合材料模压制品所用的模压料要求合成树脂具有：对增强材料有良好的浸润性能，以便在合成树脂和增强材料界面上形成良好的黏结；有适当的黏度和良好的流动性，在压制条件下能够和增强材料一起均匀地充满整个模腔；在压制条件下具有适宜的固化速度，并且固化过程中不产生副产物或副产物少，体积收缩率小；能够满足模压制品特定的性能要求。按以上的选材要求，常用的合成树脂有不饱和聚酯树脂、环氧树脂、酚醛树脂、乙烯基树脂、呋喃树脂、有机硅树脂、聚丁二烯树脂、烯丙基酯、三聚氰胺树脂、聚酰亚胺树脂等。为使模压制品达到特定的性能指标，在选定树脂品种和牌号后，还应选择相应的辅助材料、填料和颜料。

（2）增强材料。模压料中常用的增强材料主要有玻璃纤维开刀丝、无捻粗纱、有捻粗纱、连续玻璃纤维束、玻璃纤维布、玻璃纤维毡等，也有少量特种制品选用石棉毡、石棉织物（布）和石棉纸以及高硅氧纤维、碳纤维、有机纤维（如芳纶纤维、聚酰胺纤维等）和天然纤维（如亚麻布、棉布、煮练布、不煮练布等）等。有时也采用两种或两种以上纤维混杂料作增强材料。

（3）辅助材料。一般包括固化剂（引发剂）、促进剂、稀释剂、表面处理剂、低收缩添加剂、脱模剂、着色剂（颜料）和填料等。

4. 模压料的制备

以玻璃纤维（或玻璃布）浸渍树脂制成的模压料为例，其生产工艺可分为预混法和预浸法两种。

（1）预混法。先将玻璃纤维切割成30～50mm的短切纤维，经蓬松后在捏合机中与树脂胶液充分捏合至树脂完全浸润玻璃纤维，再经烘干（晾干）至适当黏度即可。其特点是纤维松散无定向，生产量大。

（2）预浸法。纤维预浸法是将整束连续玻璃纤维（或布）经过浸胶、烘干、切短而成。其特点是纤维呈束状，比较紧密，制备模压料的过程中纤维强度损失较小，但模压料的流动性及料束之间的相容性稍差。

5. 模压成型工艺流程

模压成型的工艺流程如图5-26所示。

（1）模具预热。

①预热的目的。去除水分，为压缩模供热。

②预热的方法。

a. 热板加热。人工翻动，加热不均匀。

b. 烘箱加热。料层厚度不超过2.5cm，加热较均匀。

c. 红外线加热。靠辐射传热，红外线不能透过大多数塑料，内部不易加热，表层塑料易降解。

d. 高频加热。对于极性物质，在高频电场作用下，分子取向会不断改变，使分子间产生摩擦生热，温度上升。只用于极性物质的预热，而不用于干燥。

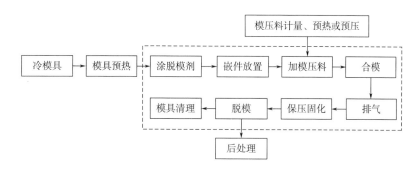

图5-26 模压成型工艺流程图

（2）加模压料。

①重量法。加料准确，但操作麻烦。

②容量法。操作方便，但不够准确。

③计件法。只能用于预压过的物料。

加料时还应注意合理堆放塑料，粉料或粒料的堆放要做到中间高四周低，便于气体排出。

（3）合模。加料后即可合模，合模时间一般从几秒到几十秒不等。合模过程分为两个部分：

①凸模触及塑料之前。尽量加快合模速度（缩短周期，避免塑料过早固化）。

②凸模触及塑料之后。减慢合模速度（利于排气）。

（4）排气。

①目的。排除水分和挥发物变成的气体及化学反应的副产物，以免影响塑件性能与表面质量。

②方法。合模后加压至一定压力，立即卸压，凸模稍微抬起，连续1～3次。

塑件带有小型金属嵌件时不采用排气操作，以免移位或损坏。流动性好的塑料采用迟压法，即从凸模与塑料接触到压模完全闭合的过程中停顿15～30s。

（5）保压与固化。

①保压时间。从压模闭合加压至卸压取出塑件所用的时间即为保压时间。保压时间长短受塑料类型、预热情况、塑件形状及压缩程度的影响。

②固化阶段的要求。在成型压力与温度下保持一定的时间，使交联反应进行到要求的程度。

（6）脱模。固化完毕，模具打开后，使制品脱离模具的操作称为脱模。塑件脱模方法：推出机构机自动推出、模外手动推出，复杂塑件在压力下冷却至一定温度后再脱模。

（7）模具清理。用铜铲或压缩空气清理，以免损伤模具外观，再整形去除应力，对薄壁易变形件的模具在整形模中冷却，大型、厚壁件经脱模后放入一定温度的油池或烘箱中缓慢冷却，或者进行退火处理，去飞边、毛刺、表面抛光。

6. 模压用设备及模具

（1）液压机。如图5-27所示，模压用的主要设备是压机。压机多选用自给式液压机，吨位从几十吨至几百吨不等。将模压料压制成合格制品所需要的适宜外部条件（温度、压力、时间），在生产上称为压制制度，包含温度制度和压力制度。

①温度制度。包括装模温度，升温速度，最高模压温度，恒温、降温及后固化温度等。

a. 装模温度。模压料的挥发物含量高，不溶性树脂含量低时，装模温度低，反之则高。

b. 升温速度。由装模温度到最高压制温度的升温速率。对快速模压，装模温度等于压制温度，无升温速度；对慢速模压，应选择适宜的升温速度。

图5-27　模压用液压机

c. 最高模压温度。主要根据树脂放热曲线确定。

②压力制度。包括成型压力、加压时机、放气等。

a. 成型压力。作用是克服模压料的内摩擦及物料与模腔间的外摩擦，使物料充满模腔；克服物料挥发物的抵抗力，压紧制品以保证精确的形状和尺寸。几种模压料的成型压力见表5-2。成型压力由模压料的种类及质量指标以及制品结构形状尺寸等因素决定。成型压力高，有利于制品质量提高。但过大的成型压力，容易损伤纤维，降低制品强度。

b. 加压时机。加压时机的选择对制品的质量有很大的影响，加压过早，树脂反应程度低，分子质量小，黏度低，树脂在压力下易流失，在制品中产生树脂集聚或局部纤维裸露。加压过迟，树脂反应程度高，黏度大，物料流动性差，难以充填模腔，形成废品。几种常用模压料的加压时机见表5-3。

表5-2　常用模压料的成型压力

模压料名称		成型压力/MPa
镁酚醛预混料		28.8 ~ 49
环氧酚醛模压料		14.7 ~ 28.8
环氧模压料		4.9 ~ 19.6
聚酯料团	一般制品	0.7 ~ 4.9
	复杂制品	4.9 ~ 9.8
片状模塑料	特种低压成型料	0.7 ~ 2.0
	一般制品	2.5 ~ 4.9
	复杂深凹制品	4.9 ~ 14.7

表5-3 常用模压料的加压时机

模压料	镁酚醛模压料	氨酚醛模压料	环氧酚醛模压料		
			小尺寸制品	中尺寸制品	大尺寸制品
加压时机	合模10～50s在成型温度下加压，多次抬模放气反复充模	在80～90℃装模后经30～90min，在（105±2）℃下一次加全压	在80～90℃装模后20～40min，在（105±2）℃下一次加全压	在60～70℃装模后60～90min，在90～105℃下一次加全压	在80～90℃装模后90～120min，在90～105℃下一次加全压

（2）模具。用于模压成型的模具称为压制模具，压制模具可分为溢式模具、半溢式模具、不溢式模具3种，如图5-28所示。

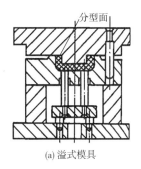
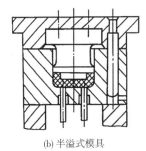
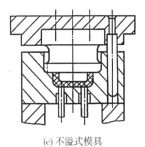

(a) 溢式模具　　　　　　　(b) 半溢式模具　　　　　　　(c) 不溢式模具

图5-28 模压成型用模具

7. 案例分析

高速公路防眩板（图5-29）模压成型。

（1）分析高速公路防眩板主要功能。防止夜间行驶的车辆因车灯眩目而引起意外事故。

（2）防眩板生产工艺原理。将一定量的模压料装入模具后，在一定的温度和压力下，模压料塑化、流动并充满模腔。同时，模压料发生交联团化反应，形成三维体型结构而得到预期的制品。在整个压制过程中，加压、赋形、保温等过程都依靠被加热的模具的闭合而实现。

（3）防眩板的工艺制度。

①模压成型工艺有3个主要参数，即成型压力、压制温度和保温时间。成型压力的作用是克服物料中挥发物产生的蒸汽压，避免制品产生气泡、结构疏散等缺陷，同时增加物料的流动性，便于物料充满模腔的各个部位，使制品的结构密实，力学强度得到提高。压制温度的作用是促进模压料塑化和固化。保温时间的作用是使制品充

图5-29 高速公路防眩板

分固化并消除内应力。这3个参数的选择与模压料、制品性能、制品结构和形状以及生产效率有很大的关系。

②模压工艺参数的主要影响因素。模压料的流动性对工艺参数的选定有很大影响。如果模压料的流动性好，则可采用较低的成型压力和温度，也易成型结构较为复杂的制品；相反，若模压料的流动性差，则应相应地提高成型压力和温度，也不易成型结构复杂的制品。因此，应根据模压料的流动性能选定合适的工艺参数。

③防眩板模压工艺参数的确定。防眩板各部位的厚度不同。根部厚度最大，为10mm。两边厚度次之，为6mm。中间厚度最薄，仅为3mm。制品属薄壁结构，形状较为复杂。当防眩板用铁架、螺栓固定竖立后，作为一种悬臂梁受力构件，要求制品具有较好的抗折强度和弹性，以满足使用要求。从制品性能、结构和形状要求来看，采用较大的成型压力和较高的成型温度比较理想。成型压力大，温度高，有利于提高制品的强度，且容易成型薄壁制品。模温高，与固化放热峰的温差就大，制品的表面质量较好。考虑到模压料的性能与生产效率，选择合适的保温时间非常重要。保温时间太短，制品有可能固化不完全；保温时间过长，生产效率低。最终确定工艺参数为：成型压力（20±2）MPa；压制温度上、下模均为（150±5）℃；保温时间4min。

（4）防眩板的工艺流程（图5-30）。

图5-30　防眩板工艺流程

①备料工序包括3个步骤：切料、称料、叠料。

a.切料。注意模压料中是否有分层、白纱、干料等问题，如严重时应剔除。

b.称料。要准确，过多则会造成原材料的浪费，过少则会引起缺料。

c.叠料。应将料叠成长条形，薄膜要撕尽，料块之间应尽量压紧，以防夹带大量气体。叠好的料放在切料台上，用薄膜覆盖好待用，防止苯乙烯大量挥发，同时防止料被污染。

②压制包括4个步骤：加料、加压、卸压和排气、保温。

a.加料。形式保持一致，加料位置要合理。

b.加压。时机要适当，迅速加压至成型压力。

c.卸压和排气。重复4次，排除模压料中的挥发份所产生的蒸汽以及夹带的空气，避免缺料、砂眼等缺陷。

d.保温。时间4min，可以提高制品的固化程度和表面质量，消除内应力。

保温后开模取出产品，检查制品有无异常现象，如需加以调整，清理模具并涂抹脱模剂。待产品冷却后，用铁锉除去制品四周的飞边、毛刺。检查制品是否有缺料、砂眼、裂纹、翘曲变形等缺陷，检查制品的外观、形状是否符合要求。检查方式是逐块检查。产品经检验合格后即可包装入库。包装时以10块板为一单位，板与板之间应头尾错开，用包装带包好，整齐堆放。

六、缠绕成型工艺

1. 缠绕成型工艺及特点

缠绕成型工艺（图5-31）是将浸过树脂胶液的连续纤维（或布带、预浸纱）按照一定规律缠绕到芯模上，经固化、脱模，获得制品。

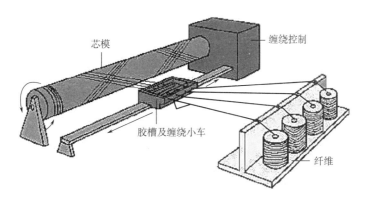

图5-31　缠绕成型工艺示意图

纤维缠绕成型的优点：能够按产品的受力状况设计缠绕规律，充分发挥纤维的强度；比强度高，一般来讲，纤维缠绕压力容器与同体积、同压力的钢质容器相比，重量可减轻40%～60%；可靠性高，纤维缠绕制品易实现机械化和自动化生产，工艺条件确定后，得到的产品质量稳定，树脂含量控制精确；生产效率高，采用机械化或自动化生产，需要操作工人少，缠绕速度快（240m/min）；成本低，在同一产品上，可合理配选若干种材料（包括树脂、纤维和内衬），使其再复合，达到最佳的技术经济效果。

缠绕成型的缺点：缠绕成型适应性小，可缠绕的制品结构形式有限，特别是表面有凹的制品，因为缠绕时，纤维不能紧贴芯模表面出现架空；缠绕成型需要有缠绕机、芯模、固化加热炉、脱模机及熟练的技术工人，需要的投资大，技术要求高，因此，只有大批量生产时才能降低成本，获得较高的技术经济效益。

根据纤维缠绕成型时树脂基体的物理化学状态不同，分为干法缠绕、湿法缠绕和半干法缠绕3种，其工艺流程如图5-32所示。

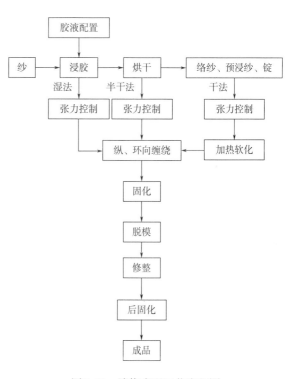

图5-32　缠绕成型工艺流程图

（1）干法缠绕。干法缠绕是采用经过预浸胶处理的预浸纱或带，在缠绕机上经加热软化至黏流态后缠绕到芯模上。由于预浸纱（或带）为工业化生产，能严格控制树脂含量（精确到2%以内）和预浸纱质量。因此，干法缠绕能够准确地控制产品质量。干法缠绕工艺的最大特点是生产效率高，缠绕速度可达100～200m/min，缠绕机清洁，劳动卫生条件好，产品质量高。其缺点是缠绕设备贵，需要增加预浸纱制造设备，故投资较大，此外，干法缠绕制品的层间剪切强度较低。

（2）湿法缠绕。湿法缠绕是将纤维集束（纱式带）浸胶后，在张力控制下直接缠绕到芯模上。湿法缠绕的优点为：成本比干法缠绕低40%；产品气密性好，缠绕张力使多余的树脂胶液将气泡挤出，并填满孔隙；纤维排列平行度好；湿法缠绕时，纤维上的树脂胶液可减少纤维磨损；生产效率高（达200m/min）。湿法缠绕的缺点为：树脂浪费大，操作环境差；含胶量及成品质量不易控制；可供湿法缠绕的树脂品种较少。

（3）半干法缠绕。半干法缠绕是纤维浸胶后，到缠绕至芯模的途中，增加一套烘干设备，将浸胶纱中的溶剂除去。与干法相比，省略预浸胶工序和设备；与湿法相比，可使制品中的气泡含量降低。

三种缠绕方法中，湿法缠绕应用最为普遍。干法缠绕仅用于高性能、高精度的尖端技术领域。

2. 原材料

缠绕成型的原材料主要是纤维增强材料、树脂基体和填料。

（1）增强材料。缠绕成型用的增强材料，主要是各种纤维纱，如无碱玻璃纤维纱、中碱玻璃纤维纱、碳纤维纱、高强玻璃纤维纱、芳纶纤维纱及表面毡等。

（2）树脂基体。树脂基体是由指树脂和固化剂组成的胶液体系。缠绕制品的耐热性，耐化学腐蚀性及耐自然老化性主要取决于树脂性能，同时对工艺性、力学性能也有很大影响。缠绕成型常用树脂是不饱和聚酯树脂，有时也用环氧树脂和双马来酰亚胺树脂等。对于一般民用制品，如管、罐等，多采用不饱和聚酯树脂。对压缩强度和层间剪切强度要求高的缠绕制品，则可选用环氧树脂。航天航空制品多采用具有高断裂韧性与耐湿性能好的双马来酰亚胺树脂。

（3）填料。填料种类很多，加入后能改善树脂基体的某些功能，如提高耐磨性，增加阻燃性和降低收缩率等。在胶液中加入空心玻璃微珠，可提高制品的刚性，减小密度，降低成本等。在生产大口径地埋管道时，常加入30%石英砂，借以提高产品的刚性和降低成本。为了提高填料和树脂之间的粘接强度，填料要保证清洁和表面活性处理。

3. 芯模

成型中空制品的内模称芯模。一般情况下，缠绕制品固化后，芯模要从制品内脱出。

芯模设计的基本要求：

（1）有足够的强度和刚度，能够承受制品成型加工过程中施加于芯模的各种载荷，如自重、制品重、缠绕张力、固化应力、二次加工时的切削力等。

（2）能满足制品形状和尺寸精度要求，如形状尺寸，同心度、椭圆度、锥度（脱模），表面光洁度和平整度等。

（3）保证产品固化后，能顺利从制品中脱出。

（4）制造简单，造价便宜，取材方便。

绕成型芯模材料分两类：熔、溶性材料和组装式材料。熔、溶性材料是指石蜡、水溶性聚乙烯醇型砂、低熔点金属等，这类材料可用浇铸法制成空心或实心芯模，制品缠绕成型后，从开口处通入热水或高压蒸汽，使其溶化或熔融，从制品中流出，流出的溶体（熔体），冷却后重复使用。组装式芯模材料常用的有铝、钢、夹层结构、木材及石膏等。另外还有内衬材料，内衬材料是制品的组成部分，固化后不从制品中取出，内衬材料的作用主要是防腐和密封，也可以起到芯模作用，这类材料有橡胶、塑料、不锈钢和铝合金等。

4. 缠绕机

缠绕机是实现缠绕成型工艺的主要设备，对缠绕机的要求是：能够实现制品设计的缠绕规律和排纱准确；操作简便；生产效率高；设备成本低。

缠绕机主要由芯模驱动和绕丝嘴驱动两大部分组成。为消除绕丝嘴反向运动时纤维松线，保持张力稳定及在封头或锥形缠绕制品纱带布置精确，实现小缠绕角（0~15°）缠绕，在缠绕机上设计有垂直芯轴方向的横向进给（伸臂）机构。为防止绕丝嘴反向运动时纱带转拧，伸臂上设有能使绕丝嘴翻转的机构。

我国在20世纪60年代研制成功链条式缠绕机，70年代引进德国WE-250数控缠绕机，改进后实现国产化，80年代后又引进了各种型式缠绕机40多台，经过改进后，自己设计制造成功微机控制缠绕机，并进入国际市场。机械式缠绕机类型包括以下8种。

（1）绕臂式平面缠绕机。如图5-33所示，绕臂式平面缠绕机特点是绕臂（装有绕丝嘴）围绕芯模做均匀旋转运动，芯模绕自身轴线作均匀慢速转动，绕臂（即绕丝嘴）每转一周，芯模转过一个小角度。此小角度对应缠绕容器上一个纱片宽度，保证纱片在芯模上一个紧挨一个地布满容器表面。芯模快速旋转时，绕丝嘴沿垂直地面方向缓慢上下移动，此时可实现环向缠绕，使用这种缠绕机的优点是，芯模受力均匀，机构运行平稳，排线均匀，适用于干法缠绕中小型短粗筒形容器。

（2）滚翻式缠绕机。如图5-34所示，滚翻式缠绕机的芯模由两个摇支承，缠绕时芯模自身轴旋转，两臂同步旋转使芯模翻滚一周，芯模自转一个与纱片宽相适应的角度，而纤维纱由固定的伸臂供给，实现平面缠绕，环向缠绕由附加装置来实现。由于滚翻动作机构不宜过大，故此类缠绕机只适用于制备小型制品，且使用不广泛。

（3）卧式缠绕机。如图5-35所示，卧式缠绕机由链条带动小车（绕丝嘴）作往复运动，并在封头端有瞬时停歇，芯模绕自身轴作等速旋转，调整两者速度可以实现平面缠绕、环向缠绕和螺旋缠绕，这种缠绕机构造简单，用途广泛，适宜于缠绕细长的管和容器。

（4）轨道式缠绕机。如图5-36所示，轨道式缠绕机分立式和卧式两种。纱团、胶槽和绕丝嘴均装在小车上，当小车沿环形轨道绕芯模一周时，芯模自身转动一个纱片宽度，芯模轴线和水平面的夹角为平面缠绕角,从而形成平面缠绕型,调整芯模和小车的速度可以实现环向缠绕和螺旋缠绕。轨道式缠绕机适合生产大型制品。

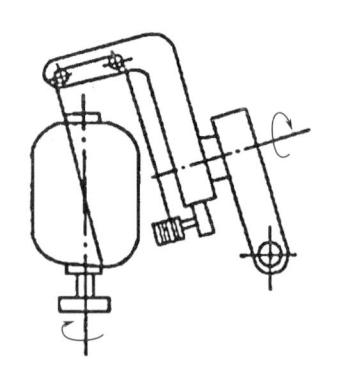

图5-33　绕臂式平面缠绕机

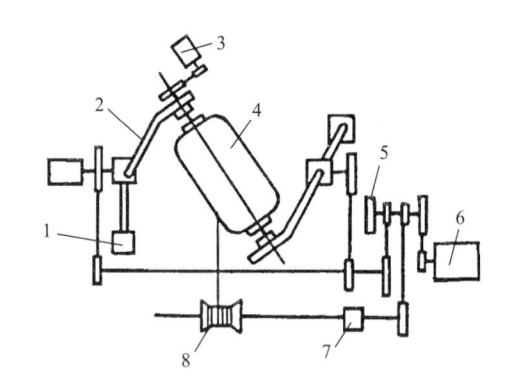

图5-34　滚翻式缠绕机

1—平衡铁　2—绕臂　3，6—电动机　4—芯模　5—制动器

7—离合器　8—纱团

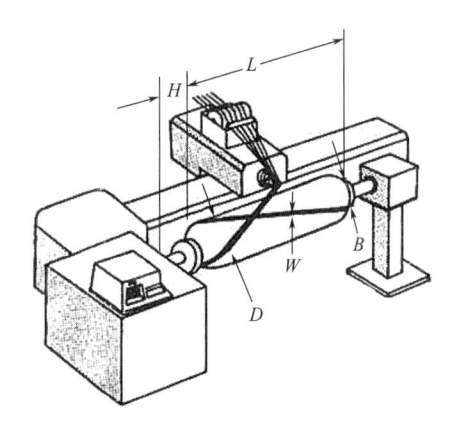

图5-35　卧式缠绕机

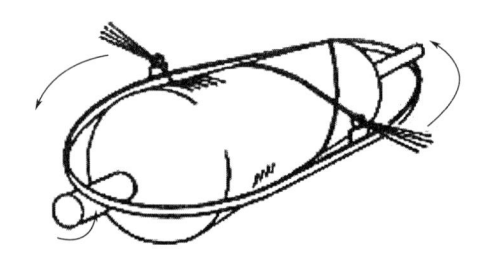

图5-36　轨道式缠绕机

（5）行星式缠绕机。如图5-37所示,行星式缠绕机的芯轴和水平面倾斜成α角（即缠绕角）。缠绕成型时,芯模作自转和公转两个运动,绕丝嘴固定不动。调整芯模自转和公转速度可以完成平面缠绕、环向缠绕和螺旋缠绕。芯模公转是主运动,自转为进给运动。这种缠绕机适合于生产小型制品。

（6）球形缠绕机。如图5-38所示,球形缠绕机有4个运动轴,球形缠绕机的绕丝嘴转动,芯模旋转和芯模偏摆,基本与摇臂式缠绕机相同,第4个轴运动利用绕丝嘴步进实现纱片缠绕,减少极孔外纤维堆积,提高容器臂厚的均匀性。芯模和绕丝嘴转动,使纤维布满球体表面。芯模轴偏转运动,可以改变缠绕极孔尺寸和调节缠绕角,满足制品受力要求。

（7）电缆式纵环向缠绕机。纵环向电缆式缠绕机适用于生产无封头的筒形容器和各种

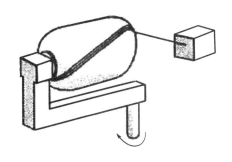

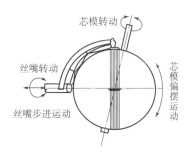

图5-37　行星式缠绕机　　　　　　　图5-38　球形缠绕机

管道。装有纵向纱团的转环与芯模同步旋转，并可沿芯模轴向往复运动，完成纵向纱铺放，环向纱装在转环两边的小车上，当芯模转动，小车沿芯模轴向作往复运动时，完成环向纱缠绕。根据管道受力情况，可以任意调整纵环向纱数量比例。

（8）新型缠管机。新型缠管机与现行缠绕机的区别在于，它是靠管芯自转，同时能沿管长方向做往复运动，完成缠绕过程。这种新型缠绕机的优点是，绕丝嘴固定，为工人处理断头、毛丝以及看管带来很大方便；多路进纱可实现大容量进丝缠绕，缠绕速度快，布丝均匀，有利于提高产品质量和产量。

5. **缠绕规律**

描述纱片均匀连续排布芯模表面以及芯模与导丝头间运动关系的规律。具体要求：纤维既不重叠也不离缝，均匀连续布满芯模表面；纤维在芯模上位置稳定，不打滑。

缠绕方式分为环向缠绕、螺旋缠绕和纵向缠绕，如图5-39所示。环向缠绕使纤维丝束与芯模夹角接近90°。芯模作匀速转动，丝束沿芯模轴线方向均匀缓慢地移动。芯模转1周，丝束沿芯模轴向移动1个纱片宽度。环向缠绕层用来承受径向载荷。螺旋缠绕使纤维与芯模轴线的夹角成15°～75°，纤维以螺旋状在芯模上反复缠绕。芯模绕轴线匀速转动，丝束沿芯模轴向按一定运动速度往返，芯模旋转速度与丝束运动速度成一定比例（速比=单位时间内芯模主轴转数/丝束往返次数），速比不同，缠绕的花样（线型）不同。纵向缠绕的纤维与芯模轴线的夹角小于15°，丝束在固定平面作等速圆周运动，每绕一周，芯模转动一个对应丝束宽度的小角度，每一周的纤维在同一平面上，又称平面缠绕，纵向缠绕层用来承受纵向载荷。

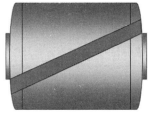

环向缠绕　　　　　　　纵向平面缠绕　　　　　　　螺旋缠绕

图5-39　缠绕方式

6．缠绕成型制品

如图5-40所示，缠绕成型的制品广泛应用于饮用水（或下水）管道、枪炮管、导弹壳体、火箭发动机壳体、汽车（或火箭、飞机）内压气瓶等。

碳纤维缠绕球形容器　　　　碳纤维缠绕异型容器　　　　　复合材料氧气瓶

图5-40　缠绕成型制品

7．案例分析

内压容器缠绕成型（图5-41）。

（1）技术要求。

容积：（4.4±0.2）L；

最大允许外径：86mm；

质量：小于4.5kg；

工作压力：200MPa；

图5-41　内压容器缠绕成型制品

常温爆破压力：大于1000MPa；

200MPa压力下的疲劳次数：大于800次；

考核试验：高温、低温、温度冲击、恒温、恒湿、水平冲击、振动。

（2）原材料。

①增强材料。增强材料的选用见表5-4。

表5-4　增强材料

牌号	单纤维直径/μm	单纤维拉伸强度/GPa	股数/股	公制支数/tex	支数不均匀率/%	胶纱强力/N	弹性模量/GPa
S71-4无捻纱	8	3	20	4.6±0.74	≤7	221.7±74	≥83

②基体树脂配方及性能。基体树脂配方及性能见表5-5和表5-6。

表5-5　基体树脂配方及性能

组分	主要指标	质量分数/%
环氧E51	环氧值：0.48	90
活性稀释剂	环氧值：0.51	10
70酸酐	相对分子质量：152，酸酐当量：76	74
苄基二甲胺	纯度98%	1

表5-6　树脂浇铸体的性能

固化制度	性能		指标
100℃—2h ↓ 150℃—2h ↓ 180℃—2h 升温速率：1~2℃/min	拉伸性能	拉伸强度/MPa	84.7
		拉伸模量/GPa	3.60
		比例极限应力/MPa	36.7
		比例极限应变/%	1.05
		断裂伸长率/%	4.0
	压缩性能	压缩强度/MPa	127.0
		压缩模量/GPa	3.96
		0.2%变形时的应力/MPa	8.87
		0.2%变形时的应变/%	2296
	弯曲性能	弯曲强度/MPa	136
		弯曲模量/GPa	3.46
	物理性能	冲击强度/（kJ·m^{-2}）	22.2
		马丁耐热温度/℃	100
		密度/（g·cm^{-3}）	1.24

（3）容器内衬。选用厚1.5mm的两向变形率较一致的含钛铝板焊接成型，直径76mm。

（4）缠绕规律选择。

速比：$i=21/5$；

缠绕角：21°40′；

纤维在容器头部的包角：167°25′；

纤维在筒体段的进角：588°35′。

（5）制造工艺。纤维缠绕采用纵向、环向交叉缠绕。纵向和环向每次缠绕层数均为2层。缠绕张力从靠近内衬的缠绕层到最外层应逐层递减。以保证纤维在整个容器壁厚方向上受到尽可能相等的预应力。为了保证在容器头部各部分充分发挥纤维强度，弥补容器头部某些部位的环向强度不足，某些纵向缠绕循环应扩大缠绕极孔。容器采用分层固化的工艺规范，以保证纤维强度的发挥；同时保证容器整个壁厚方向上含胶量的均匀性。

七、连续成型工艺

1. 拉挤成型工艺

拉挤成型工艺是生产复合材料的一种连续成型工艺。复合材料制品的连续成型工艺，是指从投入原材料开始，经过浸胶、成型、固化、脱模、切断等工序，直到最后获得成品的整个工艺过程，是在连续不断地进行。

拉挤成型工艺是将浸渍树脂胶液的连续玻璃纤维束、带或布等，在牵引力的作用下，通过挤压模具成型、固化，连续不断地生产长度不限的玻璃钢型材。这种工艺最适于生产各种断面形状的玻璃钢型材，如棒、管、实体型材（工字形、槽形、方形型材）和空腹型材（门窗型材、叶片等）等。

拉挤成型是复合材料成型工艺中的一种特殊工艺，其优点是：生产过程实现自动化控制，生产效率高；拉挤成型制品中纤维含量可高达80%，浸胶在张力下进行，能充分发挥增强材料的作用，产品强度高；制品纵、横向强度可任意调整，可以满足不同力学性能制品的使用要求；生产过程中无边角废料，产品不需后加工，故较其他工艺省工时、省原料、省能耗；制品质量稳定，重复性好，长度可任意切断。

拉挤成型工艺的缺点是产品形状单调，只能生产线形型材，而且横向强度不高。

（1）拉挤工艺用原材料。

①树脂基体。在拉挤工艺中，应用最多的是不饱和聚酯树脂，占本工艺树脂用量的90%以上，另外还有环氧树脂、乙烯基树脂、热固性甲基丙烯酸树脂、改性酚醛树脂、阻燃性树脂等。

②增强材料。拉挤工艺用的增强材料，主要是玻璃纤维及其制品，如无捻粗纱、连续纤维毡等。为了满足制品的特殊性能要求，可以选用芳纶纤维、碳纤维及金属纤维等。不论是哪种纤维，用于拉挤工艺时，其表面都必须经过处理，便于其与树脂基体黏接。

③辅助材料。拉挤工艺的辅助材料主要有脱模剂和填料。

（2）拉挤成型工艺过程。如图5-42所示，拉挤成型工艺过程是由送纱、浸胶、预成型、固化定型、牵引、切断等工序组成。无捻粗纱从纱架引出后，经过排纱器进入浸胶槽浸透树脂胶液，再进入预成型模，将多余树脂和气泡排出，再进入成型模凝胶、固化。固化后的制品由牵引机连续不断地从模具拔出，最后由切断机定长切断。在成型过程中，每道工序都可以有不同方法。如送纱工序，可以增加连续纤维毡，环向缠绕纱或用三向织物以提高制品横向强度；牵引工序可以采用履带式牵引机，也可以用机械手；固化方式可以采用模内固化，也可以用加热炉固化；加热方式可以采用高频电加热，也可以用熔融金属（低熔点金

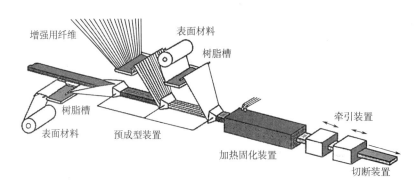

图5-42 拉挤成型示意图

属）等。

拉挤成型技术的关键在于增强材料的浸渍。目前常用的方法有热熔涂覆法和混编法。

热熔涂覆法是使增强材料通过熔融树脂，浸渍树脂后在成型模中冷却定型；混编法中，首先按一定比例将热塑性聚合物纤维与增强材料混编织成带状、空芯状等几何形状的织物；然后，利用具有一定几何形状的织物通过热模时基体纤维熔化并浸渍增强材料，冷却定型后成为产品。

（3）拉挤成型模具。一般由预成型模具和成型模具两部分组成。

①预成型模具。在拉挤成型过程中，增强材料浸渍树脂后（或被浸渍的同时），在进入成型模具前，必须经过由一组导纱元件组成的预成型模具，预成型模的作用是将浸胶后的增强材料，按照型材断面配置形式，逐步形成近似成型模腔形状和尺寸的预成型体，再进入成型模，这样可以保证制品断面含纱量均匀。

②拉挤成型模。如图5-43所示，成型模具横截面面积与产品横截面面积之比一般应大于或等于10，以保证模具有足够的强度和刚度，加热后热量分布均匀和稳定。模具长度根据成型过程中牵引速度和树脂凝胶固化速度决定，以保证制品拉出时达到脱模固化程度。一般采用钢镀铬，模腔表面要求光洁、耐磨，以减少拉挤成型时的摩擦阻力和提高模具的使用寿命。

模具设计的好坏，直接影响拉挤过程中所用牵引力大小，若牵引阻力过大，易造成机械事故。例如，因某段模具被拉毛，表面不够光滑，树脂易固化，造成牵引机履带与轮之间打滑，使玻璃纤维固化在模具中，牵引机拉不动。

图5-43 成型模具

（4）拉挤成型制品的主要应用领域。

①耐腐蚀领域。主要用于上、下水装置，工业废水处理设备、化工挡板及化工、石油、造纸和冶金等工厂内的栏杆、楼梯、平台扶手等。

②电工领域。主要用于高压电缆保护管、电缆架、绝缘梯、绝缘杆、灯柱、变压器和电动机的零部件等。

③建筑领域。如图5-44所示，主要用于门窗结构用型材、桁架、桥梁、栏杆、支架、天花板吊架等。

④运输领域。主要用于卡车构架、冷藏车厢、汽车笼板、刹车片、行李架、保险杆、船舶甲板、电气火车轨道护板等。

⑤运动娱乐领域。主要用于钓鱼杆、弓箭杆、滑雪板、撑杆跳杆、曲棍球棍、活动游泳池底板等。

⑥能源开发领域。主要用于太阳能收集器、支架、风力发电机叶片和抽油杆等。

⑦航空航天领域。如宇宙飞船天线绝缘管，飞船用电动机零部件等。

图5-44　拉挤成型在建筑领域的应用

目前，随着科学技术的不断发展，拉挤成型工艺正向着提高生产速度、可生产热塑性和热固性树脂复合结构材料的方向发展。生产大型制品，改进产品外观质量和提高产品的横向强度都将是拉挤成型工艺今后的发展方向。

（5）案例分析。玻璃钢型材——槽钢拉挤成型制备（图5-45）。

图5-45　制品

①金属模具制备。拉挤模具如图5-46所示。增强材料形式选用2400TEX玻璃纤维粗纱+短切毡。

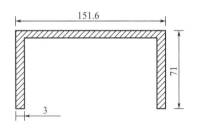

图5-46　成型用模具

②拉挤槽钢纤维用量计算。玻璃纤维无捻粗纱为2400TEX，纤维体积含量（不计短切毡所占体积）为45%。

a.计算模具横截面积。

$$A（模）=（71-3）×3×2+151.6×3=862.8（mm^2）$$

b. 计算单根玻璃纤维的横截面积 [密度=2.35g/（m³）]。

$$A（纱）=2.4/2.35/100≈1（mm^2）$$

c. 纤维在模具中所占的截面积。

$$A（纱—模）=0.45A（模）=388（mm^2）$$

d. 计算纱量。

$$N=A（纱—模）/A（纱）≈388（根）$$

e. 实际排纱量。320根（避免短切毡堵模）。

③预成型模具设计与制备。预成型模具如图5-47所示。

④拉挤工艺树脂配方。拉挤工艺树脂配方见表5-7。

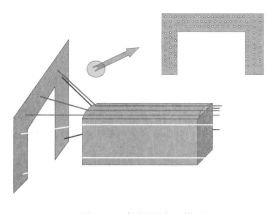

图5-47 拉挤预成型模具

表5-7 拉挤工艺树脂配方

材料体系	质量/g
196＃UP	100
内脱模油	2
硬脂酸锌	1
固化剂1	0.8
固化剂2	1.2
Al（OH）₃	25～30
蓝色色浆	2～3

⑤成型模具加热区温度设定（图5-48）。

图5-48 成型模具加热区温度设定

⑥工艺流程。制备工艺流程如图5-49所示，拉挤槽钢各部分位置如图5-50所示。

2. 挤出成型工艺

（1）挤出成型工艺特点。挤出成型是热塑性复合材料制品生产中应用较广的工艺之一。其主要特点：生产连续化，效率高，质量稳定；应用范围广；设备简单，投资少，见效快；生产环境卫生，劳动强度低；适合大批量生产。

挤出成型又叫挤塑、挤压、挤出模塑，是借助螺杆和柱塞的挤压作用，使塑化均匀的塑料强行通过模口而成为具有恒定截面和连续制品的成型方法。

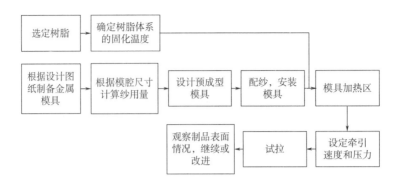

图5-49　槽钢拉挤成型工艺流程图

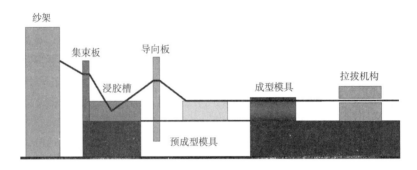

图5-50　拉挤槽钢各部分位置示意图

（2）挤出成型分类。

①按挤塑过程中成型物料塑化方式分类，分为干法挤塑和湿法挤塑。

干法挤塑是依靠电加热将固体物料转变成熔体，塑化和挤出可在同一设备上进行，挤出塑性连续体的定型只是简单的冷却操作。

湿法挤塑的物料要用溶剂将其软化，软化和挤塑在两个设备中各自独立完成，而定型处理要有脱出溶剂的操作。

②按工作时是否连续分类，可分为连续式挤出和间歇式挤出。连续式挤出所用设备为螺杆式挤出机。间歇式挤出所用设备为柱塞式挤出机。柱塞式挤出机的主要成型部件是加热料筒和施压柱塞，当其成型制品时，将一部分物料加进料筒，借助料筒的外部加热塑化并依靠柱塞的推挤将其挤出机头的模孔之外。加进的一份物料挤完后，柱塞退回，再加新的一份物料后进行下一步推挤操作。柱塞式挤出机工作是不连续的，而且无法使物料受到搅拌混合，塑化料的温度均匀性差，目前很少采用。

（3）挤出成型设备。挤出过程：将塑料加热，使之呈黏流状态，在加压的情况下，使之通过具有一定形状的口模而成为截面与口模形状相仿的连续体，再通过冷却，使其具有一定几何形状和尺寸的塑料，由黏流态变为高弹态，最后冷却定型为玻璃态，得到所需要的制品（玻璃态—黏流态—高弹态—玻璃态）。

为使成型过程顺利进行，一台挤出机一般由主机、辅机、控制系统等各部分组成，如

图5-51所示。

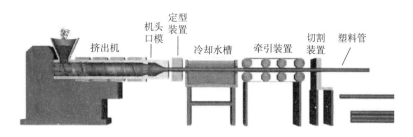

图5-51 挤出成型设备

①主机。

挤压系统：主要由料筒和螺杆组成。塑料通过挤压系统而塑化成均匀的熔体，并在这一过程中所建立的压力下，被螺杆连续、定压、定量、定温地挤出机头。

传动系统：作用是给螺杆提供所需的扭矩和转速。

加热冷却系统：作用是通过对料筒（或螺杆）进行加热和冷却，保证成型过程在工艺要求的温度范围内完成。

②辅机。

机头：使熔融塑料获得一定的几何截面和尺寸。

定型装置：作用是将从机头中挤出的塑料的既定形状稳定下来，并对其进行精整，从而得到更为精确的截面形状、尺寸和光亮的表面。通常采用冷却和加压的方法达到这一目的。

冷却装置：由定型装置出来的塑料在此得到充分的冷却，获得最终的形状和尺寸。

牵引装置：作用为均匀地牵引制品，并对制品的截面尺寸进行控制，使挤出过程稳定地进行。

切割装置：将连续挤出的制品切成一定的长度或宽度。

卷取装置：将软制品（薄膜、软管、单丝等）卷绕成卷。

③控制系统（检测和控制）。

挤出机的控制系统：由各种电器、仪表和执行机构组成。根据自动化水平的高低，可控制挤出机的主机、辅机的拖动电动机、驱动油泵、油（汽）缸和其他各种执行机构按所需的功率、速度和轨迹运行，检测、控制主辅机的温度、压力、流量，最终实现对整个挤出机组的自动控制和对产品质量的控制。

一般称由以上各部分组成的挤出装置为挤出机组。

（4）挤出成型工艺。如图5-52所示，挤出成型一般包括原料准备、挤出成型、定型与冷却等工艺过程。

①原料的准备。包括干燥、预热、着色、混入各种添加剂和废品的回收利用等。

干燥必要性：因为物料中水分和低分子物（溶剂和单体）的量如果超过允许的限度，在挤出机料筒的高温条件下，一方面会因其挥发成气体，而使制品表面失去光泽，出现气泡与银丝等外观缺陷；另一方面可能促使聚合物发生降解与交联反应，从而导致熔体的黏度出现

123

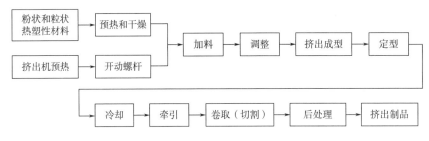

图5-52 挤出成型工艺流程图

明显的波动，不仅给成型工艺控制带来困难，而且也对制品的力学和电学性能等产生不利影响。通常含水量应控制在0.5%以下。

②挤出成型。其流程为挤出机预热—加入塑料—熔融塑化—由机头挤出成型。

③塑件的定型与冷却。冷却的目的是通过降温将形状及时固定下来。如果定型不及时，挤出物往往会在自重作用下发生变形，导致制品形状和尺寸的改变。大多数情况是，定型与冷却同时进行，定型是在限制挤出物变形的条件下通过冷却实现。挤出管、棒、异形材时设置专门的定型装置；挤出薄膜、单丝、电线电缆包覆物等时，并不需要专门定型装置；挤出板材和片材时挤出物离开模孔后，立即引进一对压平辊，也是为了定型和冷却。

冷却不匀和降温过快，都会在制品中产生内应力并使制品变形，在成型大尺寸的管材、棒材和异形材时，应特别注意。

④塑件的牵引、卷取和切割。牵引是为了帮助挤出物及时离开模孔，避免在模孔外造成堵塞与停滞，而不致破坏挤出过程的连续性，同时也为了调整型材截面尺寸和性能。牵引时应注意，在冷却的同时，连续均匀地将塑件引出，牵引速度要略大于挤出速度。不同的塑件，牵引速度不同。

卷取和切割根据用户对长度或重量要求而定。硬质型材从牵引装置送出，达到一定长度切断堆放；软质型材在卷取到给定长度或重量后切断。

（5）挤出成型工艺条件。

①温度。加料段的温度不宜过高，压缩段和均化段的温度可高一些。机头的温度控制在塑料热分解温度以下，口模的温度比机头温度可稍低一些，但要保证塑料有良好的流动性。

②压力。合理控制螺杆转速，保证温控系统的精度，以减小压力波动。

③挤出速度。单位时间内由挤出机头和口模中挤出的塑化好的物料量或塑件长度。它表示挤出能力的高低。

④牵引速度。牵引速度与挤出速度相当，可略大于挤出速度。

八、层压成型工艺

层压成型工艺，属于干法、压力成型范畴，是复合材料的一种主要成型工艺。它是将浸有或涂有树脂的相同或不同片状增强材料，以叠层方式，在加热加压的条件下，制备成两层或多层质地坚实、强度高的板状、管状、棒状或其他形状较为简单的复合材料制品的成型加工工艺。

层压成型工艺发展较早、较成熟，用这种工艺生产的制品包括各种绝缘材料板、人造木板、塑料贴面板、复合塑料板、覆铜箔层压板、玻璃钢管材等，不仅制品的尺寸精确、表面光洁、质量较好，而且生产效率较高。缺点是，目前在我国用此工序只能生产板材制品，而且规格受压机热板尺寸的限制，大于压机热板尺寸的制品目前尚不能生产。层压制品的质量控制是一个较为复杂的问题，对其工艺操作规程要求十分严格。

层压工艺主要用于生产各种规格的复合材料板材，具有机械化、自动化程度高，产品质量稳定等特点，但一次性投资较大，适用于批量生产，并且只能生产板材，且规格受到设备的限制。

如图5-53所示，层压工艺过程主要包括预浸胶布制备、胶布裁剪叠合、热压、冷却、脱模、加工、后处理等工序。

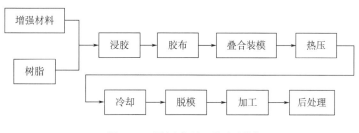

图5-53　层压成型工艺流程图

借加热、加压把多层相同或不同材料结合为整体的成型加工方法，常用于塑料加工，也用于橡胶加工。在塑料加工中，对于热塑性塑料，层压常把压延好的塑料片材叠压成整块板材；可在压延机上把刚形成的塑料薄膜和织物贴合，层压成人造革类产品；也可在挤压机后，用一组滚筒把挤出的塑料平膜与纸张或其他塑料薄膜相贴合，层压成复合薄膜，用作包装用高分子材料。对于热固性塑料，层压是制造增强塑料和制品的一种重要方法。把浸有合成树脂的增强材料，如纸张、织物、玻璃布、特种纤维等，层叠起来，加热、加压，即可得各种层压制品（图5-54）。

层压按其加工压力分为高压法和低压法。

（1）高压法的加工压力大于1.4MPa。所用胶黏剂为酚醛树脂、脲醛树脂、环氧树脂等。生产设备主要是浸渍树脂溶液及干燥用浸胶机，压制和熟化用的多层液压机。主要制品有层压板、管和棒以及覆铜箔板等。以酚醛树脂、环氧树脂黏结的层压材料，多用于电气、机械工业；以脲甲醛树脂黏结的层压材料，多用作装饰材料；覆铜箔板用作电工印刷线路板。

（2）低压法的加工压力小于1.4MPa，制品

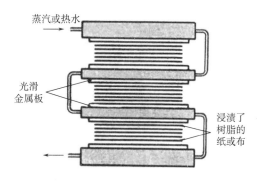

图5-54　层压成型

在强度和外观上，虽不如高压法，但可制造大型制品。低压法最常用的是接触成型，在预先涂好脱模剂的模具上，将玻璃布或玻璃毡或其他增强材料用树脂（如不饱和聚酯）一层层贴至所需厚度，经硬化处理后，修整即得制品。这种方法可以制造玻璃钢的游艇和容器等。

第三节　纺织复合材料预制件

以纤维束为复合材料的增强体时，将纤维束按照一定的交织规律加工成二维或三维形式的纺织结构，使之成为柔性的、具有一定外形和内部结构的纤维集合体，称为纺织复合材料预制件。根据不同的加工方法，纺织复合材料预制件中的纤维取向和交织方式具有完全不同的特征，导致其所体现出的性能存在明显的差异。为此，纺织复合材料通常在其名称前加制备方法以示区别，如机织复合材料、针织复合材料、编织复合材料等。根据纺织结构的几何特征，纺织复合材料预制件有二维和三维两种形式。

一、二维纺织复合材料预制件

由于纤维或纱线的交织或缠结，纺织结构在平面的两个正交方向上的尺寸远大于其在厚度方向上的尺寸，以此为增强形式所获得的复合材料称为二维纺织复合材料。根据基本的织物结构特征，二维纺织复合材料预制件可分为二维机织结构、二维针织结构、二维编织结构、二维非织造结构等。

1. 二维机织结构

传统的二维机织结构是由两个相互垂直排列的纱线系统按照一定的规律交织而成。其中，平行于织物布边、纵向排列着的纱线系统称为经纱；与之相垂直、横向排列的另一个纱线系统称为纬纱。机织物经纬纱相互交织的规律和形式，称为织物组织。织物组织的种类繁多，用作复合材料的多为基本织物组织，即平纹组织、斜纹组织和缎纹组织，如图5-55所示。

(a) 平织　　　　　(b) 斜纹组织　　　　　(c) 缎纹组织

图5-55　二维机织物基本组织

二维机织物是将经纬纱线按织物的组织规律在织机上相互交织形成的，织机基本结构如图5-56所示。织机主要完成5大运动，即开口、引纬、打纬、送经、卷取。典型的织机工作流程为：织轴上的经纱绕过后梁，经绞杆或经停装置后，在前方分成上、下两层，形成梭口，引纬器将纬纱引入梭口，上、下层经纱闭合并进一步交换位置，同时钢筘将纬纱推向织口，使经纬纱相互交织，初步形成织物。织轴不断放送适量的经纱，卷取辊及时将织物引离织口，使织造过程持续进行。

织机种类很多，按引纬方式分为有梭织机和无梭织机；根据经纱开口方式，分为凸轮开口织机、连杆开口织机、多臂开口织机、提花开口织机、平型多梭口织机和圆型多梭口织机；根据可加工的织物幅宽的宽狭和织物单位面积重量的大小，又可分为宽幅织机、狭幅织机和轻型织机、中型织机、重型织机等。

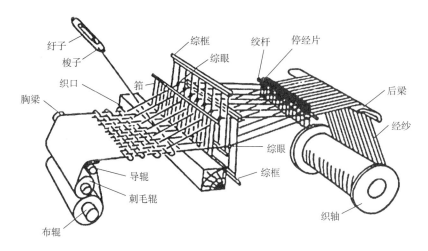

图5-56　有梭织机基本结构图

传统机织物只有互相垂直的经纬两系统纱线交织形成，在一些产业用纺织品中，也会用到非垂直交织的两系统纱线构成的织物，如图5-57所示。只有两系统纱线的织物也称双轴向织物，这类织物在受到非轴向的拉伸或者剪切作用力时很容易变形，如图5-58所示。为增强机织物多向拉伸力作用下的形态稳定性，还开发出由三组纱线斜交的三轴向机织物，如图5-59所示，由于具有三个方向的纱线彼此呈60°交织，成为一种准各向同性织物，其结构对称，尺寸稳定性大大增强，具有优秀的撕裂强度和顶破强度，用于飞艇、降落伞、气垫船、热气球、安全气囊、帆船等场合。

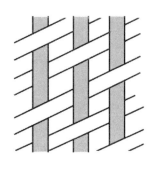

图5-57　二轴向斜交机织物示意图

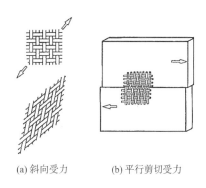

(a) 斜向受力　　　(b) 平行剪切受力

图5-58　双轴向机织物的拉伸变形

图5-59 三轴向机织物示意图

2. 二维针织结构

二维针织结构是由一系列纱线线圈相互串套联结而成，其基本单元为线圈。由于存在大量容易变形的线圈，即使不发生纱线的伸长，针织物也具有强大的变形能力。这种结构变形能力一方面使针织物具有良好的形状适应性，可以在不发生褶皱的情况下完全覆盖较复杂形状的模具，但另一方面却降低了纤维对复合材料的增强效果，特别是降低了增强结构对复合材料模量的贡献。

根据形成线圈方式的不同，针织物可分为纬编针织物和经编针织物两种形式，如图5-60所示。纬编针织物由一根（或多根）纱线在织物的横向（纬向）顺序弯曲成圈，相邻的横列线圈相互串套而成。经编针织物由多根纱线沿织物纵向（经向）同时弯曲成圈相互串套而成，同一根纱线所形成的线圈轮流排列在相邻的两个或多个纵行线圈中。

经编和纬编针织物都可以用作复合材料的增强结构，特别是作为柔性复合材料的增强结构。针织物具有良好的柔韧性以及良好的复合材料成型性能，但由于织物中存在大量的线圈，用其制成的复合材料的纤维体积分数较低。

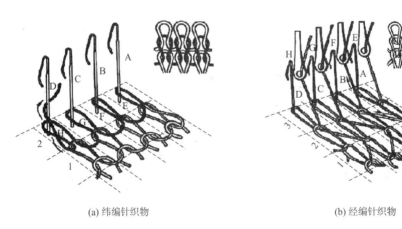

(a) 纬编针织物　　　　　(b) 经编针织物

图5-60 针织物基本组织

针织物的生产依靠各类针织机，针织机通常是指利用织针把纱线编织成线圈，并相互连接串套起来的机器，分为纬编针织机和经编针织机。

纬编针织机分为圆机（织针呈圆形排列）和横机（织针呈水平排列），如图5-61所示。圆机织针密度高、车速快、生产效率较高，主要用于生产各种结构的针织坯布和圆筒形织物。横机织针密度较低，主要用来编织纱线较粗的毛衫衣片、围巾、鞋面等。横机的一大优势是可以生产异形针织物，电脑横机的全成型编织技术是针织技术发展的方向之一。

经编机主要有特里科经编机和拉舍尔经编机，如图5-62所示。特里科经编机织针与被牵拉坯布之间的夹角一般在90°～115°。其梳栉数较少，多数采用复合针或钩针，机号和机速较高，产品侧重于轻薄型织物和装饰织物的生产。拉舍尔经编机织针与被牵拉坯布之间的夹角一般在130°～170°，多采用复合针或舌针进行编织，与特里科经编机相比，其梳栉数较多，机号和机速相对较低，产品侧重于提花织物和中厚型的织物生产。

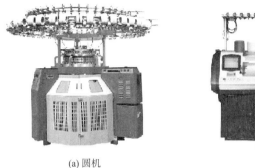
(a) 圆机

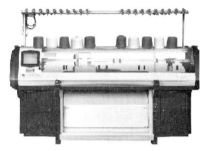
(b) 横机

图5-61　纬编针织机

(a) 特里科经编机

(b) 拉舍尔经编机

图5-62　经编针织机

3.　二维编织结构

编织技术和机织技术一样是一门古老的技艺，虽然在传统纺织加工中它并不是一种主要的生产工艺，但随着复合材料的发展，编织逐渐成为生产纺织预制件的一种非常重要的方法。

编织是由三根及以上的纱线按不同的规律同时运动，相互交织，编织纱始终与织物成型方向呈一定角度排列，这个角度称为编织角。编织物与传统二轴向机织物的区别在于机织物的纱线与织物的成型方向平行或者垂直，三轴向机织物也至少有一组纱线与织物成型方向是垂直的。常见的二维编织物如图5-63所示，它很像是机织物的组织图旋转了一定的角度。

(a) 平纹编织结构

(b) 方平编织结构

(c) Hercules编织结构

图5-63　常见的二维编织组织

基本的编织物组织仍为二轴向织物，在受到纵向或者横向的拉伸力时，面内会发生明显的剪变形，变截面的圆形编织时，编织纱可以贴合在轴芯上，生产"净型"的预制件产品，如图5-64所示，这是编织产品的一种独特能力。为改善编织产品的力学性能，可以引入轴向纱，编织纱对轴向纱形成握持，轴向纱在织物中保持直线，提高了编织材料的轴向力学性能，如图5-65所示。

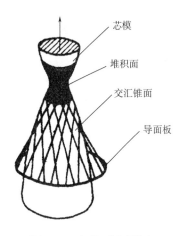

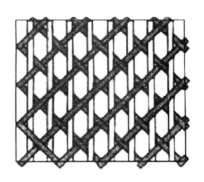

图5-64　变截面圆形编织　　　　　　　图5-65　二维三轴向编织物结构图

编织可以分为圆形编织和平面编织，这两种编织工艺的织物厚度不会超过三倍的纱线直径，被归类为二维编织物。

圆形编织一般只有一个纱线系统，纱管安放在载纱器上，载纱器排布在封闭的"8"字形轨道盘上，如图5-66所示，编织纱分成两组，一组绕机器中心顺时针回转，一组绕机器中心逆时针回转，如图5-67所示。为了保证两组纱线相互交织，在一些纱管向着机器中心运动时，另一些纱管则向着远离机器中心方向运动，同时这些纱管围绕着机器中心做圆周运动，从而编织在一起。

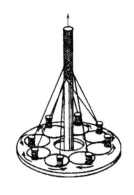

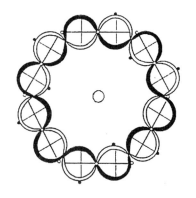

图5-66　二维圆形编织机　　　　　　图5-67　圆形编织的纱线运动轨迹
（黑白轨迹运动方向相反）

平面编织的"8"字轨道不封闭，当载纱器到达循环的断点时，从一个"8"字轨道转至另一个"8"字轨道，再绕回，如图5-68所示。因此纱线在到达织物的边缘后，会改变原来的运动方向，如此反复，形成平面编织预制件。

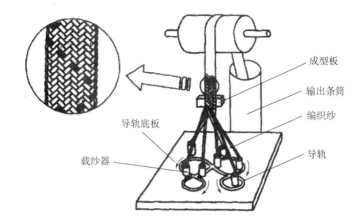

图5-68 平面编织工艺原理

4. 二维非织造结构

非织造织物又称无纺布，是指由定向或随机排列的纤维通过摩擦、抱合或黏合等一种或多种方法组合加工而相互结合制成的片状物、纤网或絮垫。非织造织物可用原料广泛，可以是各类天然纤维、化学纤维或无机纤维等，对原料形态要求也较低，可以是短纤维、长丝或各类纤维状物。

非织造与传统针织及机织差异很大，非织造主要是让纤维在单纤维状态下成为纤网，再通过机械加固、化学加固、黏合剂加固等方法使纤网实现各向结构稳定。因此，非织造织物的制造有两个主要步骤：纤维成网和纤网固结。

（1）纤维成网。纤维成网是指将纤维分梳后形成松散的纤维网结构。成网的好坏直接影响外观和内在质量，同时成网工艺也会影响生产速度，从而影响到成本和经济效益。按照纤维成网的方式，可分为干法成网、湿法成网和聚合物直接成网（纺丝成网）。

①干法成网。干法成网非织造织物的成网过程是在纤维干燥的状态下，利用机械、气流、静电或者上述方式组合形成纤维网。如图5-69所示为梳理成网的工艺原理示意图。

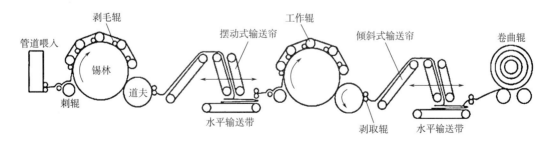

图5-69 梳理成网工艺原理示意图

②湿法成网。湿法成网非织造织物的成网类似于造纸的工艺原理，是在以水为介质的

条件下，使得短纤维均匀悬浮于水中，并借水流作用，使纤维沉积在透水的帘带或多孔滚筒上，形成湿的纤网。

③聚合物直接成网。聚合物直接成网非织造织物是利用聚合物挤压纺丝的原理，采用高聚物的熔体或溶液通过熔融纺丝、干法纺丝、湿法纺丝形成长丝或短纤维，再将纤维在移动的传送带上铺放形成连续的纤维网。静电纺丝成网主要是在静电场中使用液体或熔体拉伸成丝，再收集纤维成网。

（2）纤网固结。通过上述方式形成的纤维网，其强度很低，还不具备使用价值。由于非织造物不像传统的机织物或针织物等，纱线之间依赖交织或相互串套而联系，所以加固也就成为使纤维网具有一定强度的重要工序。加固的方法主要有机械加固、化学黏合和热黏合。

①机械加固。机械加固指通过机械方法使纤维网中的纤维缠结或用线圈状的纤维束或纱线使纤维网加固，如针刺、水刺和缝编法等，针刺和水刺成网如图5-70所示。

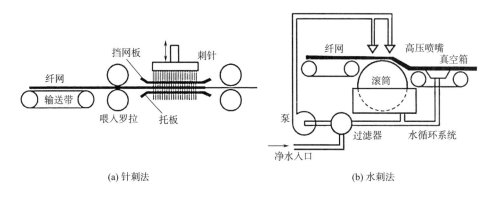

(a) 针刺法 (b) 水刺法

图5-70 机械固网工艺原理示意图

②化学黏合。化学黏合是指首先将黏合剂以乳液或溶液的形式沉积于纤维网内或纤维网周围，再通过热处理，使纤维网内纤维在黏合剂的作用下相互黏结加固。黏合剂可通过喷洒、浸渍或印花、泡沫浸渍等方式施加于纤网表面或内部。不同方法所得非织造织物在柔软、蓬松、通透性等方面有较大的差别。

③热黏合。热黏合是指将纤网中的热熔纤维或热熔颗粒在交叉点或轧点受热熔融固化后使纤维网加固，又分为热熔法和热轧法。

经非织造方法所加工的纤网，由于纤维排列的随机性，使非织造结构具有比其他纺织结构较明显的各向同性；同时，从加工成本和效率等方面来看，非织造织物的加工工艺和产品也具有竞争优势。但是，若对复合材料的力学性能有较高的要求，或者若强调材料性能的可设计性，通常不选用非织造结构。

二、三维纺织复合材料预制件

对于三维纺织结构而言，厚度方向（Z向）上的尺寸和纤维交织形式不可忽略。在厚度方向上引入纱线而形成立体的纤维交织结构，从而获得优秀的结构整体性，是三维纺织结构特点。根据基本的织物结构特征，三维纺织复合材料预制件也可划分为三维机织结构、三维针织结构、三维编织结构等。各种类型的材料所体现的性能也因纤维交织方式的不同而各具特点。

1. 三维机织结构

在二维机织物的基础上，可以根据需要将多层二维机织物用树脂分层黏合，从而制成重量轻、强度高、刚性好的复合材料。既可以制成板材，也可以根据模具一次成型。然而分层固结的复合材料缺乏整体性，在承受交变弯曲应力和剪切应力时容易在层合处开裂。利用机织的方法，直接织出三维骨架，再制成复合材料，是复合材料的发展方向。它可以简化生产工艺，提高构件的整体性，可以从根本上解决分层黏合造成的层间开裂现象。

（1）根据纱线交织规律分类。根据纱线交织规律的不同，二维机织物基础组织可分为平纹、斜纹和缎纹，由这3种基础组织变化组合，又可衍生出多种多样的复杂组织。同理，三维机织物的基础组织包括正交、角联锁和多层接结3种，由这3种组织变化组合，又可衍生出各种复杂组织结构的三维机织物。

三维机织物是通过接结纱将多层织物连接在一起构成，接结纱又称捆绑纱、Z向纱，根据接结方式又可分为经纱接结和纬纱接结，用于连接各层织物的那部分经（纬）纱称为接结经或接结纬。

严格意义上，如果接结纱不发生厚度方向的贯穿，只是穿过若干层经纱和纬纱，在层与层之间进行连接，这种多层机织物被称为2.5D机织物。但为了表述上的方便，下面的内容中并未加以严格区分。

根据接结纱与经纱层、纬纱层交织方式和倾斜角度的不同，正交组织又分为整体正交和层间正交（图5–71），角联锁组织分为整体角联锁和层间角联锁（5–72）。改变经纱和纬纱的层数、接结纱的浮长和分布，就可得到各种正交结构和角联锁结构。

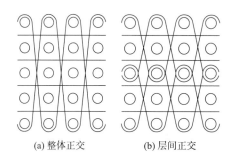
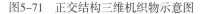

(a) 整体正交　　　　(b) 层间正交

图5–71　正交结构三维机织物示意图

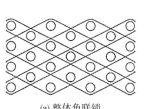

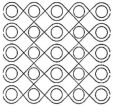

(a) 整体角联锁　　　(b) 层间角联锁

图5–72　角联锁结构三维机织物示意图

多层接结主要为经纱接结，接结方式大体分为两类：捆绑纱接结和自身经纱接结，如图5–73所示。

（2）三维机织物的其他分类方式。根据织物结构特征的不同，可将三维机织物分为平板状实心织物和具有复杂结构的中空状织物；根据织物截面形状的不同，三维机织物可分为型材织物、多孔织物、管状织物和三维壳体结构织物4大类，如图5-74所示。

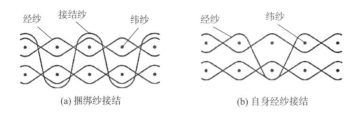

(a) 捆绑纱接结　　　　　　　(b) 自身经纱接结

图5-73　多层接结三维机织物示意图

图5-74　多种三维机织物

除层状三维机织物外，还有间隔结构的机织物，它是织两个平行的平面织物结构之间由一组垂向的接结纱（或织物）相连接的织物。间隔纱多为较粗的单丝，呈"8"字形或正反S形，如图5-75所示。间隔织物的间隔空间不同于海绵或泡沫材料中的微小孔隙，它是由众多纱线（或单丝）在沿垂直于织物的方向上按一定规律支撑起来的大空间。具有良好的透气性、抗压性、回弹性，可用各类家居和体育用品的垫类产品、帐篷等。

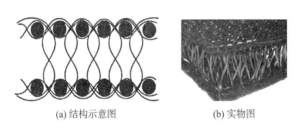

(a) 结构示意图　　　　　　　(b) 实物图

图5-75　机织间隔织物

三维织物既可以在传统织机上织造，也可在改进的传统织机上制造。例如，将单织口改为多织口织造，可以显著提高织造效率，并有效减少织造过程中经纱的磨损。采用多经轴或筒子架供纱，可以更有效地控制经纱张力。可以开发专用织机，织造某一种结构的三维织物。例如，采用圆织机直接织造管状织物，可以避免采用平面法织造碳纤维管状织物时，因压扁给碳纤维造成的损伤。

2. **三维针织结构**

三维针织物主要有两种形式，一是多层双（多）轴向衬线经编织物，利用经编线圈将多层铺设的纤维束捆绑而成。二是利用间隔纱将两块作为面板的针织物以一定的间距固定而成的间隔针织物。

双轴向衬线经编织物是在一块经编织物中插入经纬纱线（衬经、衬纬），插入的纱线通常是刚性的高性能纤维，这样衬经和衬纬由线圈固定，衬经和衬纬则完全伸直，使纱线的强度得到充分利用。而多轴向衬线经编织物是在衬经衬纬的基础上，在两对角线方向再衬入两组偏轴纱，使剪切力由偏轴纱承受，从而弥补双轴织物易剪切变形的弱点，双轴向和多轴向经编织物的结构如图5-76所示。

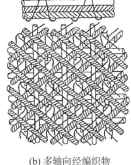

(a) 双轴向经编织物　　　　　　(b) 多轴向经编织物

图5-76　双轴向和多轴向衬线经编织物

双轴向衬线经编织物的加工示意图如图5-77所示。衬经纱由一满穿的梳栉（特殊情况下也可非满穿）始终在同一针间隙内摆动而被衬入，该组经纱将自由地浮于织物的正面。衬纬纱由纬纱喂入单元平铺在织物宽度方向上，进入织造区域后，衬纬纱总是垫在织针的背后，如图5-78所示。同时穿入束缚纱的梳栉或者在两列线圈上轮流垫纱，形成经平结构；或者不横移，形成编链结构，从而将衬入的经纬纱用线圈捆绑在一起。

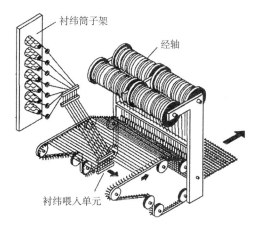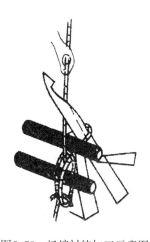

图5-77　双轴向衬线经编加工示意图　　　　图5-78　经编衬纬加工示意图

135

多轴向衬线经编织物具有结构稳定性好、纱线强度利用率高的优点，但在经编机上加工时，衬线只限于4层，使制品厚度受到限制。采用多轴向衬线缝编加工技术，可以铺放6层以上的纱线，成品厚度大大提高。采用此种方式，织针刺穿多层织物时，对纱线会有所损伤，但与经编方式比较，缝编具有操作简单、生产效率高、用纱管数较少的优点，适用于加工玻璃纤维复合材料。多轴向衬线缝编织物的加工如图5-79所示。

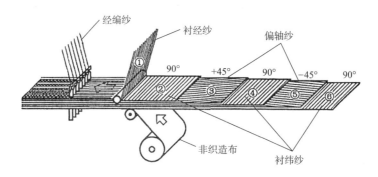

图5-79 多轴向衬线缝编织物生产装置示意图

经编间隔织物是在双针床拉舍尔经编机上，将两个针织物面层用纱线连接而构成的夹芯织物，它至少需要两个面层纱线系统和一个间隔纱系统。间隔纱通常使用较粗的单丝，它贯穿于两个织物面层之间，并在其间形成一个间隔层，如图5-80所示。根据产品要求，两个织物面层可以有不同的密度或花型组织。经编间隔织物和机织间隔织物的用途类似，只是制造方法属于不同的加工体系，经编间隔织物的两个织物面通常都是网眼结构，有更好的透气性。

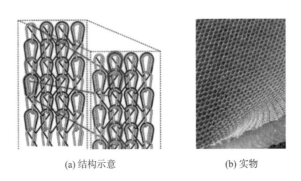

(a) 结构示意　　　　　　　　(b) 实物

图5-80 经编间隔织物

3. 三维编织结构

三维编织是从二维编织发展起来的，但在机器构造、编织原理和织物结构方面，两者有着很大的不同。三维编织所织造的织物厚度至少是编织纱直径的3倍，而且是一个不分层的整体结构，即在织物厚度方向上必然有编织纱通过并且交织，因此三维编织复合材料在厚度方向上的性能就会比二维编织复合材料有明显的优越性。

三维编织机从骨架形状上大体上分成方形编织机及圆形编织机两类。方形编织机可以编织截面为矩形组合的骨架，圆形编织机可以编织截面为圆形的骨架。一般说来，编织纱在机器底盘上的排列方式决定了最终骨架截面的形状，例如，需要编织一个截面为"工"字形的骨架，应当在机器的底盘上将编织纱排列成"工"字的形状。

基本的三维编织如图5-81所示。它只有一个纱线系统，即编织纱系统，编织纱沿织物成型的方向排列。编织物的编织成型主要是通过携纱器在机器底盘上按一定的规律运动，带动纤维束或纱线产生相互位移或错位，使纱线相互交织形成一个不分层的整体三维结构织物。编织过程中，每根纱线都在织物中按不同的路径通过长、宽、厚3个方向，且都不与织物成型方向平行。同时，可以平行于织物成型方向加入一组轴向纱线系统，轴纱不参与编织，保持伸直状态，从而提高轴向的力学强度。

三维编织有多种方案，其中最主要的是四步法三维编织和二步法三维编织。

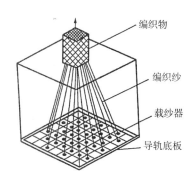

图5-81　四步法三维编织示意图

（1）四步法三维编织。编织时，纱线在机器上的排列方式经过四个机器步骤后又恢复到原来的排列方式，即四个机器运动步骤为一个循环，故称四步法三维编织。

①四步法矩形编织。如图5-82所示为编织横截面为矩形的预制件时，编织纱在机器底盘上的运动方式。方框内的编织纱按行和列排列成一个矩形，这部分称为主体部分。在主体部分外面，即图中方框外面，再间隔排列边纱。边纱在排列时没有特定的规则，但要保证有主体纱和边纱所形成的每一行（或每一列）上的纱线根数要和另一行（或另一列）上的纱线相同。在编织过程中，由于纱线的运动，每根编织纱在某一时刻可能是主体纱，而在另一时刻则可能是边纱。

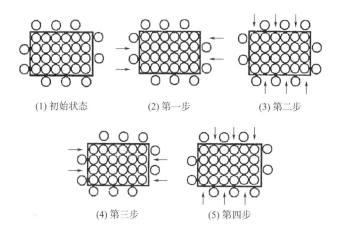

图5-82　四步法矩形截面预制件的编织步骤

②四步法圆形编织。如图5-83所示为编织一横截面为圆环状预制件时编织纱在机器底盘上的排列和运动方式。所有编织纱均沿圆周和直径方向排列。图中最大与最小两个圆环之

间的纱线称为主体部分。在主体部分中，编织纱按不同直径的圆周排列，这些圆周均为同心圆。同时，处在不同圆周的纱线又按直径方向排列，而且要求每个圆周上的纱线根数相等。一般每一个圆周称为一层，每一层上的纱线数称为圆形编织的列数。在主体部分的外面和里面，沿着列的方向也即沿着直径的方向再间隔排上编织纱，这部分编织纱称为边纱。边纱的排列要保证由主体纱和边纱构成的每一列上的纱线根数应与其他列上的纱线根数相同。同时，边纱要间隔排列。在编织过程中，由于纱线的运动，每一根编织纱在某一时刻也可能作为边纱。每根纱线既可以沿着径向向内或向外运动，也可以沿着圆周方向做顺时针或者逆时针运动。

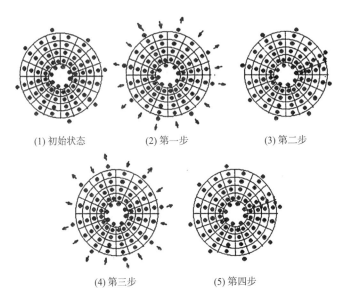

(1) 初始状态   (2) 第一步   (3) 第二步

(4) 第三步   (5) 第四步

图5-83   四步法圆形截面预制件的编织步骤

（2）二步法三维编织。二步法三维编织是一种比较新的编织技术，运动机构少，而且不需要打紧机构，能很容易地实现编织过程的自动化。二步法三维编织的形式如图5-84所示，从表面上看，它和四步法很相似，所有的纱线都沿着织物成型的方向排列，但二步法有两个基本纱线系统。一个纱线系统是轴纱，轴纬排列的方式决定了所编织预制件的机截面形状，它构成了纱线的主体部分，轴纱在编织过程中是伸直和不动的；另一个纱线系统是编织纱，编织纱位于轴纱所形成的主体纱的周围。在编织过程中，编织纱按一定的规律在轴纱之间运动，这样编织纱不但相互交织，而且把轴纱捆绑起来，从而形成不分层的三维整体结构。在编织过程中，纱线在机器上的排列形式经过两个机器运动步骤后又恢复到初始状态，即两个机器运动步骤为一循环，故称为二步法三维编织。

二步法编织和四步法编织一样，所形成的织物也是三维整体结构。同样可以编织出各种异形体，也可分为矩形编织和圆形编织两种基本方式。二步法编织的特点是：由于轴纱在所有纱线中的比例很大，而且沿同一方向排列（即沿织物成型方向排列）在编织过程中，轴纱保持不动和伸直状态，因此由二步法编织的骨架在这个方向上具有优良的性能。另外，在二步法三维编织中只有编织纱运动，而且编织纱在纱线中的比例较小，即运动的纱线较少，这

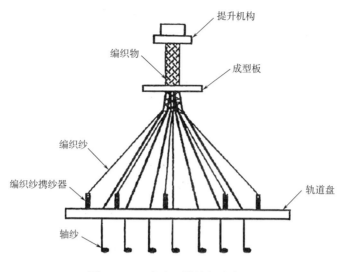

图5-84 二步法三维编织示意图

便于实现编织的自动化。

①二步法矩形编织。如图5-85所示为编织一横截面为矩形的骨架时，纱线在机器底盘上排列及运动的方式。图中"●"为轴纱，"○"为编织纱。轴纱的排列为：相邻排上的轴纱交错排列，而且彼此相差一根纱线，最外边应是排有轴纱根数多的轴纱排。编织纱排列在轴纱所形成的主体纱的外面，并且是间隔排列，由行转到列时，编织纱也必须间隔排列。

②二步法圆形编织。如图5-86所示为编织一横截面为圆环的骨架时，纱线在底盘上的排

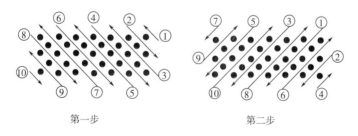

第一步　　　　　　　　　　第二步

图5-85 二步法矩形编织

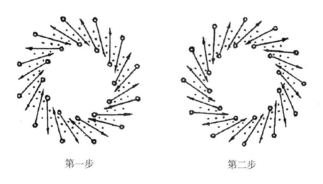

第一步　　　　　　　　　第二步

图5-86 二步法圆形编织

列及运动形式。图中图中"●"为轴纱，"○"为编织纱。轴纱排列在不同直径的同心圆的圆周上，每一圆周称为一层，各圆周上的纱线根数相等，但相邻圆周上的纱线交错排列。编织纱间隔排列在轴纱形成的圆环的内部和外部，同一半径上只能有一根编织纱。

第六章　陶瓷基复合材料成型与性能

陶瓷材料是一种脆性材料，在制备、机械加工以及使用过程中，容易产生一些内在和外在缺陷，导致陶瓷材料发生灾难性破坏，严重限制了陶瓷材料应用的广度和深度，因此，提高陶瓷材料的韧性成为影响陶瓷材料在高技术领域中应用的关键。

陶瓷基复合材料的制备方法可以分为粉末烧结法、气相析出法、有机高分子材料合成法、液态基体复合法、自蔓延燃烧合成法、等离子体喷射法以及电解析出法等。按照基体材料、强化相、制备方法的不同，陶瓷基复合材料的制备工艺不同。各种陶瓷基复合材料的制备工艺如图6-1所示。

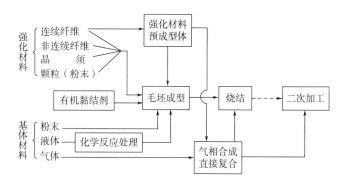

图6-1　陶瓷基复合材料的制备工艺

第一节　连续纤维增强陶瓷基复合材料制备工艺

连续纤维增强陶瓷基复合材料（continuous fiber reinforced ceramic matrix composites，简称 CFCC）是将耐高温的纤维植入陶瓷基体中形成的一种高性能复合材料。由于其具有高强度和高韧性，特别是具有与普通陶瓷不同的非失效性断裂方式，使其受到世界各国的极大关注。连续纤维增强陶瓷基复合材料已经在航天航空、国防等领域得到广泛应用。

一、增韧机制

连续纤维增强陶瓷基复合材料的增韧机制包括基体预压缩应力、裂纹扩展受阻、纤维拔出、纤维桥联、相变增韧、裂纹偏转和微裂纹增韧。

（1）基体预压缩应力。当纤维的轴向热膨胀系数高于基体的热膨胀系数（$\alpha_f > \alpha_m$）时，复合材料由制备高温冷却至室温（或使用温度）后，基体会产生与纤维轴向平行的压缩内应力。当复合材料承受纵向拉伸载荷时，此残余应力可以抵消一部分外加应力而延迟基体开裂。

（2）裂纹扩展受阻。当纤维的断裂韧性比基体的断裂韧性大时，基体中产生的裂纹垂直于界面扩展至纤维，裂纹可以被纤维阻止甚至闭合。因为纤维受到的残余应力为拉应力，具有收缩趋势，所以可使基体裂纹压缩并闭合，阻止了裂纹扩展。

（3）纤维拔出。具有较高断裂韧性的纤维，当基体裂纹扩展至纤维时，产生应力集中，导致结合较弱的纤维与基体之间的界面解离，在进一步应变时，将导致纤维在弱点处断裂，随后纤维的断头从基体中拔出。在纤维断裂和纤维拔出机制中，以纤维断头克服摩擦力从基体中的拔出机制消耗能量的效果最为显著。

（4）纤维桥联。在基体开裂后，纤维承受外加载荷，并在基体的裂纹面之间架桥。桥联的纤维对基体产生使裂纹闭合的力，消耗外加载荷做功，从而增大材料的韧性。桥联基体断裂面的纤维，当其断头与基体断裂面的距离小于临界纤维长度的$l/2$（$l_c/2$）时，纤维则会被刚性拔出；当纤维断头与基体断裂面的距离大于$l_c/2$时，纤维将在临界抗拉强度（σ_{fc}）的应力的作用下被拉断，长度小于$l_c/2$的纤维断头被拔出。

（5）相变增韧。基体中裂纹尖端的应力场引起裂纹尖端附近的基体发生相变，也称应力诱导相变。当相变造成局部基体的体积膨胀时，它会挤压裂纹使之闭合。例如，四方氧锆多晶体（TZP）在应力诱导下相变为单斜相氧化锆时，发生体积膨胀，产生增韧效果。

（6）裂纹偏转。裂纹沿着结合较弱的纤维/基体界面弯折，偏离原来的扩展方向，即偏离与界面相垂直的方向，因而使断裂路径增加。裂纹可以沿着界面偏转，或者虽然仍按原方向扩展，但在越过纤维时产生了沿界面方向的分叉。如图6-2所示为陶瓷基复合材料中裂纹的偏转。原始状态基体被界面结合力固定［图6-2（a）］；施加外力，基体萌生裂纹并沿垂直于纤维/基体界面的方向开始扩展，到达界面时，裂纹被阻止［图6-2（b）］；纤维/基体界面结合弱，由于基体剪切和纤维、基体的横向收缩，使界面解离［图6-2（c）］；裂纹偏转至界面方向，经过弛豫后裂纹又重新沿原方向扩展［图6-2（d）］；纤维在其弱点处断裂；纤维断头克服界面摩擦阻力从基体中拔出［图6-2（e）］。

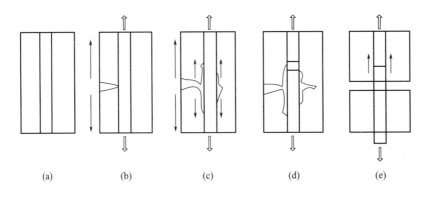

| (a) | (b) | (c) | (d) | (e) |

图6-2　基复合材料中的裂纹偏转

（7）微裂纹增韧。利用相变过程中的体积膨胀，在基体中引起微裂纹，使主裂纹遇到微裂纹或进入微裂纹区后，转化成一系列小裂纹而吸收能量。

纤维与基体界面解离、裂纹偏转和纤维拔出等耗能机制，与纤维和基体之间的界面结合强弱密切相关。对纤维与基体之间界面相的要求、控制和表征，以及如何在复合材料制备工艺中进行检测以实现这些要求，均是陶瓷基复合材料当前研究的热点与关键问题。

二、选材原则

复合材料的性能受基体、纤维增强体和界面结合情况的影响。从基体方面看，与气孔的尺寸及数量，裂纹的大小以及其他缺陷有关；从纤维方面来看，则与纤维中的杂质、纤维的氧化程度、损伤及其他固有缺陷有关；从基体与纤维的结合情况上看，则与界面及结合效果、纤维在基体中的取向，以及载体与纤维的热膨胀系数差有关。

1. 陶瓷基体和纤维应该满足结构件的使用环境

连续纤维增强陶瓷基复合材料的使用环境条件包括工作最低温度、最高温度、湿度、工作介质的腐蚀性等。纤维增强陶瓷基复合材料的性能取决于多种因素，如基体、纤维及二者之间的结合等。

2. 陶瓷基体和纤维间弹性模量的匹配

如果复合材料在拉伸过程中，纤维与基体界面不发生滑移，复合材料的应变与基体和纤维的应变相等，则有：

$$\varepsilon_c = \varepsilon_m = \varepsilon_f = \frac{\sigma_m}{E_m} = \frac{\sigma_f}{E_f} \tag{6-1}$$

式中：σ 为拉伸应力；E 为弹性模量；ε 为拉伸应变；下标 c、m 和 f 分别代表复合材料（composite）、基体（matrix）和纤维（fiber）。根据复合材料的混合法则有：

$$\sigma_c = \sigma_{mu}\left[1 + V_f\left(\frac{E_f}{E_m} - 1\right)\right] \tag{6-2}$$

式中：σ_{mu} 为基体的断裂强度；V_f 为纤维体积分数。

可以看出，纤维与基体要满足模量匹配条件，即 $E_f/E_m > 1$，才能发挥纤维的增强作用。一般来说，连续纤维聚合物基复合材料（continuous fiber-reinforced polymer composite，CFPC）和连续纤维金属基复合材料（continuous fiber-reinforced metal composite，CFMC）完全可以满足模量匹配条件，纤维主要发挥增强作用。但是，对于绝大部分陶瓷基复合材料体系，如果基体与纤维的模量接近，甚至高于纤维的模量，即 $E_f/E_m \leqslant 1$，则纤维不能提高甚至会降低陶瓷基复合材料的强度。因此，连续纤维基陶瓷基复合材料（CFCC）实现增强和增韧的前提是纤维与基体间具有适当弱的界面结合。

3. 陶瓷基体和纤维的热膨胀系数的匹配

复合材料组元之间必须满足物理化学相容性，其中最重要的就是热膨胀系数的匹配。设 A_m、A_{fa}、A_{fr} 分别代表基体、纤维轴向和纤维径向热膨胀系数的平均值，则基体所承受的应力：

$$轴向：\delta_a = (A_m - A_{fa})\sigma_T E_m \tag{6-3}$$

$$径向：\delta_r = (A_m - A_{fr})\sigma_T E_m \tag{6-4}$$

式中：σ_T 为应力弛豫温度与室温之差值；E_m 为基体的弹性模量。

在轴向方向，如果$A_m>A_{fa}$，则δ_a为正值，复合材料冷却后纤维受压缩热残余应力，基体受拉伸热残余应力。这种热残余拉伸应力在材料使用时将叠加外加拉伸载荷，对材料的强度不利。如果$\delta_a>\delta_f$，材料在冷却过程中可能垂直于纤维轴向形成微裂纹网络，使材料的性能大大降低。如果$A_m<A_{fa}$，则δ_a为负值，纤维受热残余拉伸应力，基体受压应力。这一应力可能抵消外加拉伸载荷，对材料性能的提高有益。但如果该应力过大，超过纤维的断裂应力时，对强化不利。

在径向方向，如果$A_m>A_{fr}$，则δ_r为正值，纤维基体界面则承受热压缩应力。过大的界面压应力使复合材料在断裂过程中难以形成纤维脱粘、拔出等吸能机制，对材料性能的提高不利。如果$A_m<A_{fr}$，则δ_r为负值，界面受拉应力，适当的拉应力对材料性能有益。

4. 材料选择

纤维增强陶瓷基复合材料应满足结构的特殊要求，但组元之间不能发生明显的化学反应、溶解和严重的扩散。在满足性能要求的前提下，成本尽可能低。虽然用于纤维增强陶瓷基复合材料的纤维种类较多，但迄今为止能够真正实用的纤维种类并不多。

（1）氧化铝系列纤维。氧化铝系列纤维（包括莫来石纤维）的高温抗氧化性能优良，有可能用于1400℃以上的高温环境，但目前作为连续纤维增强陶瓷基复合材料的增强材料主要存在以下两个问题：一是高温下晶体相变、晶粒粗化以及玻璃相的蠕变导致纤维的高温强度下降；二是在高温成型和使用过程中，氧化物纤维易与陶瓷基体（尤其是氧化物陶瓷）形成强结合的界面，导致连续纤维增强陶瓷基复合材料发生脆性破坏，丧失了纤维的补强增韧作用。

（2）碳化硅系列纤维。目前制备碳化硅纤维的方法主要有两种：一是化学气相沉积法（CVD）。用这种方法制备的碳化硅纤维，高温性能好，但由于直径太大（大于100μm），不利于制备形状复杂的连续纤维增强陶瓷基复合材料构件，且价格昂贵，应用受到很大限制。二是有机聚合物先驱体转化法。利用这种方法制备的纤维，纤维中不同程度地含有氧和游离碳杂质，影响纤维的高温性能。

（3）氮化硅系列纤维。氮化硅系列纤维实际上是由Si、N、C和O等组成的复相陶瓷纤维，现已有商品出售。这类纤维也是通过有机聚合物先驱体转化法制备的，目前也存在着与先驱体法合成的碳化硅纤维同样的问题，因而其性能与先驱体法合成的碳化硅纤维相近。

（4）碳纤维。碳纤维已有三十余年的发展历史，它是目前开发得最成熟、性能最好的纤维之一，已被广泛用作复合材料的增强材料。其高温性能非常好，在惰性气氛中，2000℃温度范围内其强度基本不下降，是目前增强纤维中高温性能最佳的一类纤维。然而，高温抗氧化性能差是其最大的弱点。在空气中，温度高于360℃后即出现明显的氧化失重和强度下降，如能解决这个问题（如采用纤维表面涂层等方法），碳纤维仍不失为连续纤维增强陶瓷基复合材料的最佳候选材料。

（5）其他纤维。除了上述纤维外，目前正在开发的还有BN、TiC、B_4C等复相纤维。

5. 陶瓷基体种类

（1）玻璃及玻璃陶瓷基体。由于玻璃基复合材料可以在较低温度下制备，所以增强纤维（特别是Nicalon纤维）不会受到热损伤而具有较高的强度保留率；同时，在制备过程中，玻璃相易沿纤维流动，因而可以制得高密度复合材料。目前，所用的基体材料主要有CAS（钙铝硅酸盐）玻璃、LAS（锂铝硅酸盐）玻璃、MAS（镁铝硅酸盐）玻璃、BS（硼硅酸盐）及石英玻璃。然而，由于玻璃体本身耐高温性能较差，因此纤维增强玻璃基复合材料不适于用作高温结构材料。

（2）氧化物基体。受限于制备工艺上的困难，早期连续纤维增强陶瓷基复合材料的氧化物基体主要是氧化铝基。近年来，又相继开发了钇铝石榴石、ZrO_2—TiO_2基、ZrO_2—Al_2O_3基等连续纤维增强陶瓷基复合材料。由于现有氧化物纤维的性能欠佳，因此，制备氧化物陶瓷基复合材料一般选用Nicalon或Hi—Nicalon纤维。然而，这两种纤维在高温氧化环境下容易发生热退化，另外，它们在高温下易与氧化物基体发生反应，因此无论从制备工艺还是从应用范围来说，纤维增强氧化物陶瓷基复合材料的应用都受到很大的限制。毫无疑问，高性能陶瓷纤维的发展，特别是氧化物纤维的发展是连续纤维增强陶瓷基复合材料发展的关键。

（3）非氧化物基体。与其他无机非金属材料相比，非氧化物陶瓷有着更高的强度、硬度、耐磨和耐高温等性能，特别是有着更高的高温强度，因此它们一直是陶瓷基复合材料的研究重点，也是研究得较为成功的一类连续纤维增强陶瓷基复合材料。在这类连续纤维增强陶瓷基复合材料中，SiC基复合材料是研究得最早也是较成功的一类连续纤维增强非氧化物陶瓷基复合材料。例如，通过化学气相渗透（CVI）法制备的Nicalon纤维补强碳化硅基复合材料其抗弯强度达600MPa，断裂韧性达27.7MPa·$m^{1/2}$；热压法制备的碳纤维补强碳化硅基复合材料的抗弯强度达557MPa，断裂韧性为21MPa·$m^{1/2}$。其他比较成功的非氧化物陶瓷基体有Si_3N_4、BN等。非氧化物陶瓷基复合材料具有优异的高温性能，作为高温结构材料有着广阔的应用前景。

三、成型方法

陶瓷基体的影响因素多，所以在实际中针对不同的材料其制作方法也会不同，成型技术的不断研究与改进，正是为了能获得性能更为优良的材料。目前采用的连续纤维增强陶瓷基复合材料的成型主法主要有化学气相渗透（CVI）法、料浆浸渍及热压烧结法、直接氧化沉积法、熔体渗透（浸渍）法、溶胶—凝胶法等。

（一）化学气相渗透（CVI）法

CVI技术的研究始于20世纪60年代，它是从化学气相沉积（CVD）技术延伸发展而成的。它与CVD的区别仅在于，CVD主要从外表面开始沉积，而CVI则是通过孔隙渗入内部沉积。CVI最初的研究侧重于碳基复合材料的CVI技术，即在多孔的石墨纤维织物预制件中沉积碳，作为改善碳/碳复合材料的一种手段。在20世纪70年代，CVI技术被认为是制造陶瓷基复合材料的一种实验室方法。20世纪80年代CVI技术正式用于制备陶瓷基复合材料的研制工作，这时世界上许多研究单位（例如欧洲动力公司SEP）开始研究开发可用来生产航天和国防等部门需要的陶瓷基复合材料部件的CVI设备和技术，并且开始用于研制载人飞行器涡轮发动机以及超音速飞行器框架结构的部件。该项工作于20世纪70～80年代获得了商业应用（生产碳/碳制动片和火箭喷管喉衬）。在20世纪90年代，约有50%的碳/碳复合材料已采用CVI技术制造。

1. CVI 的原理及特点

（1）CVI的原理。CVI（chemical vapor infiltration，化学气相浸渗）是在CVD（chemical vapor deposition，化学气相沉积）基础上发展起来的一种制备复合材料的新方法。如图6-3所示，CVI是将具有特定形状的纤维预制体置于沉积炉中，通入的气态前驱体通过扩散、对流等方式进入预制体内部，在一定温度下由于热激活而发生复杂的化学反应，生成固态的陶瓷类物质并以涂层形式沉积于纤维表面；随着沉积的继续进行，纤维表面的涂层越来越厚，纤维间的空隙越来越小，最终各涂层相互重叠成为材料内的连续相，即陶瓷基体。陶瓷基体与预制体中的纤维构成复合材料。

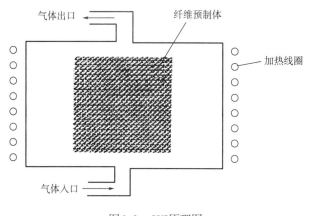

图6-3　CVI原理图

（2）CVI的特点。与粉末烧结和热等静压等常规工艺相比，CVI工艺具有以下优点：

①CVI工艺在无压和相对低温条件下进行（粉末烧结通常2000℃以上，CVI在1000℃左右），对纤维类增强物的损伤较小，材料内部的残余应力也较小，可制备出高性能（特别是高断裂韧性）的陶瓷基复合材料。

②工艺灵活，通过改变工艺参数，可方便地对陶瓷基复合材料的界面、基体的组成与微观结构进行设计，从而制备出满足各种工艺技术要求的陶瓷基复合材料。

③可成型形态复杂、纤维体积分数较高的陶瓷基复合材料。

④由于不需要加入烧结助剂，所得到的陶瓷基体在纯度和组成结构上优于用常规方法制备的。

⑤对用其他工艺制备的陶瓷基复合材料或多孔陶瓷材料可进行进一步致密化处理，减少材料内部存在的开放孔洞和裂纹。

2. CVI 的类型

（1）均热CVI法（ICVI）。均热CVI法又称等温CVI。纤维预制体放在均热炉体中，反应气体从纤维骨架表面流过并扩散到内表面，同时反应气体副产物从预制体内部扩散出，通过真空泵抽到外面。如图6-4（a）所示为典型的ICVI反应炉体示意图。这种方法容易在预制体外表面形成涂层，其原因是预制体外表面气体浓度高，使外表面沉积速率大于内表面，导致入口处封闭。因此，这种方法需要中间停顿几次，机械加工去掉预制体外表面的硬壳。ICVI制备的复合材料具有密度梯度，由于扩散慢，这种工艺周期很长。尽管如此，ICVI仍是最常用的方法，因为在同一炉中可制备形状不同、大小各异、厚薄不等的各种部件，对设备要求也相对低，并且可以实现多制品同时制备，易于实现批量化生产，是目前少数几个已经成功实现工业化生产的工艺之一。

但在ICVI工艺中也容易出现沉积速率大于气体的扩散速率，导致复合材料出现严重的密度梯度，甚至表面产生涂层封孔而难以继续增密的现象，需要经过多次中间高温热处理和机械加工才能达到较高的密度，导致生成周期延长，材料利用率降低。为了解决这一问题，通常需要采用较低的沉积温度和气体压力，以降低气体的反应速率，但这样一来，同样需要延长生成周期，造成产品的生产本提高。尽管如此，ICVI工艺仍然是目前各大公司用来生产C/C复合材料刹车盘的主要方法。

（2）温度梯度CVI法。该工艺是应用范围和成熟度仅次于ICVI的一种复合材料致密化工艺。温度梯度CVI工艺的基本原理是：沉积过程中控制沿纤维预制体尺寸较大的方向形成一个较大的温度梯度，升温到指定温度后，反应气体从预制体温度较低的一侧流过，通过扩散作用达到温度较高的一侧，并通过热解反应在纤维的表面沉积热解基体颗粒。由于化学反应速率与温度正相关，温度较高一端的气体发生反应时，温度较低的一端气体几乎不发生沉积反应。随着反应的进行，预制体热区附近的孔隙逐渐被热解基体颗粒填充，密度增加，导热率上升使得沉积区域外围温度逐渐升高，当达到气体热解反应所需的温度时，沉积反应开始发生。纤维预制体就是按照这样的致密化过程，从预制体温度较高的一侧逐渐向温度较低的一侧推进，最终实现整体增密。如图6-4（b）所示为典型的温度梯度CVI反应炉体示意图。纤维预制体由一个加热的芯子支撑，预制体最热的部分是与芯子直接接触的内表面，外表面温度相对较低，所以沿着样品厚度方向将产生温度梯度。反应气体在样品的冷表面流过并朝着热表面方向向内扩散。因为沉积速率通常会随着温度升高而增大，所以沉积是从热的内表面逐渐向外表面进行的。这种方法相对于ICVI来说效率提高了很多，但只能沉积薄壁状的构件，对设备要求高。

（3）压力梯度CVI法。如图6-4（c）所示为典型的压力梯度CVI反应炉体示意图。预制体被均匀加热，反应气体强制流过样品，这样沉积可发生在整个预制体内，这种类型的沉积一直到预制体内某些区域达到足够高的密度使其不能渗透时才会停止。相比较而言，这种方法能提高沉积效率，但是部件结构单一，不能沉积异型件。

（4）温度梯度—压力梯度CVI法（FCVI）。FCVI是一种较新的工艺，最早由美国ORNL提出，它综合了上述温度梯度CVI，压力梯度CVI两种工艺的优点。如图6-5所示为FCVI结构示意图。从图中可以看出，纤维预制体的一端被加热，而另外一端被水冷，反应气体从冷表面进入，再加上压差的作用，反应气体强行通过被渗样品从热端跑出。沉积也是从热端逐渐开始渐向外表面进行的。这种工艺可获得致密的复合材料，材料内部密度梯度小，大量反应

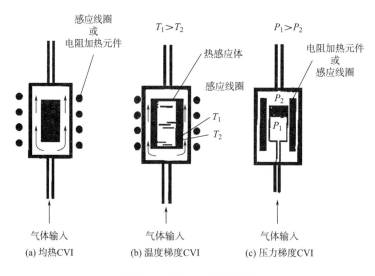

(a) 均热CVI　　　　　　(b) 温度梯度CVI　　　　　　(c) 压力梯度CVI

图6-4　几种CVI工艺简图

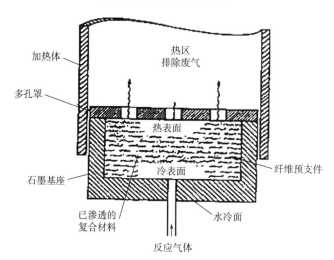

图6-5　FCVI结构示意图

气体得到充分利用，沉积效率大大提高。FCVI工艺适于制备形状简单、厚度较大或中空的筒形制件，是目前陶瓷基复合材料研究的热门，有很大的发展前景。

（5）脉冲CVI法。脉冲CVI是ICVI技术的变种，主要特点是沉积室在前驱体气体压力与真空之间循环工作。在致密化过程中，预制件在反应气体中暴露几秒钟后抽真空，再通气、抽真空，如此循环。抽真空过程有利于反应副产物气体的排除，能减小制件的密度梯度。其缺点是对设备的要求很高，如果对反应废气不回收处理，浪费较大。

（二）料浆浸渍及热压烧结法

料浆浸渍及热压烧结法是制备纤维增强玻璃和低熔点陶瓷基复合材料的传统方法（一般温度在1300℃以下），也是最早用于制备连续纤维增强陶瓷基复合材料的方法。其基本原理是将可烧结性的基体原料粉末与连续纤维用浸渍工艺制成坯件，再在高温下加压烧结，使基体材料与纤维结合制成复合材料。

1. 料浆浸渍工艺

料浆浸渍也称泥浆（或稀浆）浸渍。其主要工艺过程如下：将纤维浸渍在含有基体粉料的浆料中，再通过缠绕将浸有浆料的纤维制成无纬布，经切片、叠加、热模压成型和热压烧结后制得复合材料。浆料一般由基体粉料、有机黏结剂、有机溶剂和烧结助剂组成。由于基体软化温度较低，可使热压温度接近或低于陶瓷软化温度，利用某些陶瓷（如玻璃）的黏性流动来获得致密的复合材料。此工艺主要用于玻璃和低熔点陶瓷基复合材料。通过液相烧结机制，此工艺也可在高熔点陶瓷基复合材料中得到应用。料浆浸渍过程如图6-6所示。

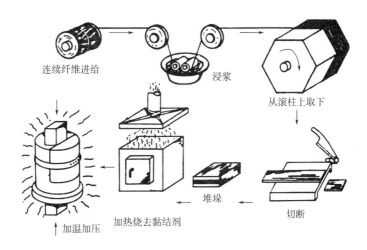

连续纤维进给　浸浆　从滚柱上取下

堆垛　切断

加热烧去黏结剂

加温加压

图6-6　料浆浸渍及热压烧结工艺示意图

料浆应能与纤维表面保持良好润湿。料浆中包括陶瓷基体粉末、载液（通常是蒸馏水）和有机黏结剂，有时还加入某些促进剂和基体润湿剂。为使纤维表面均匀黏附料浆，要求陶瓷粉体粒径小于纤维直径，并能悬浮于载液和黏结剂混合的溶液中。纤维应选用容易分散、捻数低的丝束，保持其表面清洁无污染。在操作过程中应尽量避免纤维损伤，并注意排除气泡。

2. 料浆浸渍坯件的热压烧结工艺

用料浆浸渍及热压烧结工艺制备连续纤维增强陶瓷基复合材料的主要工艺流程如图6-7所示。浸渍料浆的纤维缠绕可垂直于卷轴（环向线型），也可与卷轴成某一角度（螺旋线型）或者缠绕与铺层交替等方式。纤维与基体的比例可通过调节绕丝机的转速（即调节纤维在料浆容器中停留的时间）来控制。

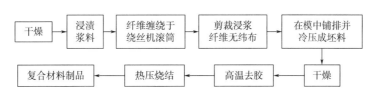

干燥 → 浸渍浆料 → 纤维缠绕于绕丝机滚筒 → 剪裁浸浆纤维无纬布 → 在模中铺排并冷压成坯料

复合材料制品 ← 热压烧结 ← 高温去胶 ← 干燥

图6-7　料浆浸渍及热压烧结的工艺流程

149

热压烧结是在烧结过程中同时对坯料施加压力，加速了致密化的过程。所以热压烧结的温度更低，烧结时间更短。热压技术已有70年历史，最早用于碳化钨和钨粉致密件的制备。现在已广泛应用于陶瓷、粉末冶金和复合材料的生产。

热压烧结应按预定规律（即热压制度）升温和加压。在热压过程中，先高温去胶，随着黏结剂挥发、逸出，将发生基体颗粒重新分布、烧结和在外力作用下的黏性流动等过程，最终获得致密化的陶瓷基复合材料。很多陶瓷基复合材料体系在热压过程中往往没有直接发生化学反应，主要通过系统表面能减少来驱动，使疏松粉体熔结而致密化。

热压烧结工艺的优点：一是由于同时加温、加压，有助于粉末颗粒的接触和扩散、流动等传质过程，降低烧结温度和缩短烧结时间，抑制了晶粒的长大；二是热压法容易获得接近理论密度、气孔率接近于零的烧结体，容易得到细晶粒的组织，实现晶体的取向效应，同时控制含有高蒸气压成分的系统的组成变化，因而容易得到具有良好力学性能、电学性能的产品；三是成本低，设备简单，工艺操作方便。

热压烧结工艺的缺点是：一是生产效率低，只适应于单件和小规模生产，由于设备限制，难以制得大尺寸和形状复杂的产品；二是制品的性能具有方向性，垂直于加压方向的性能与平行于加压方向的性能有显著差别；三是它只能制得一维或二维的纤维增强陶瓷基复合材料，对于三维编制增强陶瓷复合材料，热压时易使纤维骨架变形位移和受到损伤；四是纤维与基体的比例较难控制，成品中纤维不易均匀分布。

热压装置大部分为电加热和机械加压，如图6-8所示为几种典型的加热方式。加压操作工艺根据烧结材料的不同，又可分为整个加热过程保持恒压、高温阶段加压、在不同的温度阶段加不同的压力的分段加压法等。此外热压的环境气氛又有真空、常压保护气氛和一定气

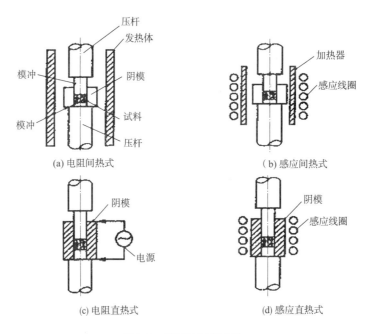

(a) 电阻间热式   (b) 感应间热式

(c) 电阻直热式   (d) 感应直热式

图6-8　热压的加热方法

体压力的保护气氛条件。

陶瓷热压用模具材料有石墨、氧化铝。石墨是在1300℃以上（常常达到2000℃左右）进行热压最合适的模具材料。根据石墨质量不同，其最高压力可限定在十几至几十兆帕，根据不同情况，模具的使用寿命为几次到几十次。为提高模具的寿命，有利于脱模，可在模具内壁涂上一层h-BN粉末，但石墨模具不能在氧化气氛下使用。氧化铝模具可在氧化气氛下使用，氧化铝模可承受200MPa压力。

（三）直接氧化沉积法

1983年，Newkirk等在空气中将熔融铝合金液体升温至950～1400℃时，铝液表面会生成一层主要成分为Al_2O_3并残留金属铝的氧化层，其强度虽低于Al_2O_3陶瓷，但断裂韧性却大幅提高。接着它们在多孔的SiC预制体和编织Niconlon纤维的孔隙中生长出Al_2O_3/Al基体，所得复合材料的强度、断裂韧性、抗热震性等均得到提高。

1985年，Newkirk创建Lanxide公司，将熔融金属直接氧化技术（directed metal oxdation）命名为Lanxide技术，简称为DIMOXTM，同时将基质系统研究范围扩大到Al、Si、Ti、Zr、Hf、La等金属的氧化物、氮化物、硼化物、钛化物。该公司开发的复合材料产品，如耐磨件、热交换器、装甲、电子零部件等相继投放市场。Lanxide技术的出现为陶瓷基复合材料的制备开辟了一个全新的领域，受到各国研究人员的普遍关注。

1. 直接氧化沉积法的原理

直接氧化沉积法技术又称原位反应生产技术，基本原理是利用熔融金属直接与氧化剂发生反应制备陶瓷基复合材料，不同元素或化合物之间在一定条件下发生化学反应，而在金属基体内生成一种或几种陶瓷相颗粒，达到改善单一材料性能的目的。通过这种方法制备的复合材料，增强体是在金属基体内形核、自发长大，因此增强体表面无污染，基体和增强体的相溶性良好，界面结合强度较高。同时，省去了烦琐的增强体预处理工序，简化了制备工艺。此工艺最早被用来制备Al_2O_3/Al复合材料，后来也用于制备连续纤维增强氧化物陶瓷基复合材料。

如图6-9所示，将连续纤维预成型坯件置于熔融金属上面，因毛细血管作用，熔融金属向预成型坯件中渗透。由于熔融金属中含有少量添加剂，并处于空气或其他氧化气氛中，浸

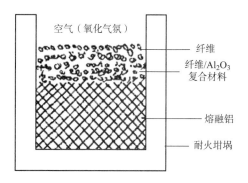

空气（氧化气氛）

纤维
纤维/Al_2O_3
复合材料

熔融铝

耐火坩埚

图6-9　直接氧化沉积法的工艺原理图

渍到纤维预成型坯件中的熔融金属或其蒸汽与气相氧化剂发生反应（如Al，在900～1000℃氧化）形成氧化物基体。该反应始终在熔融金属与气相氧化剂的界面处进行。反应产物的金属氧化物沉积在纤维周围，形成含有少量残余金属、致密的纤维增强陶瓷基复合材料。

金属原料一般选择铝，添加剂一般选择Si和Mg，气氛为空气，反应温度为1200～1400℃。在空气环境下，金属铝液极容易氧化而在其表面生成一层氧化铝钝化膜，阻止了铝液与氧的进一步反应，如果要使金属铝能够持续氧化，必须引入合金成分来破坏该钝化膜，提高金属铝液与氧化铝之间的润湿程度。在铝中添加Si和Mg能加速氧化反应的进行，Si和Mg同时添加时比单独添加更有效。通过控制熔体温度和掺杂成分，可以调节所生成的陶瓷基复合材料的性能。

直接氧化沉积法适于制备以氧化铝为基体的陶瓷基复合材料，如SiC/Al_2O_3，在1200℃它的抗弯强度为350MPa，断裂韧性为18MPa·$m^{1/2}$，室温抗弯强度为450MPa，断裂韧性为21MPa·$m^{1/2}$。

2. 直接氧化沉积法制备复合材料的特点

目前，陶瓷基复合材料的制备技术主要有反应烧结、热压烧结、泥浆浸渍或渗透、化学气相沉积或渗透等，虽然这些方法都能获得性能优异的复合材料，但这些方法都不同程度地存在工艺复杂、成本高、难以制备大型的复杂形状零件的缺点。与现有的陶瓷基复合材料的制备技术相比，Lanxide技术具有以下主要优点：

（1）体积稳定性。通常在制造陶瓷产品时，烧结致密化过程中的线性收缩一般为15%～20%。而对于摩擦、密封等应用环境，要求产品的尺寸公差小于0.1%，按照产品的尺寸、形状和表面质量，陶瓷烧结体的金刚石加工费用将超过生产成本的50%，而且可能引发残余应力的产生，甚至造成材料的开裂。Lanxide陶瓷基复合材料的基质在生长过程中预制体颗粒或纤维不会移位，界面处于无应力状态，因而整个基质生长过程几乎没有体积变化，使得制造大型、形状复杂的产品成为可能。

（2）设计优化特性。具有多孔结构的预制体是复合材料的增强体，气相和母体金属液体能够通过预制体的孔隙渗透，母体金属能够与预制体或气相发生反应形成新的基质相，可以通过控制预制体孔隙的微观结构（气孔的大小及分布），获得新生基质相理想的网状或近似网状结构。因此，研究者根据使用要求和限制条件，选择适当的增强体和基质材料，通过控制预制体孔隙的微观结构调整增强剂和基质的相对比例，以及它们的网状构造来达到理想的使用性能。

（3）制造成本低，生产效率高。Lanxide陶瓷基复合材料能在较低的温度下直接制备，使成本大大降低，效率提高，同时复合材料坯体在热处理过程中几乎没有致密化收缩，大大降低了加工成本。

（4）对增强体几乎无损伤，所制得的陶瓷基复合材料中纤维分布均匀。

由Lanxide技术制备的陶瓷基复合材料性能优异，具有非常广阔的应用前景。但是复合材料中有残留金属相的存在，往往是以牺牲材料强度换取韧性的提高，并且影响了复合材料的高温性能，因此最终如何去除金属是需要关注的重点问题。

（四）熔体渗透（浸渍）法

熔体渗透（浸渍）法主要在金属基复合材料中应用。它是在外加载荷作用下，通过熔融的陶瓷基体渗透纤维预制体并与之复合，得到复合材料制品，如图6-10所示。

1. 熔体渗透（浸渍）法的优点

（1）工艺简单，只需一步渗透处理即可获得致密和无裂纹的陶瓷基复合材料。

（2）从预制件到成品的加工过程中，其尺寸基本不变。

（3）可以制备形状复杂的制品，并能够在一定程度上保持纤维骨架的形状和纤维的强度。

2. 熔体渗透（浸渍）法的缺点

然而，陶瓷系统目前还很少采用此工艺，原因在于：

（1）陶瓷熔点较高，在浸透过程中容易损伤纤维，导致纤维与基体间发生界面反应。

（2）陶瓷熔体的黏度远大于金属的黏度，因此陶瓷熔体很难浸透。

用此方法制备陶瓷基复合材料，化学反应、熔体黏度、熔体对增强材料的浸润性是首要考虑的问题。陶瓷熔体可通过毛细作用渗入增强剂预制体的孔隙，施加压力或抽真空有利于浸渍过程。

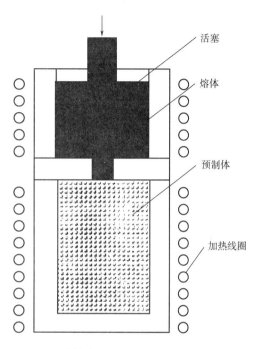

图6-10　熔体渗透（浸渍）法制备陶瓷基复合材料示意图

（标注：活塞、熔体、预制体、加热线圈）

（五）溶胶—凝胶法

溶胶（sol）是由于化学反应沉积而产生的微小颗粒（直径<100nm）的悬浮液；凝胶（gel）是水分减少的溶胶，即比溶胶黏度大的胶体。

sol-gel法是指金属有机或无机化合物经溶液、溶胶、凝胶等过程而固化，再经热处理生成氧化物或其他化合物固体的方法。该方法可控制材料的微观结构，使均匀性达到微米、纳米甚至分子量级水平。

1. sol-gel法的基本反应步骤

（1）溶剂化。金属阳离子M^{z+}吸引水分子形成溶剂单元$M(H_2O)_{z+n}$，为保持其配位数，具有强烈释放H^+的趋势。

$$M(H_2O)_n^{z+} \rightarrow M(H_2O)_{n-1}(OH)_{(z-1)} + H^+ \tag{6-5}$$

（2）水解反应。非电离式分子前驱物，如金属醇盐$M(OR)_n$与水反应。

$$M(OR)_n + x(H_2O) = M(OH)_x(OR)_{(n-x)} + x ROH - M(OH)_n \tag{6-6}$$

153

（3）缩聚反应。按其所脱去分子种类，可分为两步。

①失水缩聚。

$$-M-OH+HO-M-=-M-O-M-+H_2O \tag{6-7}$$

②失醇缩聚。

$$-M-OR+HO-M-=-M-O-M-+ROH \tag{6-8}$$

其中，失水缩聚溶胶—凝胶（sol-del）工艺广泛用于制备玻璃和玻璃陶瓷。将该工艺用于制备陶瓷基复合材料的过程是：把纤维预制体置于氧化物陶瓷有机先驱体制成的溶液中，再进一步水解、缩聚形成凝胶，凝胶经干燥和高温热处理后形成氧化物CMC。

2. sol-gel 法的优点

①烧结温度低，对纤维的损伤小。

②基体化学均匀性高。

③在裂解前，经过溶胶和凝胶两种状态，容易对纤维及其编织物进行浸渗和赋型，因而便于制备连续纤维增强复合材料。

3. sol-gel 法的不足

sol-gel法的不足在于致密周期较长，且制品在热处理时收缩大、气孔率高、强度低。由于是用醇盐水解来制得基体，所以复合材料的致密性差，不经过多次浸渍很难达到致密化，且此工艺不适于部分非氧化物陶瓷基复合材料的制备。

四、案例分析

（一）浸渍法制备耐高温连续纤维增强陶瓷基复合材料

制备的复合材料的扫描电镜图如图6-11所示。

图6-11 耐高温连续纤维增强陶瓷基复合材料扫描电镜图

设计步骤如下：首先，将有机黏接剂、无机黏接剂和不同级配的陶瓷粉体配制成陶瓷浆料；其次，将纤维布涂覆陶瓷浆料后进行干燥、层压、固化、热解和预烧；再次，浸渍陶瓷前驱体溶液后进行原位交联、干燥、热解和烧结；最后，重复进行浸渍陶瓷前驱体溶液、原位交联、干燥、热解和烧结多次。陶瓷基复合材料的基体组成与演变过程如图6-12所示。

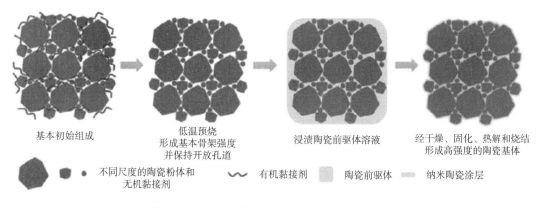

基本初始组成　　　　低温预烧　　　　　　浸渍陶瓷前驱体溶液　　　经干燥、固化、热解和烧结
　　　　　　　　　形成基本骨架强度　　　　　　　　　　　　　　　形成高强度的陶瓷基体
　　　　　　　　　并保持开放孔道

不同尺度的陶瓷粉体和　　　有机黏接剂　　　陶瓷前驱体　　　纳米陶瓷涂层
无机黏接剂

图6-12　复合材料的基体组成与演变过程示意图

（二）制备一种连续玻璃纤维增强的陶瓷纤维过滤元件

制备的过滤元件如图6-13所示。

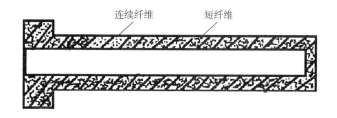

连续纤维　　　短纤维

图6-13　连续玻璃纤维增强的陶瓷纤维过滤元件

设计步骤如下：将黏附有陶瓷短纤维浆料的连续玻璃纤维通过缠绕工艺在真空模具上缠绕成型，再经干燥脱模、高温热处理制成上述陶瓷纤维过滤元件。

与用抽滤成型制备的短纤维过滤元件相比，在不失去韧性的前提下，纤维过滤元件强度可以提高3~5倍。而与连续陶瓷纤维缠绕复合的陶瓷纤维过滤元件相比，由于采用低成本连续玻璃纤维代替昂贵的连续陶瓷纤维（玻璃纤维成本约为陶瓷纤维1/4~1/5），可以使纤维过滤元件的制造成本降低1/3以上，且制品烧成温度低、过滤阻力小，便于大面积应用推广。

第二节　晶须（或短切纤维）增韧陶瓷基复合材料制备工艺

近十年来，晶须（或短切纤维）增韧陶瓷基复合材料发展迅速，提供了一种有效改善陶瓷材料脆性的方法。已有报道表明，当加入的体积分数相同时，晶须（或短切纤维）增韧陶基复合材料的韧性和连续纤维增韧陶瓷十分接近，且晶须（或短切纤维）的尺寸与陶瓷粉料粒度较接近，可采用普通合成的方法进行复合处理，在经济上更实惠。晶须（或短切纤维）增韧被认为是解决高温应用的有效措施，受到国内外学者的高度重视，成为高技术陶瓷研究的一个前沿领域。

一、晶须（或短切纤维）增韧陶瓷基复合材料的增韧机制

晶须增韧陶瓷复合材料的主要增韧机制包括晶须拔出、裂纹偏转、晶须桥联和微裂纹区增韧。晶须增韧效果不随温度而变化，因此，晶须增韧被认为是高温结构陶瓷复合材料的主要增韧方式。

晶须桥联增韧机制的特点与纤维桥联类似，晶须桥联也可对基体产生一个阻碍裂纹张开、使裂纹趋于闭合的力，对断裂的阻抗随着裂纹的张开和扩展而急剧增大，使断裂功增加。这种由晶须与基体共同增韧的过程，称为一级增韧。在晶须架桥过程中，由于晶须往往与裂纹面不垂直，以及晶须与界面相的弹性失配，因此在被桥联的裂纹尖端参加桥联的晶须根部发生界面解离（称为后续解离）。这种后续解离进一步蓄积弹性能，再次增加了对断裂的阻抗，提供的增韧效果，称为二级增韧。

后续解离增韧作用与晶须的方位角有关。方位角是晶须轴与裂纹面法线之间的夹角φ（图6-14）。当$\varphi=0$时，后续解离的长度最小，此时只显示一级增韧行为。当$\varphi=0$时，由于晶须桥联的已解离界面与尚未解离的界面交界处应力集中，诱发了晶须根部界面的后续解离，可以产生二级增韧。当$\varphi=45°$时，后续解离的长度最大，二级增韧效果最显著；当$\varphi=45°$时，晶须根部附近的局部基体损坏，导致晶须失去桥联作用，此时已不能产生二级增韧作用。

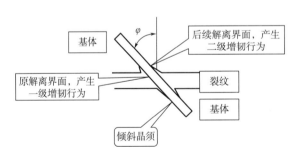

图6-14　影响晶须二级增韧的方位角φ

如图6-15所示为SiC/β-Si$_3$N$_4$和β-Si$_3$N$_4$的弯曲载荷和位移曲线。对于SiC/β-Si$_3$N$_4$复合材料，随着载荷增加，位移增加；当载荷达到一定程度时，曲线上出现只有位移增加而载荷不增加的载荷保持阶段；接着是位移增加同时载荷下降阶段［图6-15（a）］。载荷保持阶段是界面解离、产生裂纹（应力松弛）和晶须变形（应力增大）几种效应交替发生的结果，它反映了晶须二级增韧的后续解离过程。如图6-15（b）所示的β-Si$_3$N$_4$在应力—应变曲线上没出现载荷保持阶段。

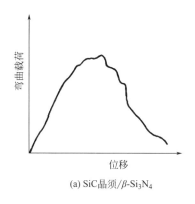

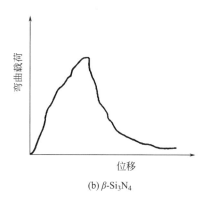

(a) SiC晶须/β-Si$_3$N$_4$ (b) β-Si$_3$N$_4$

图6-15 晶须增韧的应力—应变曲线

二、晶须（或短切纤维）增韧陶瓷基复合材料的设计准则

通常在金属基和树脂基复合材料中加入晶须（或短切纤维）主要是为了提高材料强度，而将晶须（或短切纤维）加入陶瓷中，则主要是为了提高材料韧性，同时又不降低其强度。晶须（或短切纤维）的增韧作用主要由晶须（或短切纤维）与基体形成的界面性质决定。两者的结合力太强（完全黏结），陶瓷基体仍呈现脆性；结合力太弱，则强度明显降低。仅当结合力适当时，才能保证陶瓷基复合材料表现出一定的韧性。可见，处理好晶须（或短切纤维）/基体界面的结合至关重要，但相当困难。晶须（或短切纤维）与基体有物理作用和化学作用，因此，晶须（或短切纤维）增韧陶瓷的设计准则就是要处理好两者在化学性质（发生化学反应的可能性）和物理性质（主要包括热膨胀系数及弹性模量）上的相互匹配。

1. 晶须（或短切纤维）与基体在化学性质上的相互匹配

如果晶须（或短切纤维）与基体间发生化学反应，则形成的界面层将是和晶须（或短切纤维）与基体都不同的新相。这种界面的结合，通常比较强，但形成的产物相如果和反应物的体积不同，将会引起残余应力，影响界面的剪切强度。另外化学反应会使晶须（或短切纤维）的性能下降，因此应尽量避免化学反应，否则将造成晶须（或短切纤维）的严重损伤，或使晶须（或短切纤维）和基体改性，这都将最终影响复合材料的总体性能。

2. 晶须（或短切纤维）与基体在热膨胀系数上的匹配

由于晶须（或短切纤维）与基体是两种不同的物质，因而要求它们在热膨胀系数上完全一致是不可能的，即使是同一化合物，由于形态上的差异或者存在各向异性，热膨胀系数也不可能完全一致。由于热膨胀系数失配，复合材料在高温烧结后的冷却中将产生界面应力，应力的大小与两者的热膨胀系数之差：$\Delta a = a_m - a_w$（a_m、a_w分别为基体、晶须的热膨胀系数）呈正比。

晶须的热膨胀系数应尽可能与基体接近或稍大于基体。在制备复合材料的过程中，如能利用晶须与基体在热膨胀上的不一致，使复合材料在基体上产生一定的预压应力，则对整个复合材料的性能是有益的。基体受压可起到预应力作用，达到既增韧又补强的效果。当然，此时的压应力或张应力（晶须的受力状态）不宜太大，否则将导致界面分离和微裂纹，甚至产生晶须断裂，导致复合材料强度降低。

3. 晶须（或短切纤维）与基体在弹性模量上的匹配

按照混合物的分配原则，当$E_w > E_m$时（E_w、E_m分别为晶须、基体的弹性模量），在外加应力的作用下，晶须能够分担整个复合材料中更多的载荷。在所选的系统中，如果$E_w < E_m$，复合材料强度就不可能大于基体本身的原有强度。要求所选用的晶须具有较高的弹性模量，最好使$E_w > E_m$。因此，在弹性模量的匹配上，应选用高弹性模量的晶须（或短切纤维）。如果和低弹性模量的基体匹配则既补强又增韧；如果和高弹性模量的基体匹配，则主要起增韧作用。可见，加入陶瓷基复合材料中的晶须（或短切纤维），要求耐高温、高强度、高弹性模量，以及良好的化学稳定性。

晶须（或短切纤维）增韧陶瓷基复合材料制备工艺的关键，是处理好晶须（或短切纤维）在基体中的均匀分散、材料的致密化和界面结合。晶须（或短切纤维）增韧陶瓷基复合材料的制造方法可分为外加晶须（或短切纤维）和原位生长晶须两类，它们的复合工艺有明显区别。

三、外加晶须（或短切纤维）增韧陶瓷基复合材料制备工艺

外加晶须（或短切纤维）增韧陶瓷基复合材料的制备程序包括分散晶须（或短切纤维）、与基体原料混合、成型坯件和烧结。

1. 晶须（或短切纤维）的分散

陶瓷基复合材料所使用的晶须（或短切纤维）包括碳（C）、氧化铝（Al_2O_3）、二硼化钛（TiB_2）、碳化硅（SiC）、氮化硅（Si_3N_4）、莫来石（$3Al_2O_3 \cdot 2SiO_2$）、氧化硅（SiO_2）和碳化钛（TiC）等。晶须的直径一般为$0.1 \sim 3\mu m$，长度为$50 \sim 200\mu m$。市售的晶须往往交织成团，且晶须之间吸附导致簇聚。为了使晶须在所制备的陶瓷基复合材料中分布均匀，必须在制造前使之分散，消除晶须的团聚和簇聚。

晶须（或短切纤维）的分散方法主要有球磨法、超声振动法和溶胶—凝胶法。为改变晶须的表面状态和消除晶须间的吸附，还需要借助合适的分散介质（分散剂）和调整pH等方法。例如，将SiC晶须加入无水乙醇中，通过超声振动使之分散，或先将分散剂溶于溶剂中，再加入SiC晶须，使SiC晶须改变其表面状态并得以分散。晶须（或短切纤维）分散的效果对复合材料的性能影响很大。晶须（或短切纤维）分散的效果取决于分散方法和分散剂的选择，以及溶剂含量和分散时间。一般晶须经超声振动分散后需加高速搅拌，分散介质常采用有机溶剂、无水乙醇或去离子水。例如，采用超声振动和高速搅拌，使β-SiC晶须在分散介质中均匀分布，超声振动且兼有表面处理效果，这样就形成了晶须料浆。再将Si_3N_4粉末、烧结助剂湿法球磨混成基体料浆。将晶须料浆与基体料浆混合，经高速搅拌、干燥后，置于石墨模具中热压，得到SiC/Si_3N_4复合材料。

2. 陶瓷原料粉末的处理、混料、制粒

传统陶瓷工艺包括粉粒制备、坯件成型和烧结三个工序。一般来说，陶瓷的成型工艺可以用于陶瓷基复合材料成型，在使用前要经过煅烧、混合、制粒等一系列处理。原料

进行处理的目的是调整和改善陶瓷的物理、化学性质，使之适应后续工序和产品性能的要求。

煅烧的主要目的是去除原料中易挥发的杂质、化学结合水或物理吸附水、气体、有机物等，以提高原料的纯度。经过上述处理，还可以减少在后续烧结工艺中的收缩，某些陶瓷原料煅烧后还可以形成稳定的结晶相。

两种或两种以上的原始粉末（包括作为增强体的晶须或短切纤维）需要进行混合，混合方式有干混和湿混两种。湿混的介质可以是水、酒精或其他有机物质。

制粒是将原料的超细粉末与适当的黏结剂在制粒机上制出由黏结剂包裹的粉末颗粒。因为原料的超细粉末的烧结性能虽好，但是流动性不好，不能均匀地填充模具的每一个角落，且细粉末松装时所占体积大而不便装模，所以成型坯件之前常需要制粒。常用的制粒方法有3种：普通制粒法（用圆筒制粒机或圆盘制粒机）、压块制粒法（在适当压力下预压成块坯，再粉碎过筛或擦筛）、喷雾制粒（与喷雾干燥的原理相同）。

3. 坯件制作

制坯是将经预处理的粒料制成需要形状的半成品（预制坯件），主要成型方法有压力渗滤制坯法、热压铸成型法、粉末烧结法等。

（1）压力渗滤制坯法。如图6-16所示，压力渗滤制坯法的工艺过程是：先将晶须（或短切纤维）预成型为增强体骨架。置于石墨模具中，在压力作用下使陶瓷基体料浆充满增强体骨架的缝隙，料浆中的液体经过过滤器排入过滤腔，形成了增强体骨架缝隙填充陶瓷基体料浆的复合材料坯件。经过在模具内加压烧结，得到晶须（或短切纤维）增韧陶瓷基复合材料。

将晶须（或短切纤维）进行预处理，再采用分散技术使其均匀分布于陶瓷基体料浆中，再利用如图6-16所示装置直接加压渗滤，也可以获得晶须（或短切纤维）增韧陶瓷基复合材料坯件。

（2）热压铸成型法。如图6-17所示，热压铸成型或热压注成型，是特种陶瓷生产应用较为广泛的一种成型工艺，其基本原理是利用石蜡受热熔化和遇冷凝固的特点，将无可塑性的瘠性陶瓷粉料与热石蜡液均匀混合形成可流动的浆料，在一定压力下注入金属模具中成型，冷却，待蜡浆凝固后脱模取出成型好的坯体。坯体经适当修整，埋入吸附剂中加热进行脱蜡处理，再将脱蜡坯体烧结成最终制品。

热压铸成型制备晶须（或短切纤维）增韧陶瓷基复合材料坯件的工艺过程：先将晶须（或短切纤维）与基体分别制成料浆后，混合均匀，放入浆桶中。再在压缩空气的作用下使之迅速充满模具各个部分，保压冷凝，脱模得到蜡坯。在惰性粉粒的保护下，将蜡坯进行高温排蜡，清除保护粉粒。得到半熟的坯体，再经一次高温烧结才能成型。

热压铸成型的工艺特点：热压铸成型适用于以矿物原料、氧化物、氮化物等为原料的新型陶瓷的成型，尤其对外形复杂、精密度高的中小型制品更为适宜。其成型设备不复杂，模具磨损小，操作方便，生产效率高。热压铸成型的缺点是，工序较烦琐，耗能大，工期长，对于壁薄，尺寸大而长的制品不宜采用。

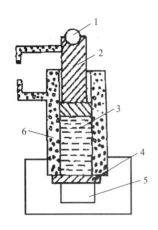

图6-16 压力渗滤工艺示意图

1—加压器 2—压头活塞 3—泥浆
4—过滤器 5—过滤腔 6—石膏模具

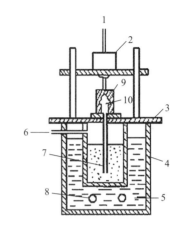

图6-17 热压铸工艺示意图

1—压缩空气 2—压紧装置 3—工作台
4—浆桶 5—油浴 6—压缩空气 7—供料管
8—加热元件 9—铸模 10—铸件

4. 烧结（致密化工艺）

烧结（热致密化工艺）可分为4类：热压烧结、热等静压烧结、活化烧结及微波烧结。

（1）热压烧结（hot-pressing，HP）。制备晶须补强复合材料时，无压烧结的方法最简单。但是因为晶须的桥梁作用，材料的致密化非常困难，因而目前一般采用热压方法使复合材料致密化。热压烧结是一种机械加压的烧结方法，先把晶须（或短切纤维）与基体混合并装在模腔内，在加压的同时将粉末加热到烧成温度，由于从外部施加压力而补充了驱动力，因此可在较短时间内达到致密化。

（2）热等静压烧结（hot isostatic pressing，HIP）。热等静压是工程陶瓷快速致密化烧结最有效的一种方法，其基本原理是以高压气体为压力介质作用于陶瓷材料（包封的粉末和素坯，或烧结体），使其在加热过程中经受各向均衡的压力，借助于高温和高压的共同作用达到材料致密化。

（3）活化烧结（activated sintering）。活化烧结是指采用物理或化学的手段使烧结温度降低、烧结时间缩短、烧结体性能提高的一种方法。活化烧结工艺分为物理活化烧结工艺和化学活化烧结工艺两大类。

①物理活化烧结工艺。物理活化烧结工艺依靠周期性改变烧结温度，施加机械振动、超声波和外应力等方法促进烧结过程。

②化学活化烧结工艺。化学活化烧结工艺有4种：

a. 预氧化烧结。粉末或粉末压坯在空气或蒸汽中进行低温处理，使粉末表面形成适当厚度的氧化膜，再在还原性气氛中烧结。该法适用于铜基和铁基零件的烧结生产。

b. 改变烧结气氛的成分和含量：如在蒸汽饱和的"湿氢"中进行钼和钨的低温烧结，在气氛或填料中添加卤素化合物（如氯化氢和其他氯化物），使铁族金属活化烧结用氢化物（TiH_2、ZrH_2），在烧结时离解产生活性原子实现钛、锆的烧结。

c. 粉末内添加微量元素。如在钨粉中加镍、钒等金属，可使钨在1200℃下烧结到接近理论密度状态。

d. 使用超细粉末、高能球磨粉末进行活化烧结。如碳化硼细粉压坯可烧结到相当致密，而烧结粗碳化硼粉末压坯，即使提高烧结温度和延长保温时间，也达不到细粉末烧结的效果。活化烧结主要用于钨、钼、铼、铁、钽、钒、铝、钛和硬质化合物材料等的烧结。

（4）微波烧结。微波烧结是利用微波与材料相互作用，导致介电损耗而使陶瓷表面和内部同时受热（即材料自身发热，也称体积性加热），因此与传统的外热源常规加热相比，微波加热具有快速、均匀、能效高、无热源污染等许多优点。

传统加热和烧结是利用外热源，通过辐射、对流、传导对陶瓷样品进行由表面到内部的加热模式，速率慢、能效低，存在温度梯度和热应力。而微波烧结陶瓷的加热是微波电磁场与材料介质的相互作用，导致介电损耗而使陶瓷材料表面和内部同时受热，这样温度梯度小，避免产生热应力和热冲击。

5．工艺缺点

外加晶须（或短切纤维）增韧复合材料仍存在以下难以克服的缺点。

（1）超声振动、高速搅拌、适当的分散剂和极性溶剂虽然可以实现晶须的均匀化，但由于晶须间存在分子静电引力和相互缠绕，很难做到晶须完全均匀分散，晶须团聚不仅阻碍烧结致密化，而且是气孔和大缺陷的聚集区；同时有些区域由于不含晶须，所以起不到补强增韧的效果，影响复合材料力学性能。

（2）晶须的价格昂贵，晶须处理过程对人体的健康产生危害。

（3）晶须生产和使用过程受到一定的空气污染，影响复合材料中晶须与基质间结合界面的物理化学特性。

（4）晶须与基体在烧结和高温使用过程中会发生一定的物理化学变化，趋于新的热力学平衡，影响材料的性能。

四、原位生长晶须（或短切纤维）增韧陶瓷基复合材料制备工艺

原位生长工艺是通过化学反应在基体熔体中原位生成增强晶须，从而形成晶须增韧陶瓷基复合材料的工艺。根据晶须生长的热力学，在陶瓷基体中掺入可生成晶须的元素（或化合物），控制其工艺条件，保证在陶瓷基体致密化过程中在基体内部原位生长出晶须。

采用原位生长晶须有望克服外加晶须（或短切纤维）所带来的缺点，由于晶须是在粉体中均匀生长的，无须从外界引入，分散均匀。在一定的保护气氛下生成晶须和制备复合材料，可防止外界的污染；而且晶须是在基体中高温条件下制备，所以两者处于一定的高温热力学和相平衡状态，对高温下使用的复合材料非常有利；另外晶须与基体间可能存在一定键结合，可以改进晶须与基体界面结合性能。同时，原位生长法可降低复合材料的成本。

原位生长法制备晶须增强陶瓷基复合材料的方法有碳热还原法、燃烧合成法、气固反应法、液固生成法、化学混合法等。

（1）碳热还原法。碳热还原法是将C、反应物、要增强相及添加剂等物质混合后，在惰

性气氛中发生碳热还原反应，脱碳后热压制备成复合材料的一种方法。这种方法制备工艺相对比较成熟，工艺比较简单。但原位生成反应中存在反应转化率和剩余产物去除的问题，在很大程度上会影响复合材料力学性能。

（2）燃烧合成法。燃烧合成法采用快速升温以达到原位生长晶须。以SiC_w增强Al_2O_3基复合材料为例，将SiO_2、Al粉、炭黑粉按一定比例混合后压制成圆片，在383K下烘干。以400K/min升至1723K后，随炉冷却降温。该工艺采用快速升温，不同于传统的自蔓燃高温合成。快速升温将使Al粉只有很短时间处于液态，不易产生成分偏析，但试样需要高温来实现致密化。该法制备复合材料工艺过程简单，但反应不易控制。由于避免了碳热还原反应中产生气体所导致的形变，所以制备的复合材料无尺寸变化，该工艺特别适应于陶瓷刀具的制造。

（3）气固反应法。气固反应法是将粉体与结合剂混合模压后于一定的反应气体氛围中加热。该方法工艺简单，无需去除反应残留物。但由于气体反应过程中液体黏度与蒸汽压的变化会使得气体外散导致材料的强度下降。

（4）液固生成法。液固生成法已作为提高Al_2O_3—C复合耐火材料强度和韧性的一种方法。将刚玉、石墨粉、Si粉、SiO_2等按一定的配比混合均匀，用热固性酚醛树脂作结合剂，压制成型后在1450℃温度下埋碳烧结4h。通过此方法可制备原位生成SiC强化的Al_2O_3—C复合材料。显微结构分析，Al_2O_3—C复合耐火材料中少量的SiO_2在SiC晶须生成过程中起辅助作用，改善晶须生长传输条件，但不能用来作为硅源。SiC_w主要是通过液相硅Si和固相碳C反应生成。该法用于耐火材料制备很有前途，因为耐火材料对产品纯度的要求相对较低，而且在有足够C的情况下，可大大提高转化率，且无需去除残留反应物的工序。但SiC_w生成仍不易控制，容易生成SiC颗粒。

（5）化学混合法。化学混合法是将两种及以上的反应粉体与石墨粉或炭黑按一定比例混合、球磨、干燥、过筛后装入高纯的石墨容器内，放入炉内，在保护气氛下反应生成混合粉体，再将混合物在空气中焙烧去除残余的碳。把复合粉压制成型后，在反应气氛中热压制备出复合材料。该方法的反应条件如反应温度、原料、气氛和配比对晶须的形貌有着很大的影响，而晶须长度、直径与不同的反应条件有着很大的关系，因此，可以通过调节试验参数对晶须进行可控制备。通过化学混合法制备的复合材料晶须含量比较高，而且不需晶须生长催化剂，所以对整个复合材料力学性能影响小。

五、案例分析

1. 制备氮化硅晶须与氮化硅纳米线增强氮化硅基透波陶瓷（图6-18）

设计步骤如下：首先配制含氮化硅晶须（Si_3N_{4w}）与Si粉的水基浆料，采用凝胶注模工艺制备Si_3N_{4nw}—Si生坯；再对生坯进行氧化除胶，去除生坯中的水分和有机物；经氧化除胶后将Si_3N_{4nw}—Si生坯置于氮化炉中，在氮气气氛下高温氮化，使Si粉转化为Si_3N_{4nw}，得到Si_3N_{4w}—Si_3N_{4nw}增强体预制体；再采用聚合物浸渍裂解工艺（PIP工艺）在预制体中制备Si_3N_4基体，最终获得氮化硅晶须与氮化硅纳米线增强氮化硅基透波陶瓷。其工艺流程如图6-19所示。

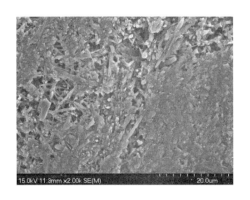

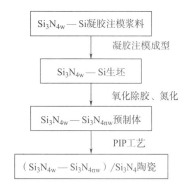

图6-18　氮化硅基透波陶瓷扫描电镜图　　　图6-19　氮化硅晶须与氮化硅纳米线增强氮
化硅基透波陶瓷制备流程图

氮化硅纤维（Si$_3$N$_{4f}$）、氮化硅晶须（Si$_3$N$_{4w}$）和氮化硅纳米线（Si$_3$N$_{4nw}$）是综合性能优异的透波增强体，将其引入陶瓷材料中可有效提高材料的力学性能。然而，对于透波材料而言，增强体的存在会导致材料显微结构的非均质化，一定程度上增强电磁波散射，影响材料透波性能。因此，降低电磁散射是提高复合材料透波性能的关键。选择合适的增强体并设计合理的增强体预制体结构，是降低电磁散射的有效手段。由瑞利散射原理可知，粒子尺寸与电磁波波长之比越小，电磁波散射系数越低。上述三种增强体中，Si$_3$N$_{4f}$的直径通常为十至数十微米，而Si$_3$N$_{4w}$与Si$_3$N$_{4nw}$的直径则通常分别为几微米和几十纳米，因此，采用Si$_3$N$_{4w}$与Si$_3$N$_{4nw}$作为增强体，有望降低电磁散射。除增强体尺寸，增强体预制体结构也会影响材料的电磁散射。采用均匀无序分布的Si$_3$N$_{4w}$作为骨架，Si$_3$N$_{4nw}$均匀生长于Si$_3$N$_{4nw}$孔隙间，这种增强体结构不仅有利于提高材料的力学性能，还可以改善材料显微结构的均匀性，减少电磁波散射。

2. 制备碳化硅晶须增韧二硼化锆陶瓷（图6-20）

设计步骤如下：首先采用溶胶凝胶法在ZrB$_2$颗粒表面包裹SiO$_2$，经干燥、研磨后加入活性炭进行充分混合，混合料在流动氢气气氛保护下加热，利用SiO$_2$—C之间的碳热还原反应在表面原位生成SiC$_w$，得到ZrB$_2$—SiC$_w$粉体，再烧结制备出碳化硅晶须增韧二硼化锆陶瓷材料。

本案例采用溶胶—凝胶法和原位反应制备前躯体，可以保证原料充分接触、混合均匀，在真空管式炉中对混合料加热处理后，得到的产物中生成了大量尺寸细小、弯曲、分布较均匀的SiC$_w$；随着理论SiC$_w$生成量的提高，ZrB$_2$材料内生成的SiC$_w$的量明显增加。借助原位反应的方法向ZrB$_2$材料中引入SiC$_w$，使自生长的晶须在基体内分布均匀，与基体结合较好，这不仅提高了材料各项力学性能，同时也改善了材料的抗氧化性；另

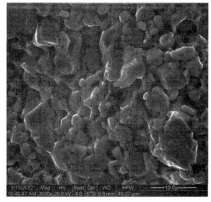

图6-20　碳化硅晶须增韧二硼化锆陶瓷
扫描电镜图

外，该方法不需要购买昂贵的晶须，降低了制备成本。由于SiC_w是在材料制备过程中原位合成的，也避免了外界杂质元素的污染。随着SiC_w生产量的增加，样品的各项性能得到明显提高，同时可以降低烧结温度、缩短反应时间、提高效率，从而更有效地改善材料的结构，提高材料的性能。本案例得到的ZrB_2—SiC_w陶瓷材料的断裂韧性最高为$6MPa \cdot m^{1/2}$，抗弯强度最高为350MPa，硬度最高为18MPa，致密度最高为99.5%。

第三节　颗粒弥散型陶瓷基复合材料制备工艺

由于颗粒弥散型陶瓷基复合材料的增强体和基体原料均为粉末，因此多采用球磨法（特别是湿法球磨）制得混合料。混合料干燥后先成型为坯件，再进行烧结。烧结工艺可分为常压烧结、加压烧结和反应烧结等。加压烧结工艺又可分为通用单向热压烧结和热等静压烧结。

一、增韧机制

颗粒/陶瓷复合材料是在陶瓷基体中弥散分布第二相颗粒，这种复合材料的增韧机制包括：裂纹受阻、裂纹偏转、相变增韧和微裂纹区增韧。颗粒增韧与温度无关，因此可以作高温增韧机制。

影响颗粒/陶瓷复合材料增韧效果的主要因素有：基体与第二相颗粒的弹性模量之差、热膨胀系数之差和两相之间的化学相容性。

1. 弹性模量的影响

当颗粒的弹性模量高于基体时，受拉伸载荷的复合材料中颗粒将阻止基体的横向收缩。为达到变形协调，必须增加外加纵向拉伸应力，即消耗更多的外界能量，起增韧作用。

2. 热膨胀系数的影响

若颗粒与基体的热膨胀系数不匹配，则能在第二相颗粒周围的基体中产生残余应力场。当颗粒弹性模量与基体弹性模量相当时，不论颗粒的膨胀系数大于还是小于基体，能起到增韧效果。

当颗粒的热膨胀系数大于基体时，如复合材料冷却至制备温度以下，在颗粒内产生等静拉应力P[图6-21（a）]，而在环绕颗粒的基体中产生径向拉应力和切向应力[图6-21（b）]。当$(\alpha_p - \alpha_m) < 0$时，上述各应力符号均相反。由颗粒与基体热膨胀系数之差在颗粒中所引起的静拉应力P与颗粒的尺度无关，而在基体中引起的径向拉应力σ_r和切向压应力σ_t则随着颗粒半径r与应力场中某一点距颗粒中心的距离R之比的三次方增大，公式如下：

$$\sigma_r = P(r/R)^3 \tag{6-9}$$

$$\sigma_t = -0.5P(r/R)^3 \tag{6-10}$$

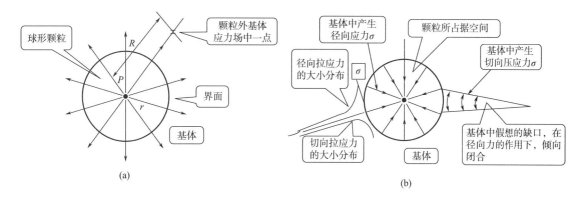

图6-21　含有颗粒的无限大基体中的残余应力（$\alpha_p < \alpha_m$）

当颗粒直径$2r$大于某一临界值d，基体会自发产生切向开裂（$\alpha_p < \alpha_m$），或自发产生径向开裂（$\alpha_p > \alpha_m$）；当颗粒直径$2r$小于某值（d_{min}）时，颗粒容易产生团聚并使团聚颗粒粒径超过d，导致复合材料从制备温度起的冷却过程中自发开裂。因此，颗粒增韧的几何条件为$d_{min} < 2r < d$。

颗粒增强单相细晶陶瓷基体复合材料的增韧机制是裂纹偏转，断裂方式是沿晶界断裂，裂纹偏转的驱动力是上述的残余应力场。在残余应力场的作用下，裂纹扩展路径曲折。当$\alpha_p < \alpha_m$时，裂纹首先沿着与径向应力平行、与切向应力垂直的方向扩展。当裂纹前方存在颗粒时，裂纹偏离原扩展方向，环绕颗粒沿着与切向应力平行，与径向应力垂直的方向扩展。当裂纹靠近颗粒时，由于受到径向压应力的作用，使裂纹到达颗粒与基体之间的界面，再沿主裂纹的原扩展方向传播，增长了裂纹在基体中的扩展路径。当基体晶粒过细，即颗粒直径远比基体晶粒直径大，且$\alpha_p < \alpha_m$时，裂纹扩展路径如图6-22所示；当基体晶粒稍大，但仍小于颗粒直径，且$\alpha_p < \alpha_m$时，裂纹扩展路径如图6-23所示。当颗粒较大时，裂纹穿过颗粒扩展，造成颗粒断裂［图6-22（a）］；当颗粒较小时，裂纹沿颗粒与基体界面扩展，造成界面开裂［图6-22（b）］。当$\alpha_p < \alpha_m$，颗粒直径小于临界直径d_c时，在应力作用下，扩展裂纹的尖端将出现微裂纹区（也称应力诱导开裂），如图6-24所示，松弛裂纹尖端的应力，产生增韧效果。

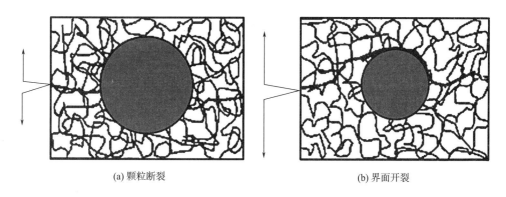

(a) 颗粒断裂　　　　　　　　　　　　　(b) 界面开裂

图6-22　$\alpha_p < \alpha_m$且基体晶粒稍大时的裂纹扩展路径

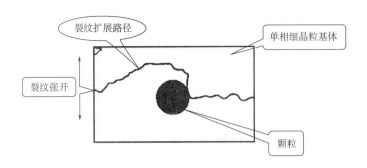

图6-23 $\alpha_p < \alpha_m$ 且基体晶粒过细时的裂纹扩展路径

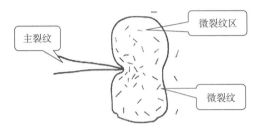

图6-24 裂纹扩展诱发产生微裂区

二、制备工艺

（一）原料处理

将原料粉末进行一定的处理，改变粉末的平均粒度、粒度分布、颗粒形状、流动性和成型性，改变晶型，去除吸附气体和低挥发点杂质，消除游离碳，清洗（包括酸洗）、去除各种原因引入的杂质等。原料处理方法包括煅烧、混合、塑化和制粒。

（二）坯件成型

坯件成型是将处理过的原料粉末通过压制、粉浆浇注、可塑成型（挤压、轧膜）、注射成型等方法制成具有要求形状的坯件，以便进行烧结。坯件成型方法见表6-1。

表6-1 坯件的主要成型方法

成型方法	加压范围	加压温度	模具材料	适应范围及特点
金属模压成型	40~100MPa	常温	高碳钢 工具钢 硬质合金	形状简单，尺寸小、批量大的制品
冷等静压成型	70~200MPa	常温	乳胶 橡胶	形状复杂，尺寸不大、批量少的制品和棒状制品
粉浆浇注成型	常压	常温	石膏	形状很复杂，尺寸大的制品
轧制成型	—	冷轧：常温 热轧：600~1200℃	高硬度铸钢和铸铁轧辊	薄、宽的带状和片状制品
挤压成型	0.7~7MPa	冷挤：40~200℃ 热挤：800~1200℃	普通钢 高碳钢 工具钢	棒、管及截面不规则的长条形制品
爆炸成型	压力极大	—	—	尺寸不限，制品密度高，批量小的制品
注射成型	—	—	高碳钢 工具钢	高精度制品，结构复杂制品

1. 压制法

压制法包括金属模压成型和冷等静压成型。

（1）金属模压成型。金属模压成型（die pressing）属于压制法，是一种金属粉末的成型方法，是将干粉坯料填充入金属模腔中，施以压力使其成为致密坯体。

①模压成型的原理。高纯度粉体属于瘠性材料，用传统工艺无法使之成型。首先，通过加入一定量的表面活性剂，改变粉体表面性质，包括改变颗粒表面吸附性能，改变粉体颗粒形状，从而减少超细粉的团聚效应，使之均匀分布；加入润滑剂减少颗粒之间及颗粒与模具表面的摩擦；加入黏合剂增强粉料的黏结强度。将粉体进行上述预处理后装入模具，用压机或专用干压成型机以一定压力和压制方式使粉料成为致密坯体。

②模压成型的分类。常规方法包括单向加压，双向加压（双向同时加压，双向分别加压），四向加压等。改进的干压成型有振动压制和磁场压制（适用于金属粉末）等。

③模压成型工艺。坯件模压成型原理如图6-25所示。单向模压［图6-25（a）］时，在加压压头一侧的坯件密度较大；双向压模［图6-25（b）］时，坯件中心的密度较低。在金属压模（一般为钢制）中填充按坯件尺寸和密度计算的定量混合粉末，再以一定压强通过压机压头加压成型。压制时，在压头作用下粉末向模腔壁施加侧压力。由于粉末与模腔壁之间的摩擦力的影响，压头的压力对坯件的作用不均匀；靠近压头处的粉末受到的压制力大，越接近坯件中心的粉末受到的压制力越小，造成坯件各部位密度不均匀。为减少摩擦力的影响，可以在粉末中混入能在后续工序中去除的润滑剂，如油酸、硬脂酸锌、硬脂酸镁、石蜡汽油溶液等。

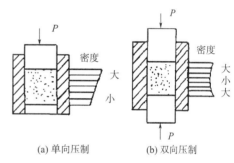

(a) 单向压制　　　　(b) 双向压制

图6-25　单向和双向压制及压坯密度沿高度的分布

④模压成型坯体性能的影响因素。

a. 粉体的性质。包括粒度、粒度分布、形状、含水率等。

b. 添加剂特性及使用效果。好的添加剂可以提高粉体的流动性、填充密度和分布的均匀程度，从而提高坯体的成型性能。

c. 压制过程中的压力大小、加压方式和加压速度。一般，压力越大坯体密度越大，双向加压性能优于单向加压，同时加压速度、保压时间、卸压速度等都对坯体性能也有较大影响。

⑤金属模压成型的特点。模压成型的优点是生产效率高，人工少、废品率低，生产周期短，生产的制品密度大、强度高，适合大批量工业化生产；缺点是对成型产品的形状有较大限制，模具造价高，坯体强度低，坯体内部致密性不一，组织结构的均匀性相对较差等。

（2）冷等静压成型。冷等静压成型是制备材料的一种成型模式，冷等静压成型是利用液体均匀地向各个方向传递压力的特性，实现制品均匀受压，制品的密度均匀。

将增强体和基体的原料粉末与少量增塑剂混合后进行干燥处理，装入模具，通过湿式等静压和干袋式等静压成型坯件。湿式等静压是将预压好的坯料包封在弹性的塑料或橡胶模具内，密封后放入高压缸内，通过液体传递使坯体受压成型，工作原理如图6-26所示。干袋式等静压采用弹性模具半固定，不浸泡在液体介质中，而是通过上、下活塞密封，压力泵将液体介质注入高压缸和加压橡皮之间，通过液体和加压橡皮传递压力使坯体受压成型，工作原理如图6-27所示。通常采用天然橡胶、氯丁橡胶、聚氨基甲酸酯、聚氯乙烯等制作模具封套。干袋式等静压因操作者不直接接触液体介质，故容易提高生产效率和实现自动化。

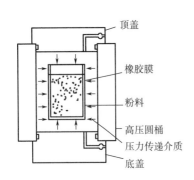

图6-26 湿式等静压制原理

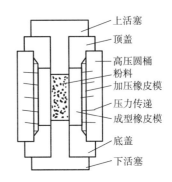

图6-27 干袋式等静压制原理图

冷等静压成型的特点：

①轴向压制成型与等静压成型方法原理近似，为单向或双向压力压制，粉料与模具的摩擦力较大，压力沿压制方向会产生压力损失，使坯体各部分的密度不均匀。而等静压成型时液体介质传递的压力在各个方向上是相等的。弹性模具在受到液体介质压力时产生的变形传递到模具中的粉料，粉料与模具壁的摩擦力小，坯体受力均匀，密度分布均一，产品性能有很大提高。

②能压制具有凹形、空心、细长以及其他复杂形状的坯件。

③模具成本较低。

2. 粉浆浇注成型

粉浆浇注成型是一种不施加外力的坯件成型技术。

（1）粉浆浇注成型的原理。在原料粉末中加入适量的水或有机液体以及少量的电解质，形成相对稳定悬浮液，注入石膏模中，让石膏模吸去水分后，取出固体坯件并烘干即成。其工艺流程如图6-28所示。

（2）粉浆浇注工艺的基本过程。将粉末与水（或其他液体，如甘油、酒精等）制成一定浓度的悬浮粉浆，注入具有所需形状的石膏模中；多孔的石膏模吸收粉浆中的水分（或液体），使粉浆物料在模内得以密实并形成与模具型面相应的成型注件，待石膏模将粉浆中液体吸干后，拆开模具，取出注件。

（3）粉浆浇注的主要步骤。

① 粉浆的制取。粉浆是由金属粉末（或金属纤维）与母液构成的。母液通常是加入各种添加剂的水溶液。添加剂包括黏结剂、分散剂、悬浮剂、稳定剂、除气剂和滴定剂等。

黏结剂的作用是把粉末体黏接起来，生产上常用的黏结剂有藻朊酸钠、聚乙烯醇等。分散剂与悬浮剂的作用在于防止颗粒聚集，制成稳定的悬浮液，改善粉末与母液的润湿条件并且控粉末的沉降速率。水是一种极佳的分散剂，但易使金属粉末氧化而难以获得稳定的悬浮液，故常需再加入一定数量的悬浮剂。常用悬浮剂有复水、盐酸、氯化铁、硅酸钠等。滴定剂的作用是控制粉浆的酸碱度，调节粉浆的黏度。常用的滴定剂有苛性钠、复水、盐酸等。粉浆的制取是将金属粉末与母液同时倒入容器内不断搅拌，直至获得均匀无颗粒聚集的悬浮液为止。悬浮粉浆需要除去吸附在粉末表面上的气体。

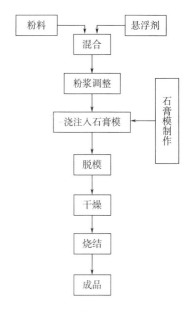

图6-28　粉浆浇注工艺示意图

②石膏模具的制造。一般可按常见的石膏模制造工艺来制造，但应当注意石膏粉的粒度及其组成。提高石膏粉末的分散度有助于提高模具的吸水能力。石膏模的制造程序为：先将石膏粉与水按1.5∶1的比例混合并加入1%尿素拌匀并浇入型箱中，待石膏稍干即可取出型芯，再将石膏模在313～323K干燥。干燥好的石膏模轻轻敲击时可发出清脆的声音。

③浇注。为防止浇注物黏接在石膏模上，浇注前应将涂料喷涂到石膏模壁上，这种涂料通常称为离型剂。常用的离型剂是硅油。此外，还可以在石膏模壁上薄涂一层肥皂水，防止粉末与模壁直接接触。同时，肥皂膜还可以控制石膏模的吸收水分的速率，防止注件因收缩过快而产生裂纹。

④干燥。将粉末和黏结剂混合物粉浆注入石膏模后，静置一段时间，石膏模即可吸去粉浆中的液体。实心注件在浇注1～2h后即可拆模。空心注件则视粉浆的沉降速率和所需要厚度确定静置时间。注件取出后小心去掉多余料，将注件在室温下自然干燥或在可调节干燥速率的装置中进行干燥，其时间长短视零件的大小而定。与粉浆浇注的方法类似的是带状浇注成型，带状浇注用于成型薄板，如电池电极、钎焊层、微电子基板、钢板等的成型。

粉浆必须具有良好的流动性和稳定性（即悬浮性好，沉降率小），以便于倾注和保证坯件各部分之间一致，不受浆料浇入模腔先后的影响，同时也便于料浆贮存和浇注操作。此外，石膏模吸水速度要适当，使坯件脱模时和脱模后有一定的强度，不致有空洞、开裂。

（4）影响粉浆流动的主要因素。粉浆中固相的含量、颗粒形状、粉浆温度、介质黏度、原料及粉浆的处理方法等。

（5）粉浆成型的主要方法。有空心注浆（也称单面注浆，图6-29）、实心注浆（也称双面注浆）。两者差别在于前者无型芯，料浆注满模腔并经一定时间后，坯件的内部形状由型芯决定。此外，压力注浆、离心注浆、真空注浆和流延注浆也可归于注浆成型法。粉浆浇注法适用于形状复杂、尺寸大的碳化物、硅化物、氮化物为基体的复合材料制品坯件（如涡轮叶片、坩埚、大型喷管衬套、方形和圆形块状坯件等）。

169

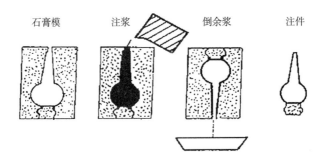

石膏模　　　注浆　　　倒余浆　　　注件

图6-29　空心注浆成型

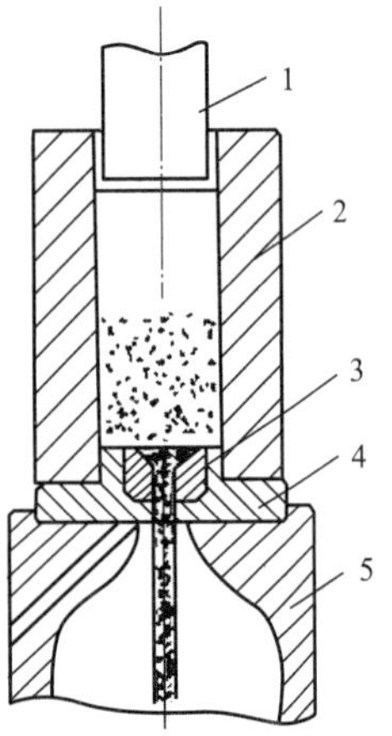

3. 可塑成型

可塑成型是将粉末、黏结剂、增塑剂和溶剂制成可塑泥团（含水量较低粉浆，为19%～26%），再经挤压、轧膜或旋坯方法制成坯件。这里简要介绍挤压成型和轧膜成型。

①挤压成型。挤压成型也称挤塑成型，它利用液压机推动活塞，将已塑化的泥团从挤压嘴的内通道向出口逐渐缩小，形成很大的挤压力，使泥团致密并成型为棒状或管状坯件。挤压工艺原理如图6-30所示。

挤压嘴的锥角过小，则挤压压力小，坯件不易致密；锥角过大，则阻力大，不易挤出。当坯件直径$d<10mm$时，锥角以12°～13°为宜。挤压更大的坯件时，锥角可增大至20°～30°。挤压管件时，坯件外径和壁厚尺寸对照见表6-2。

图6-30　挤压工艺原理

1—上冲模　2—模套　3—挤压嘴
4—模嘴室　5—支架

表6-2　推荐的挤压管坯件外径与壁厚尺寸

挤压管外径/mm	3	4～10	12	14	17	18	20	25	30	40	50
壁管最小厚度/mm	0.2	0.3	0.4	0.5	0.6	1.0	2.0	2.5	3.5	5.5	7.5

②轧膜成型。轧膜成型是在转动轧辊和轧制轧辊之间，将原料混合粉末泥团进行连续轧制，成为片状坯件的一种成型方法。此法适用于成型厚度1mm以下的薄片坯件。工艺原理如图6-31所示。坯膜厚度通过轧辊间距来调整。当轧辊转动时，由于摩擦力的作用，粉末泥团被带入辊缝中，坯料的致密化由某一截面a-a开始，至变形区出口（截面O-O）结束。

与一般压膜方法相比，轧膜成型有如下优点：不需要模具、操作容易、生产成本低、轧机功率小。轧膜成型可以制得宽而长的片状坯件。

（三）坯件烧结

烧结（热致密化工艺）可分为常压烧结、气氛压力烧结、热压烧结、热等静压烧结、活化烧结及微波烧结等。

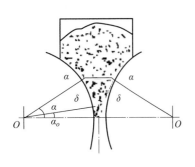

图6-31　轧膜工艺原理

（1）常压烧结。常压烧结即无压烧结，一般采用常规加热方式，可在传统电炉中进行，是目前陶瓷材料生产中最常采用的烧结方法。由于纯的陶瓷材料有时很难烧结，所以在性能允许的条件下，通常引入一些烧结助剂，以期形成部分低熔点的固溶体、玻璃相或其他液相，促进颗粒重排，提高黏性流动，从而获得致密的产品，同时也可以降低烧结温度。在氧化铝的烧结中常加入TiO_2、Cr_2O_3、Fe_2O_3、MnO_2等物质以形成固熔体。这类氧化物有与氧化铝相近的晶格常数，同时是变价氧化物。由于变价作用，使氧化铝内部产生晶体缺陷，活化晶格，促进烧结。例如，加入质量分数为0.5%~1%的TiO_2，Ti^{4+}和Al^{3+}的离子半径相近（分别为0.064nm和0.057nm），因此Ti^{4+}极易取代Al^{3+}而形成TiO_2—Al_2O_3固熔体，并引起晶格畸变。另外，为了达到电荷平衡，必定会留下空位，更有利于烧结。同时，当TiO_2—Al_2O_3到高温时，Ti^{4+}会还原为Ti^{3+}，由于Ti^{3+}的离子半径更大（约0.069nm），使得Al_2O_3晶格的歪斜、扭曲比Ti^{4+}引起的更严重。由于Ti^{4+}和Ti^{3+}的综合作用，可使烧结温度降低150~200℃。在Si_3N_4的烧结中可加入适量的MgO、Y_2O_3、Y_2O_3—Al_2O_3、ZrO_2、稀土元素氧化物及碳化物、氮化物、硅化物添加剂。尽可能地降低粉末粒度也是促进烧结的重要措施之一。因为粉末越细，表面能越高，烧结越容易。例如，普通TiO_2的烧结温度为1300~1400℃，用四乙醇钛为原料制得的TiO_2粒度为0.3μm，其烧结温度为1050℃。

（2）气氛压力烧结。气氛压力烧结（简称气压燃结）采用专门的气氛压力烧结炉，在高温烧结过程中设定的时间段内施加一定压力的气氛，以满足部分特殊陶瓷材料的烧结要求。Si_3N_4陶瓷刀具有优异的综合性能，但在高温情况下如不采取有效防护措施，Si_3N_4在烧结完成之前已升华分解。最常用的方法是提高氮气气氛压力。例如，氮化硅的气压烧结，将Si_3N_4刀片坯体在真空状态下升温至400℃，加入2MPa的氮气保护；再升温至1750℃时保温1h，随炉冷却。在烧结中，前期的真空条件有利于坯体水分的排除及进一步彻底排胶，后期的氮气压一方面可防止氮化硅的分解，另一方面有利于窑炉内的温度均匀。气压烧结后坯体的密度可达理论密度的93%~98%。埋粉也可以抑制Si_3N_4在高温下的热分解，常见的埋粉为Si_3N_4+BN+MgO或在与烧结体同组分的粉料中加入氮化硼的混合物等。另外，一些氧化物制品，特别是某些半导体陶瓷烧结时，气氛中的氧分压十分重要。气氛压力烧结满足了部分特殊陶瓷材料的烧结需要，如防止分解。同时在保温阶段后期，一定压力的气氛对烧结体产生一个类似于热等静压过程的均向施压过程，有利于烧结材料性能的进一步提高，故被国内绝大多数氮化硅制品厂家采用。

（3）热压烧结。对较难烧结的粉料或生坯，采取在模具内边加压边升温的方法，这一方法称为热压烧结。它采用专用热压机，在高温下单向或双向施压完成。温度与压力的交互作用使颗粒的黏性和塑性流动加强，有利于坯件的致密化，可获得几乎无孔隙的制品，热压机包括加热炉、加压装置、模具、测温测压设备。热压法包括普通热压烧结、反应热压、真空热压、气氛热压等。在高温高压作用下，粉末体的致密化过程与一般无压烧结或常温压制有很大差异，与一般无压烧结相比，烧结速率大大提高；与常温压制相比，最后所得粉末体相对密度和强度大大提高。由此可见，高温高压同时作用可大大强化致密化过程。

一般认为，普通热压烧结有两种普通烧结中不存在的明显的传质过程，即晶界滑移传质

（高温低压时以塑性滑移为主，低温高压时以碎裂型滑移为主，是剪应力作用下的快速传质过程）和挤压蠕变传质（相对静止的晶界在正压力作用下的缓变过程）。

热压烧结的致密化过程可分为三个阶段：热压初期，即高温加压初期，密度迅速增加，气孔大量消失，粉粒重排，晶界滑移引起局部碎裂或塑性流动传质；热压中期，密度的增加显著缓慢，主要的传质推动力是压力下的空格点扩散及与此相伴的晶界中气孔的消失；热压后期，主要传质推动力与普通烧结相似。

通过热压可降低温度和烧成时间，可有效控制坯体显微密度，无须添加烧结促进剂与成型添加剂。例如，Si_3N_4材料的热压烧结在石墨模具中进行，温度为1600~1800℃，压力为20~30MPa，保压时间为20~120min，整个过程在氮气气氛中进行，热压氮化硅制品密度高，孔隙率接近零，弯曲强度为1000MPa，断裂韧性为5~8MPa·$m^{1/2}$，强度在1000~1100℃的高温下不下降。

但是热压烧结只能制造形状简单的制品，同时热压烧结后制品微观结构具有各向异性，导致使用性能也具有各向异性，使用范围受到限制。此外，由于制品硬度高，热压制品的后续加工特别困难。

（4）热等静压烧结。将粉末压坯或装入包套的粉料放入高压容器中，在高温和均衡压力下烧结的方法称为热等静压烧结。热等静压烧结采用专用热等静压机，设备包括高压容器、高压供气系统、加热系统、冷却系统、气体回收系统。在高温下完成各向均匀施压。热等静压烧结的产品密度均匀，机械性能优异，且具有各向同性，是高性能陶瓷制品的常用烧结方法，可用于生产高性能和高可靠性的净尺寸陶瓷。热等静压也是制备纳米陶瓷的很好方法，例如，上海硅酸盐研究所用高温等静压工艺，制备了纳米结构的SiC单相及Si_3N_4/SiC复相陶瓷。研究表明，1850℃、200MPa条件下保温1h，可获得晶粒尺寸小于100nm，结构均匀、致密的SiC单相纳米结构陶瓷。1750℃、150MPa条件下保温1h，可获得晶粒尺寸在50nm左右、结构致密、均匀的Si_3N_4/SiC复相纳米陶瓷。但是热等静压烧结设备昂贵，一次性投资较大。

热等静压还可以对一些采用其他烧结方法制备的陶瓷制品进行后续热处理（Post-HIP）。例如，当陶瓷刀片坯体密度大于93%时，开口气孔基本完全消除，可在坯体表面自然形成包套，因此，刀片坯体可直接置于热等静压烧结炉内进行处理。在处理过程中，以氮气作为加压介质，加压150MPa，升温至1650℃，保温1h，随炉冷却。经过热等静压烧结处理，刀片的密度可达理论密度的99.5%以上，坯体强度在气压烧结的基础上可增加50~200MPa，显微硬度提高0.1~0.5GPa。

（5）活化烧结。对于性能要求一般的陶瓷材料及制品，常规烧结是最方便、经济、可行的烧结方法。但是由于陶瓷材料极难烧结，常规烧结通常引入低温的晶间玻璃相以提高其烧结性能，这对高温结构陶瓷不利，而且其致密化也受工艺限制，不能充分满足高性能产品的需求。对于特种陶瓷材料，常规烧结方法外，近年还广泛地发展了众多的活化烧结方法，即在烧结前或烧结过程中，采用某些物理或化学方法，使反应物的原子或分子处于高能状态的不稳定性，易放出能量而强化烧结的工艺。物理方法有电场烧结、磁场、超声波或辐射等。化学方法有以氧化还原反应，氧化物、卤化物的解离为基础的化学反应。此外还有加入促进固溶体生成，增大晶格缺陷，形成活性液相，生成新生态分子的物质的均属活化烧结。

活化烧结可降低烧结温度、减少烧结时间、改善烧结效果，在一些难烧结的特种陶瓷的制备中大放异彩。对于纳米陶瓷的烧结来说，这些特殊的烧结方法也必不可少。纳米粉体与普通粉体、亚微米粉体相比有很多独特的性能，例如，纳米粉体颗粒表面能高，材料的烧结驱动力也随之剧增。扩散速率的增加以及扩散路径缩短，大大加速了整个烧结过程，因此烧结过程也有很多不同。一是烧结温度与普通材料相比大幅度降低，烧结中三个阶段的温度都较低；二是坯体致密化迁移机理也有变化。各种扩散的活化能下降，并可能出现某种新的扩散形式，这些新现象使得烧结过程变得更加复杂，经典的烧结理论甚至在预测致密度与烧结时间的关系也很困难。若用传统的烧结方法，很难抑制晶粒的长大，由于晶粒尺寸的过分长大，有可能失去纳米陶瓷的特性。

（6）微波烧结。近年来，微波技术在陶瓷材料中的应用越来越多。微波烧结是一种利用电解质在高频电场中的介质损耗，将微波能转变为热能而进行烧结，微波烧结具有许多常规烧结无法实现的优点，如高能效、无污染、整体快速加热、烧结温度低、材料的显微结构均匀，能获得特殊结构或性能的材料等，具有良好的发展前景。

根据微波能的利用形式，微波烧结可分为微波加热烧结、微波等离子烧结、微波等离子分布烧结等。微波加热与常规加热模式不同，前者是依靠微波场中介质材料的极化损耗产生本体加热，因此微波加热温度场均匀，热应力小，适宜于快速烧结。并且微波电磁场可促进扩散，加速烧结过程，使陶瓷材料晶粒细化，有效抑制晶粒异常长大，提高材料显微结构的均匀性。

采用微波烧结ZrO_2增韧莫来石，所用烧结温度仅为1350℃，比其对应的常规烧结温度降低250℃以上，且微波烧结的陶瓷晶粒更细小、均匀，晶界强度更高。微波烧结是一种整体性加热。由于大多数陶瓷材料对微波具有良好的透过度，因此微波加热是均匀的，从理论上讲，加热速度可达300℃/min甚至更高。但在实际加热过程中，样品表面有辐射散热，且温度越高，热损失越大，如果没有合适的保温装置，则加热体内外温差极大，可能导致样品烧结得不均匀，甚至严重开裂，所以要合理设计保温层，尽量减少热量损失，改善加热均匀性。另外，在低温下，低介损物质对微波的能量几乎不吸收，必须采用混合式加热或添加耦合剂直接烧结。

（四）案例分析

1. 制备晶须和颗粒协同增韧层状陶瓷基复合材料（图6-32）

设计步骤（图6-33）如下：

（1）制备稳定的SiC晶须和SiC颗粒的混合浆料。

（2）采用流延法制备晶须和颗粒薄膜。

（3）在步骤（2）制备的薄膜上采用化学气相渗透法沉积SiC基体。

（4）以步骤（3）制备的复合材料为基片，重复步骤2在复合材料的基片上制备晶须和颗粒薄膜，薄膜厚度为150~1000μm。

（5）在步骤（4）制备的薄膜上沉积SiC，沉积条件与步骤3相同。

（6）多次重复步骤（2）~（5），得到晶须和颗粒协同增韧层状陶瓷基复合材料。

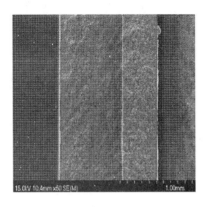

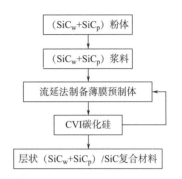

图6-32　层状陶瓷基复合材料的扫描电镜图　　图6-33　层状陶瓷基复合材料制备流程

本案例涉及的晶须和颗粒协同增韧层状陶瓷基复合材料的制备方法，将化学气相渗透结合流延工艺，不仅能减少对增强体的损伤，而且能协同控制材料体系的多元界面。晶须和颗粒分散均匀，充分发挥二元组分协同增强的作用，改善层状复合材料的致密性，提高层状陶瓷基复合材料的强韧性。采用晶须和颗粒作为增强体协同增强，化学气相渗透结合流延法制备层状陶瓷基复合材料，减少了制备过程中对增强体的损伤，提高了复合材料的强韧性。与常见的制备协同增强复合材料的方法相比，化学气相渗透法制备的晶须和颗粒协同增强层状陶瓷基复合材料，拉伸强度达到90~120MPa。

2. 制备颗粒增强陶瓷薄板（图6-34）

设计步骤如下：

（1）将增强相颗粒（或称颗粒增强相）按质量配比为5%~30%加入陶瓷薄板原始粉料。

（2）混合原料造粒、布料，再进行干压成型。

（3）素坯烧结，获得颗粒增强陶瓷薄板。

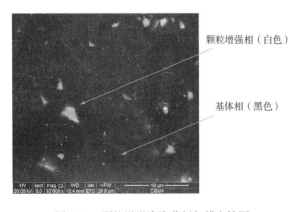

图6-34　颗粒增强陶瓷薄板扫描电镜图

通过引入颗粒增强相，利用颗粒与基体材料的界面效应以及弥散强化机制，具体而言，颗粒增强相均匀弥散分布于基体相中，在陶瓷中起到负载传递和对裂纹的钉扎等作用，能够阻止晶界的滑移与裂纹的偏转，能够较大程度地提高陶瓷薄板力学性能，实现陶瓷薄板的增强增韧。例如，本案例的颗粒增强陶瓷薄板与不含有颗粒增强相的陶瓷薄板相比，弯曲强度可提高近90%。

第四节　陶瓷与金属的接合

陶瓷材料与金属材料在机械强度和耐高温性能等方面各有优势，在实际使用中，往往需要将陶瓷材料接合到金属材料上，也可在陶瓷材料表面形成金属层，或者在金属表面形成陶瓷层，这就需要发展陶瓷与金属的接合技术。

广义的陶瓷金属化和陶瓷与金属封接，在我国有着悠久的历史。例如，日用瓷上烧金水，这是一种陶瓷金属化工艺，景泰蓝也属于一种陶瓷—金属封接工艺。但在我国，20世纪50年代后才将工业用陶瓷进行金属化并与金属零件紧密地焊在一起，使其具有高的机械强度、真空致密性和某些特殊性能。随着真空电子器件进入超高频、大功率、长寿命领域，玻璃与金属封接已不能胜任制管要求，陶瓷—金属封接工艺的开展提上日程。这项工艺国内自1958年开始试验，1975年在产业化上初步得到解决。至今，已日臻成熟并取得很大的进展。

陶瓷—金属封接工艺可分为液相工艺、固相工艺和气相工艺。

一、液相工艺

液相工艺是指在进行陶瓷金属化或陶瓷与金属直接封接时，在陶瓷与金属（或金属粉）界面间有一定量的液相。这个液相可能是熔融氧化物，也可能是熔化的金属。因为有液相的存在，物质间发生分子间（或离子间）的直接接触，起一定程度的物理或化学作用，黏接在一起。液相工艺包括大部分的典型封接工艺，也是现在国内外真空电子工业中最广泛采用的工艺。如钼锰法、活性合金法和氧化物焊料法，可视为厚膜工艺。

1. 烧结金属粉末法

用烧结金属粉末法进行陶瓷金属封接，通常不是一步将陶瓷与金属零件焊接于一起，而是先将陶瓷表面进行金属化，再将金属化后的陶瓷与金属零件钎焊。为了使焊料在金属化层上浸润并形成阻挡层，通常还要在已烧结的金属化表面上电镀或手涂一层镍，再与金属零件钎焊。因为金属化工艺要求温度较高，所以这种工艺又称为高温金属化法。由于还要有一层镍层，所以有时也称为多层法。烧结金属粉末法是陶瓷—金属封接工艺中发明最早、最成熟、应用范围最广的工艺。目前国内外真空电子器件研制生产单位多选用此工艺。烧结金属粉末法所用的金属粉，通常是以一种难熔金属粉（如W、Mo）为主，再加以少量的熔点较低的金属粉（如Fe、Mn或Ti）。最先发明的配方是W—Fe混合粉，后来发明的Mo—Mn混合粉适应性更强，得到迅速推广。目前绝大多数单位选用Mo—Mn配方，所以通常也称为钼锰法。随着任务的不同、选用材料的不同和要求的不同，单纯Mo—Mn配方已不能适应需要，故以Mo—Mn为基础进行改进的配方大量涌现，已报道的可用配方有数百种。改进的方向大体可分为两类：添加活化剂；用钼、锰的氧化物或盐类代替金属粉。下面分别进行简单介绍。

（1）添加活化剂。在金属化粉剂配方中添加活化剂的目的，通常是使金属化温度降低些，即使陶瓷金属化容易些。活化剂有时也可使封接强度提高。活化剂可以是矿石粉、瓷粉、工业原料和化学试剂，它们的成分主要为CaO，MgO、SiO₂、Al₂O₃、TiO₂、Y₂O₃、CuO等。活化剂的作用主要是促进高温液相的产生，一般在达到金属化温度时，有的活化剂本身变成液相，有的与陶瓷的部分成分作用生成液相，有的与氧化的金属粉生成液相，通常是两三种情况同时发生。这些液相同时浸润金属粉和陶瓷表面，与之发生作用，产生黏接。

（2）用钼、锰的氧化物或盐类代替金属粉。这类方法改进的目的是较大地降低金属化温度，有时也称低温金属化法。选用的原料主要是化学试剂，如MoO₃、MnO₂、（NH₄）₂MoO₄、Mn（NO₃）₂、KMnO₄等。金属化温度一般在1200℃以下。这类方法的优点除上述的金属化温度很低外，因配方中无金属粉，各组成成分密度相差不大，容易保持膏剂成分均匀。有的配方完全是水溶液，因而对于深细小孔的涂敷非常方便。有的配方可以使金属化与钎焊在一次升温中完成。这类方法的一个主要缺点是金属化层迁移率太高，不易控制，有时整个瓷件表面都敷了金属化层。配方中添加Cu₂O对金属化层的迁移有抑制作用，但很难做到完全控制，有时必须对已金属化的瓷件进行磨加工，把不需要金属化部位但已迁移来的金属化层磨掉，再进行钎焊。在此类方法中，不论相以什么形式加入，在金属化后绝大部分还原成金属钼。此法金属化层很薄，多应用于金属化小件或深孔件。

2. 活性金属法

活性金属法也是一个广泛采用的陶瓷—金属封接工艺，在国际上，此法比烧结金属粉末法的发展晚10年。但在国内，两种方法基本同时开展。目前国内多数工厂是两种方法同时采用。活性金属法的特点是工序少，陶瓷—金属封接工作在一次升温过程中完成。有些小型管则连同阴极分解、排气、封管一次完成。活性法工艺受陶瓷成分及性能的影响很小，不同种类、不同来源陶瓷可用同一工艺进行封接。活性法的缺点是不适于连续生产，适合大件、单件生产或小批生产。

活性金属法所要求的基本条件：第一是有活性金属；第二是具备与活性金属形成低共熔合金或能溶解活性金属的焊料；第三是存在惰性气氛或真空。活性金属法可在纯、干的氢或惰性气氛中进行，也可在真空度低于1×10⁻³Pa的真空内进行，因为获得真空更容易些，所以绝大多数单位都采用真空法。

活性法对动力要求比较简单，有水有电即可开展工作，而烧结金属粉末法除水、电之外还要求氢、氮、煤气等气体动力条件。活性金属可选用Ti、Zr、Ta、Nb、V等，但使用最多的是Ti，可选用钛箔、钛丝，而钛粉及氢化钛粉使用起来更方便。高温活性金属法，用于焊接难熔金属与高纯氧化铝瓷或氧化铍瓷，所用活性合金焊料有Zr—19Nb—6Be、Zr—48Ti—4Be、Zr—28V—16Ti等。可供活性封接用的焊料很多，用得最多的是银铜低共熔合金，但含银焊料在真空炉内，银容易蒸发，沉积于陶瓷表面，降低陶瓷的介电性能。为克服这一缺点，焊接后有时需对焊件进行喷砂、酸洗或低温烧氢等焊后处理，或采用不含银焊料。其他常用的活性金属焊料配方有Ti—Ge—Cu、Ti—Ni、Ti—Cu，在一些情况下可用Ti—Au—Cu、

T—Ni—Cu等。

为了获得满意的封接，必须控制参与作用的活性金属与焊料之间的比例，对Ti—Ag—Cu来说，Ti含量最好控制在3%~7%（质量分数），如用金属钛作零件，则应严格控制焊接温度和保温时间，防止过多的Ti溶解，用Ti—Ni时，最好控制Ni在合金中不超28.5%，保温时间过长会造成焊口漏气。

3. 氧化物焊料法

研究烧结金属粉末法机理，人们认识到高温液相介质一方面浸润陶瓷表面，另一方面浸润微氧化了的金属表面，形成陶瓷与金属的黏接。从这一事实联想到以混合氧化物作为焊料，进行陶瓷—金属封接，于是推出氧化物焊料法。

构成焊料的氧化物必须含有碱土金属氧化物，如CaO、MgO、SrO、B_2O_3等，同时必须含有酸性或中性氧化物，如SiO_2、Al_2O_3、B_2O_3等（也称为网状结构氧化物）。两类氧化物各取2~3种不等。公开报道的配方有$Al_2O_3+SiO_2+CaO+MgO$、$Al_2O_3+CaO+SrO+BaO$、$Al_2O_3+B_2O_3+CaO+MgO$。这些氧化物可以先熔化后水淬再磨成细粉，也可以将混合氧化物磨细后使用。氧化物焊料在焊接温度下（通常在1500℃以上）熔成黏稠液体（玻璃），与金属及陶瓷表面起作用生成黏结层，冷却后绝大部分又析晶出来形成各种微晶，变成牢固的中间层。析出的晶相不再是纯氧化物而是各种铝酸盐或硅酸盐，如$3CaO·Al_2O_3$、$CaO·Al_2O_3$、$3CaO·2SiO_2$等，晶粒之间留有少量玻璃相。氧化物焊料法不同于高温釉法，更不同于玻璃金属封接，后两种方法都有较厚的玻璃层，因而其封接强度很低，氧化物法封接层是微晶，所以封接强度很高。氧化物焊料法多用于高氧化铝瓷或透明氧化铝瓷与W、Mo、Ta、Nb等纯金属封接，封接时W、Mo、Ta、Nb等表面分子部分氧化成低价氧化物并向熔态氧化物内扩散，形成封接层。

二、固相工艺

（一）工艺设计原则

由于金属—陶瓷封接过程中容易产生附加应力，并影响到产品性能。因此金属—陶瓷封接产品在材料匹配、结构设计等过程中须遵循以下设计原则。

（1）线膨胀系数匹配原则。陶瓷—金属封接中的金属件和陶瓷件的线膨胀系数应力求一致或接近，在室温至焊接温度的整个区域中，相差应在7%~10%范围内，如4J34合金和95%Al_2O_3陶瓷。

（2）低弹性模量、低屈服极限原则。在非匹配封接中，由于热膨胀相差较大，应选择具有低弹性模量、低屈服极限的金属材料作为零件，如无氧铜。

（3）热导率接近原则。在选择配偶材料时，除热膨胀应匹配外，两者的热导率较近，对减小封接件的热应力是有利的。

（4）压应力原则。由于陶瓷的抗张强度大约是抗压强度的1/10，因而，在设计封接件时，应尽可能使瓷件受压应力。例如，对于高强度、高线膨胀系数的不锈钢应采用外套封结结构。

（5）减小应力原则。在保证封接件强度足够的前提下，封接面上的金属厚度应尽可能减薄，以释放部分应力。例如，通常封接面上的金属厚度为0.5~1.0mm。另外，管状的细管比实心的针好。

（6）避免应力集中原则。应力集中在封接件中十分有害，易造成可靠性差，甚至引发灾难性的后果。例如，输出窗封接件应尽可能采用圆形窗，避免采用矩形或方形窗。

（7）过渡封接原则。封接过程中，特别是针封结构过程中，应尽可能采用过渡封接，降低应力。例如，材料为Mo且$\Phi \geqslant 1$mm时，不应采用实心针直接封接，而应采用过渡封接。

（8）刀口封接原则。近年来，刀口封接被大量采用，主要原因是：零件加工简单、成本降低；零件配合、装架方便，易于实现规模化生产；封接应力小，有利于产品的质量和可靠性提高。在结构允许的条件下，应尽可能采用刀口封接。例如，大直径瓷环与不锈钢圆筒的封接。

（9）挠性结构原则。除了在金属零件上减小厚度可以降低应力外，采取挠性结构也可以达到同样的目的，因而在设计时应尽可能拉长封口间的距离、减小焊料量，焊接时不能形成实体或"死疙瘩"。

（10）焊料优选原则。在选择焊料时，应尽量采用塑性好并在焊接时不与母材形成脆性化合物的材料，在形状上，以采用丝状为宜。据报道，在相同条件下丝状焊料比片状封接强度高20%~35%。

（二）工艺方法

所谓固相连接，是在一定的压力和温度条件下，两件固态材料接触而紧密相接而产生一定的塑性变形，使其原子互相扩散，实现整体连接的方法。从其工艺特点来看，实现这种固态连接的方法很多，尤其是对陶瓷（或玻璃）与金属的连接，主要有扩散封接、摩擦压焊连接、超声波焊连接和静电加压、压力焊连接、离心热浇铸技术等。

1. 扩散封接

这种扩散封接方法是指两个连接件经加热、加压使其接触面间紧密接触而产生一定的塑性变形，彼此间的原子互相扩散接合成一个整体接头的工艺。在扩散连接中，最常使用的是在真空炉中进行真空扩散，因此也叫真空扩散连接。

在生产实践中，为获得良好的扩散连接接头，必须做到两个工件的接触面紧密接触。事实上，初始接触面也是数个点状接触，并没有达到完全实在的接触。随温度、压力和时间的增加，接触面上的几个凸点被破坏，突破原来的氧化层而产生变形，形成纯金属间的接触，面积逐步扩大，原子产生扩散，便消除了界面，造成了共同的晶粒，最后完全连接成一个整体，如图6-35所示，这是扩散连接的基本过程。但对于陶瓷与金属间的连接，多采用陶瓷表面的处理和实行金属化或中间层等措施，再与金属进行钎焊或扩散焊。也可对已进行金属化的陶瓷等材料与金属进行钎焊或扩散焊。

真空扩散连接的工艺参数主要有施焊温度、压力、时间和设备的真空度等，温度和压力是决定扩散焊接头质量的最基本参数。对于陶瓷与金属的扩散连接来说，往往是先对陶瓷表

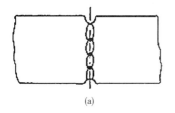 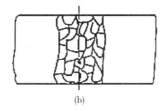 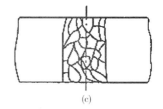

(a)   (b)   (c)

图6-35 金属间的扩散封接物理过程

面进行研磨、抛光、清洗之后，与金属箔片紧密夹在一起，经特制夹具施加一定的压力，使之紧密接触，在真空炉内（或H_2炉中）加热到金属熔化温度的70%～85%。此时，两个焊件在压力作用下，使紧密接触的界面更加贴合，并随温度增加，可使微凸点处氧化膜破坏而活化达到一定塑性变形，其原子扩散加速，最后实现连接。

2. 摩擦压焊连接法

摩擦压焊既属于固相焊又属于压焊。它是采用两个焊件接触并高速旋转端面摩擦生热，当温度达到足以使界面产生热塑性时，再施加一定的压力，使热塑界面原子扩散，形成共同晶粒，而焊成一整体接头。如图6-36所示是Si_3N_4陶瓷件与金属铝摩擦压焊接头的实例。

图6-36 Si_3N_4陶瓷与铝摩擦压接

在加压摩擦过程中，当界面被摩擦生热而使温度升高之后，首先在接触面上的氧化膜被破坏，在顶锻力的作用下，促进了成分之间充分扩散和分解反应，获得了高强度的接头连接。

3. 超声波焊连接法

该法是用超声波焊连接陶瓷与金属构件的一种连接方法。它利用超声频率（一般都大于16kHz）的机械振动能量，来连接同种或异种材料，成为一个整体的工艺过程。这种连接方法不加填充材料，不向工件输送电流，也不向工件引入高温热，只是在静压力作用下，将弹性振动能量转换成工件间的摩擦功、变形能极其有限的温升，使工件间产生塑性变形和流动，加速了原子扩散，形成了冶金结合，从而使两工件在固态下实现了连接。因此，这种连接属于固相连接。

如图6-37所示为超声波焊接基本原理。从图中可看出，工件被夹在上、下声极之间，上声极向工件导入超声频率的弹性振动能和施加压力，而下声极是固定的，支持工件。A_1为沿换能器及聚能器轴线上各点振幅分布状况。A_2为耦合杆上各点的振幅分布，V_1为纵向振动方向，V_2则为耦合杆垂直方向，而耦合杆（含上声极）将产生弯曲振动。超声发生器的工频电流转换成超声波高频（15～16kHz）振荡电流。通过换能器的磁致伸缩效应，将电磁能转换成弹性机械振动能，由聚能器来放大振幅并通过耦合杆，上声极耦合到工件。当发生器

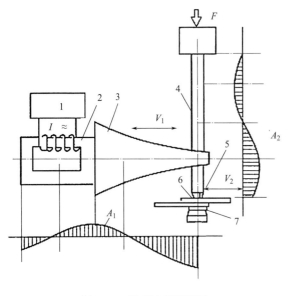

图6-37 超声波焊原理图

1—发生器 2—换能器 3—取能器 4—耦合杆
6—上声极 6—工件 7—下声极 A—振幅分布 I—馈电
F—静压力 V—振动方向

的振荡电流频率与换能器、聚能器、耦合杆、上声极等系统的自振频率相一致时，即产生谐振（即共振）。此时工件在静压力（F）及弹性振动共同作用下，将动能转换成工件间摩擦功、变形能以至产生塑性流，使温度升高，原子间互相扩散更加活跃和充分，形成了冶金接合，使两工件在固态下实现了连接。

超声波连接方法可有许多种形式，主要有点焊、环形焊、连续缝焊、钎焊等。此外，还有超声波—热压法、机械热脉冲—超声波焊法。在电子器件生产中常用楔焊法、软压超声波焊法等。超声波焊法具有许多特点，适用于多种组合性材料焊接连接，应用范围较广；此法是固态连接，对半导体、陶瓷等材料不会造成高温污染；在微电子器件对硅片与金属丝（如Au、Ag、Al、Pt、Pd和Ta等）连接中，应用超声波焊法实行连接是不可缺少的重要技术之一。另外，使用这种连接方法时，对连接件表面的清洁度要求一般，有时还可以允许存有少量氧化物，不致影响连接质量。

4. 静电加压连接法

静电加压连接是指陶瓷（或玻璃）与金属（箔片）紧密接触（加压力），接通高压电，达到电接触，致使界面处产生热量而升温，在静电吸引力和高温作用下，在一定时间内形成陶瓷（或玻璃）与金属的连接。如图6-38所示是这种连接方法的原理图。这种连接方法也属于固相连接工艺技术之一。

如图6-38所示，利用这种方法可使Al_2O_3陶瓷与Pt、Fe实现连接。首先是做好陶瓷件及金属（Pt、Fe）件表面技术准备。对陶瓷表面一般采用研磨、抛光和清洗，使其表面精度达到0.5μm。若是玻璃、石英之类的材料，可达到1~2μm。经抛光之后，进行表面清洗并烘干，便可放置于两个金属箔（Pt、Fe）之间，并用装具夹紧。当通直流高电压使之形成电接触时，温度升高，在一定时间内便可连接起来。

5. 压力焊连接法

压力焊连接法是在冷压力焊接的基础上发展而来的。对陶瓷与金属的连接来说，是指常温下，对陶瓷与金属件施加足够的压力，使其接触界面产生塑性变形，原子扩散而连接成一个整体构件的一种工

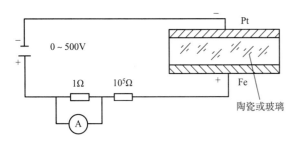

图6-38 静电连接示意图

艺方法。

大约在20世纪50年代，这种压接连接技术才在我国电子器件生产中得到应用，当时在国外已应用得较为普遍。它的最大特点是工艺简单，易于操作，适应性强，因而在我国电子器件生产中使用范围逐渐扩大。利用此法已制成了直径76mm的Al_2O_3陶瓷及BeO陶瓷，并应用于大功率（20MW）、脉冲峰值功率3GHz的速调管。其接头质量在450℃下烘烤60h后不受影响。Al_2O_3陶瓷在690℃下烘烤2h后，仍可保持原来的真空气密性。

根据这种方法的特点，要求陶瓷材料必须具有足够高的机械强度。其连接处的表面要进行仔细地研磨、抛光、清洗，并在接触处侧面磨成7°～10°的锥形以便于金属件压入。对金属材料的要求，首先是具有良好的塑韧性，与高温抗蠕变能力。它的膨胀系数应尽量与陶瓷相近。为保证连接质量，有些金属件在压接之前，在连接处实行镀层（如Cu、Au、Al等），便于金属件压接时产生塑性变形，有利于提高接头质量。

6. 离心热浇铸技术

由于陶瓷材料与金属材料在热膨胀性、耐高温性及扩散反应特性上有比较大的差异，接合面的强度，往往受两者热膨胀系数和中间层的特性所影响。陶瓷与金属的接合方式，除简单的机械接合之外，还有夹杂黏结剂的接合、陶瓷表面金属化的接合、陶瓷/金属组分相互扩散的接合等。

人们在很早以前就掌握了将陶瓷与金属接合在一起的方法，例如，将金、银、铂等金属涂覆到陶瓷上，在还原气氛中烧结，可以在陶瓷表层形成耀眼的装饰线条。现代工业上使用比较多的是Mo和W等耐热金属的烧结法。在Mo中加入15%～20%Mn和少量有机黏结剂，所制的黏稠浆料，用印刷方法涂覆到陶瓷表面后，放入1300～1500℃的高温氢气炉中煅烧，即可获得黏接非常牢固的表面金属层。为了防止Mo/W的氧化，表面还增加Ni、Au、Fe、Ni、Co等涂层。氧化铝及硅酸盐等热膨胀系数大的陶瓷材料，比较适宜使用这种接合方法。对于比较大的陶瓷部件，接合部位需要承受比较大的应力，高温黏接和扩散的接合方式更受重视。例如，将氮化硅陶瓷与304不锈钢接合时，在陶瓷一侧放入Ti层（3μm厚）和Ag—28%Cu层（100μm厚），而在金属一侧放入Ni—W—Ni金属层，接合在一起，并经1023K/20min和1123K/15min（高纯氢气保护环境）的两段升温热处理后，接合面的抗弯强度可以达到400MPa。这是因为Ti、Zr、Mo等活性金属与金、银、铜等硬焊料，在高温下不仅其自身形成合金湿润陶瓷和金属件，还与两侧的金属和陶瓷材料发生化学反应，生成过渡性氮化物，导致陶瓷与金属的气密连接。如图6-39为所示这种接合方法的示意图，这种方法比较适合陶瓷体与金属部件的对接。

Si_3N_4陶瓷
800MPa，1100MPa，1500MPa
Ti（3μm）
Ag-28% Cu100μm
Ni（0.02～0.05mm）
W（1.5mm）
Ni（0.5mm）
SUS304 s. s
MGA93

图6-39　氮化硅陶瓷材料与不锈钢接合的示意图（封接条件：1023K，20min+1123K，15min）

全陶瓷的材料部件，不仅成本高，而且难于保证结构的均匀性。在工业上，往往需要将一定厚度的陶瓷管封装到金属管的内部，或套在金属柱体的外部，形成径向结合的形式。例如，高温气、液体的输送管道（包括炮筒管内壁）需要陶瓷内衬，而轧辊等机械部件需要硬度高、耐磨损性好的陶瓷外套管。陶瓷圆筒、圆管与金属的接合技术日益重要。最近的陶瓷离心热浇铸技术（centrifugal-thermit process），也是陶瓷—金属接合技术的进一步发展。其原理是在高速回转的中空金属管内，充填金属铝粉与氧化铁粉（例如摩尔比Al：Fe₃O₄=8：3），采用点火方式使其发生激烈的氧化还原反应（称为自蔓延高温合成，SHS），其大量的反应热导致管内物质呈熔融状态。在离心力的作用下，管内的金属和新生的陶瓷粉体，由于比重的差异而分离，在金属一侧形成金属层，在管内侧形成陶瓷层。这种结构形成的陶瓷—金属之间的接合强度高，所形成陶瓷内衬的质量（密度、强度、均匀性等）与配方、回转速度、反应气氛等因素有关。试验结果表明，配方中加入8%（质量分数）的SiO_2粉末，有利于形成高密度的陶瓷层。

三、气相工艺

气相工艺是指金属在特定条件下，如在真空中，在高能束或等离子体轰击下，加热蒸发或溅射，使其变成金属蒸气或离子，再沉积于温度较低的介质表面（如陶瓷上），形成金属膜。由于金属以原子或离子状态直接接触陶瓷表面，所以黏接强度很高，可视为薄膜工艺。

气相工艺这些年来发展快、应用范围广，可以用于成型、制膜等各方面，适用于陶瓷、金属和有机物等各种材料。气相金属化工艺是把金属通过各种方法气化，再沉积于介质表面上，形成牢固的金属化层。一般，被金属化的介质材料在进行金属化时温度比较低，因而可用来金属化多种介质，如单晶、压电瓷、光学玻璃，也包括真空电子器件用瓷。已金属化后的瓷件，可以用各种方法与金属零件钎焊。

目前气相沉积技术有物理气相沉积（phvsica vapor deposition，PVD）和化学气相沉积（chemaical vapor deposition，CVD）两大类。在当前电子器件生产中，物理气相沉积技术应用范围比化学气相沉积法应用范围更为广泛。

1. 物理气相沉积（PVD）

在物理气相沉积工艺技术中，主要有真空蒸发、溅射、离子涂敷和等离子喷涂等方法。这类制膜金属化及连接工艺的特点是：制膜温度低，沉积层薄，均匀而密实；节省材料，尺寸精度高，高频损耗低，导热性好；可明显地提高连接强度。因而其适用于各种陶瓷的表面沉积金属化。近年来，在高功率微波管、毫米波射频电路、激光和半导体器件等方面都获得了广泛的应用。

（1）真空蒸发沉积技术。真空蒸发沉积技术是指在真空条件下，将蒸发源材料加热到熔点以上的汽化温度，使其原子（或分子团）获得能量，脱离晶格约束，离开表面，穿过真空的空间，而沉积在陶瓷表面上，形成一层金属薄膜，其厚度一般为0.01~1.0μm。由于蒸发材料不同，加热方式也不同。在目前的生产中广泛应用的有电阻加热蒸发、感应加热和电子束蒸发等方法。

①电阻加热蒸发技术。电阻加热蒸发技术是利用电阻丝的形式进行加热，其加热升温必须使蒸发材料达到熔化以至气化的高温。而且这种材料汽化后的蒸气压要低，真空室的真空

度必须在1.3322×10^{-3}Pa以上。除此之外，蒸发材料蒸发沉积之后，还必须与陶瓷表面具有良好的浸润能力，加热器的材料不能与蒸发材料熔合成合金，这是最基本的技术条件。在生产中一般选择熔点较高的材料，做成丝状或舟形加热器，被蒸发的材料则可以丝状绕在加热器上，或以其他形状放在加热器上，便可以加大电流进行加热升温，使蒸发材料迅速升温熔化以至气化达到蒸发的程度。如果要蒸发高熔点材料，也可以将蒸发金属本身做成电热丝，绕成各种形状，直接进行加热。钨（W）与许多种金属材料具有良好的润湿性。它的熔点很高，但饱和蒸气压很低，是比较好用的热电阻丝材料。实践表明，用钨（W）做成加热器，其结构简单，成本低廉，又不会产生离子辐射。所以，在生产中常用钨（W）丝加热，而蒸发材料用金（Au）、铝（Al）等可获得良好的效果。

在选择蒸发材料时，主要依据是材料的熔化和蒸发温度，还要考虑这种材料不仅易于蒸发，还要与热电阻材料不发生任何反应，部分金属材料的蒸发温度见表6-3。

表6-3　部分金属材料的蒸发温度

金属	熔点/℃	沸点/℃	蒸发温度 （气压1.3322×10^{-3}Pa）/℃	金属	熔点/℃	沸点/℃	蒸发温度 （气压1.3322×10^{-3}Pa）/℃
Mg	648.8	1090	443（升华）	Cu	1083.4	2567	1237
Sn	630.74	1750	678	Au	1064.43	2807	1465
Bi	271.3	1560	698	Ti	1660	3287	1546
Pb	327.5	1740	718	Ni	1453	2732	1510
In	156.61	2080	952	Pt	1772	3827	2090
Ag	961.93	2212	1094	Mo	2617	4612	2533
Ga	29.78	2403	1093	Ta	2996	5425	2820
Al	660.37	2467	1143	W	3410	5660	9309
Ga	231.97	2270	1189	Zn	420	—	896（升华）
Cr	1857	2672	1205	Cd	320.9	—	814（升华）

②电子束加热蒸发技术。电子束加热蒸发是利用电子束直接轰击蒸发金属，使其金属达到蒸发温度而沉积在陶瓷表面（或基片表面）形成沉积层，达到表面金属化的目的。

近年来在电子器件生产中，常用电子来加热蒸发设备，解决蒸发沉积金属化的问题。如图6-40所示为偏转式电子束蒸发器的示意图，从图中可了解它的蒸发过程。首先是电子枪中的螺旋状钨灯丝，由电流加热到白炽状态后，便可大量地发出电子，经聚焦和加速形成电子束流，通过磁场强度控制电子束流偏转射到坩埚中的蒸发金属上（如Al等），由于电子束轰击而产生局部熔化以至蒸发，最后沉积在陶瓷表面（或基片表面）上。所溅出来的高能电子受到强烈的磁场作用而偏转，被吸收极所吸收，避免了沉积层受到影响。

为保证沉积金属化层的质量，必须正确地选择电子束蒸发器的工艺规范参数，其主要参数是电子枪灯丝电流、磁场的加速电极电压、蒸发金属与沉积衬底之间的距离。如蒸发铝

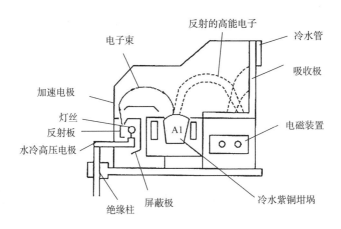

图6-40 偏转式电子束蒸发器示意图

金属时，加速电极电压为7.5～8kV，灯丝电流为1～1.2A。在2min之内便可获得沉积层厚度1.2～1.4μm的铝薄膜。

为提高蒸发沉积层质量，除控制规范参数外，还必须注意：首先，在蒸发过程中必须及时排除由电子轰击时所出现的气体。因为这些气体能使沉积层氧化，也会导致电离时电子的中和现象，这势必降低电子轰击能量，降低蒸发速率。其次，要避免蒸发金属与坩埚的反应。坩埚可用水冷却的铜制坩埚。因为铜制坩埚导热快，易于散热。当蒸发金属局部熔化以至蒸发时，其坩埚的边缘部位仍处在固体状态，保证了蒸发金属的纯度。如果用Au、Ag、Cu、Al等高热导率的金属，则应使用BN衬里的石墨坩埚。电子束加热蒸发技术近年来应用范围越来越广，它可以蒸发许多金属，如Al、Au、Ni、Si、Pd、Pt、Ti、Mo、Cr、W、Cu等。

不仅如此，它还可以蒸发各种合金，其蒸涂质量高，结构细密，涂膜厚度均匀，污染程度小。与其他涂层方法相比，其涂膜质量和连接的可靠性均有显著提高。

③激光蒸发沉积技术。激光蒸发沉积技术是将激光束作为热源，使蒸发材料升温到气化，而沉积在陶瓷表面（或基片）上，形成均匀而薄的金属化层。如图6-41所示是这种激光蒸发装置示意图。从图中可知，从激光器发出的激光束加热升温直到材料的汽化温度，使材料形成了气化状态，随后沉积到基片表面，形成了均匀的沉积层。

这种激光蒸发沉积工艺有其独特的特点，第一，可以蒸发任何高熔点材料。电阻丝加热或电子束加热所不能蒸发的高熔点材料，用激光加热都可以使其蒸发达到沉积的目的。第二，激光束

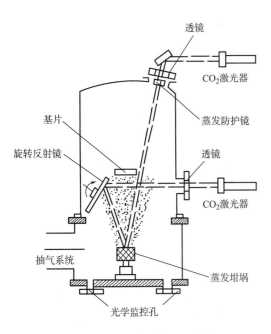

图6-41 激光蒸发装置示意图

本身功率密度大，温度集中而高，气化时间短，当蒸发中心已达到气化时，其周边部位仍处在固体状态，同时也避免了蒸发材料载体受到影响，减少了对沉积层的污染，提高了沉积层的质量。

除上述电阻丝、电子束和激光束加热蒸发外，还有电感应加热蒸发技术。这种蒸发沉积工艺是利用高频电流感应加热的。对于其他控制系统，基本上与电阻丝加热蒸发系统相同。当然也是在真空条件下完成的。

（2）溅射沉积技术。利用正离子轰击材料使之达到溅射沉积的目的。当离子团轰击材料时，能量被原子所吸收，当超过晶格的束缚能时，便有许多原子逸出或溅射，被沉积于陶瓷表面上而形成金属化层。

正离子来源于沉积室内气体辉光放电，其气压须高于0.01Pa。在工艺上常用的气体是氩气，电离后的气压一般在0.133322～13.3322Pa。这种低真空溅射沉积也叫作等离子溅射沉积法，因为气体在辉光放电时即为等离子体。

这种溅射沉积有直流溅射、高频溅射、磁控溅射等多种形式。

在直流溅射中有二极、三极、四极溅射，其中以二极溅射沉积方法最为简单，也最为常用。在陶瓷与金属件连接的生产中，这种溅射沉积工艺多用于各种电子器件的制造。其溅射的金属有Ti、Mo、Nb、W、V、Cr、Au、Ag、Pd、Pt、Ni、Cu等，应用范围甚广。但它的溅射率和沉积速率一般低于蒸发沉积法。

（3）离子涂敷法技术。离子涂敷法技术是20世纪60年代发展起来的真空蒸发和溅射相结合的一种制膜工艺。这种工艺方法的实质是在蒸发源与基片之间光以低气压的氩气放电形成等离子区，同时蒸发源产生金属原子或分子电离后，在正离子轰击下，在负高压极的陶瓷表面上形成金属膜，即金属化层。如图6-42所示是离子涂敷装置原理示意，从图中可看出，金属化层是在气体和金属的离子轰击下，蒸涂和溅射沉积同时完成的。此金属化层也是金属原子与陶瓷件原子混合的结果，既有化学反应又有扩散作用。它们之间的接合质量具有良好的气密性，又有较高的强度。

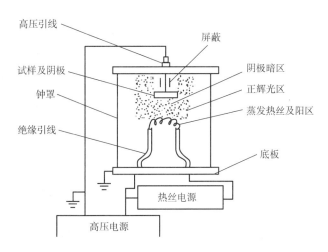

图6-42 离子涂敷装置原理示意图

（4）等离子电弧喷涂金属化技术。等离子电弧喷涂金属化工艺是以等离子枪体和气体介质所产生的非转移电弧作为喷涂热源，在枪体喷嘴结构的机械压缩、气体的热收缩和等离子电弧本身的磁收缩等效应作用下，使电弧的截面缩小，功率密度增大而集中，温度升高，成为一种超高温、高速率的等离子焰流。将金属化粉末送入焰流，便迅速熔化并随焰流喷射到陶瓷表面，形成了金属化层。如图6-43所示为等离子电弧喷涂的原理示意图。

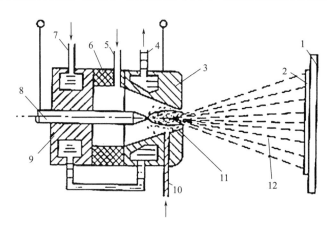

图6-43 等离子电弧喷涂原理示意

1—工件 2—涂层 3—前枪体（喷嘴） 4—冷却水出口 6—离子气进口
6—绝缘套 7—冷却水入口 8—W电极 9—上枪体 10—金属粉入口
11—等离子电弧 12—等离子焰流

这种等离子电弧喷涂常用的气体为N_2、Ar或He，最常用的是N_2和Ar。因为Ar有良好的引弧性，所需的引弧电压也低，而且金属化的沉积率高，涂层不易氧化，喷涂均匀，其致密性也较其他气体优良。

由于等离子电弧的温度高，可以喷涂高熔点金属材料，如Mo、W、Pt、Pd、Ta等。实践表明，对BeO、Al_2O_3陶瓷表面喷涂Au、Pd、Mo等金属时，其涂层均匀、光滑而致密，经受$20 \sim 1200 ℃$热循环也不降低性能。

值得指出的是，等离子电弧喷涂可以直接喷在陶瓷、玻璃、塑料的表面上，实现金属化。此外，还可以喷涂陶瓷与金属粉的混合材料，而不需要其他任何界面媒介物。如果将陶瓷粉末和金属粉末以不同的比例混合，喷涂金属化既不同于金属，也不同于陶瓷，而是具有缓冲渐变作用的复合产物。这种喷涂金属化方法，虽较为成熟，但其设备较为复杂，也容易堵塞喷嘴。

2. 化学气相沉积（CVD）法

化学气相沉积（CVD）法是指某种气态物质在陶瓷件表面上，起化学反应而获得的固相沉积涂层即金属化层。这种沉积工艺可分为热活化化学气相沉积和等离子体活化化学气相沉积两种。

（1）热活化化学气相沉积。当陶瓷表面清理好之后，实际上是卤素化合物的氧化还原反应。主要是用H_2还原$MoCl_5$或WCl_6粉末，形成Mo和W的金属化层。

在一般情况下，H_2的流量应控制在1L/min，温度在100℃时的$MoCl_5$粉末加入并混合。这时陶瓷表面温度上升至500℃以上，$MoCl_5$被还原成Mo的沉积层，其反应式如下：

$$MoCl_5+5/2H_2 \xrightarrow{800℃} Mo+5HCl \tag{6-11}$$

同样，在150℃时的WCl_6粉末，在900℃陶瓷表面也同样产生W的还原反应，并成为W的沉积层，即W的金属化层，其反应式如下：

$$WF_6+3H_2 \longrightarrow W+6HF \tag{6-12}$$

$$WCl_6+3H_2 \longrightarrow W+6HCl \tag{6-13}$$

还可以将200℃时，Mo、W羰基粉$Mo(CO)_6$、$W(CO)_6$涂于真空容器中的陶瓷表面上，再加热到500℃以上，$Mo(CO)_6$、$W(CO)_6$将会产生热分解而使Mo、W沉积在陶瓷表面，形成接合牢固的金属层，其反应式如下：

$$Mo(CO)_6 \longrightarrow Mo+6CO \tag{6-14}$$

$$W(CO)_6 \longrightarrow W+6CO \tag{6-15}$$

如果在陶瓷表面上沉积Al金属化层，可用Al的金属有机化合物进行气相沉积，其反应式如下：

$$[(CH_3)_2CH—CH_2]_2Al \xrightarrow{150℃} [(CH_3)_2CH—CH_2]_2AlH+(CH_3)_2C=CH_2 \tag{6-16}$$

再加入$[(CH_3)_2CH—CH_2]_2AlH$并加热后，反应如下：

$$[(CH_3)_2CH—CH_2]_2AlH \xrightarrow{250℃} Al+3/2H_2+2(CH_3)_2C=CH_2 \tag{6-17}$$

上述反应的沉积工艺过程，可适用于BeO、Al_2O_3、堇青石等多种陶瓷和微晶玻璃的表面金属化。

（2）等离子活化化学气相沉积。等离子活化化学气相沉积是一项复合性的涂敷工艺，是把离子涂敷和化学气相沉积结合在一起的新金属化工艺。被涂敷的工件与阴极相接，先用氩气使之形成辉光放电，其离子轰击被涂敷的陶瓷表面。开始时轰击表面起到清洁的作用。随后轰击并用金属化合物（如WF_6）在放电区与H_2引起还原反应，使W得到沉积。同时，金属原子被电离，其离子也涂敷于阴极工件表面，共同形成表面金属化。

实践表明，这种工艺的涂层性能良好，光滑致密，接合牢固，还能弥补离子涂敷难熔金属的困难。

四、案例分析

1. 制备基于镍基高温合金与陶瓷的连接接头（图6-44）

设计步骤如下：分别将镍基高温合金与陶瓷的待焊面进行打磨后，用洗液清洗；分别将清洗后的镍基高温合金与清洗后的陶瓷进行镀钛膜；将金硅钎料置于镀钛膜后的镍基高温合金与镀钛膜后的陶瓷之间，压紧后放入真空炉中，加热后冷却至室温，获得基于镍基高温合金与陶瓷的连接接头。

图6-44　镍基高温合金与陶瓷的
连接接头的SEM背散射图

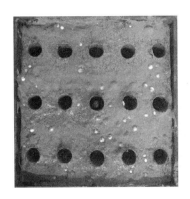

图6-45　陶瓷/金属复合耐磨
材料网状预制体

通过在镍基高温合金与陶瓷表面镀一层钛膜，再以金硅合金作为低温钎焊钎料，能够在低温条件下，将表面改性的镍基高温合金与陶瓷进行钎焊连接，获得强度较高的连接接头，且接头在室温剪切强度为（50±5）MPa，700℃剪切强度为（10±2）MPa。

2. 制备陶瓷/金属复合耐磨材料网状预制体（图6-45）

设计步骤如下：

步骤1：陶瓷颗粒的预处理。

步骤2：陶瓷颗粒与活性钛粉的混合。

步骤3：聚乙烯醇与水搅拌混合，形成聚乙烯胶。

步骤4：将高铬金属粉末与步骤3聚乙烯胶进行搅拌混合，形成聚乙烯浆料。

步骤5：碳钢模具的定制。

步骤6：定制碳钢模具的打磨清洗。

步骤7：将步骤2陶瓷颗粒与步骤4形成的聚乙烯浆料加入打磨清洗后的碳钢模具中，搅拌形成混合浆料。

步骤8：对混合浆料进行加热—保温处理。

传统磨煤机和磨辊材料的制备技术一般以耐磨合金整体铸造，或采用耐磨合金整体堆焊的方式进行制造，但是存在磨辊整体成本高、脆性大、容易开裂的问题。陶瓷颗粒是世界上已知硬度最高的物质，若能将陶瓷颗粒的高硬度与金属基体的优异韧性能有效结合起来，理论上可获得远优异于高铬铸铁单一合金的高硬度及耐磨性能。但是陶瓷颗粒与金属基体之间物理化学性质差异较大，陶瓷颗粒容易出现团聚，且结合界面润湿性较差，陶瓷颗粒与金属基体之间难以实现高质量冶金结合，最终导致复合耐磨材料的整体耐磨性提升受限。本发明利用聚乙烯醇有机剂的黏结性将陶瓷颗粒在空间上实现均匀分布、固定，同时预制体内部等间距留有圆柱孔隙，便于导入金属液体进行浸渗，实现内部孔隙的金属溶液填满，将陶瓷颗粒添加到金属基体可使得金属基体的整体耐磨性得到较高的提升。

第七章　新型复合材料的成型工艺及应用

第一节　新型复合材料概述

一、定义和分类

新型复合材料或先进复合材料（advanced composite materials，ACM）是指以碳纤维、芳纶、聚苯并二噁唑纤维、硼纤维、氮化硅纤维等高性能纤维为增强材料的复合材料，又称高性能复合材料。美国空军材料实验室（AFML）和航空航天局（NASA）通常把比强度和比模量分别大于4×10^6cm和4×10^8cm的复合材料称为新型复合材料。

先进复合材料的主要分类方法如下。

1. **按增强材料的不同分类**

先进复合材料可分为高性能纤维增强复合材料、纳米粒子增强复合材料、纳米晶须增强复合材料等。本书中的先进复合材料专指高性能纤维增强复合材料，其中高性能纤维包括碳纤维、玄武岩纤维、硼纤维、碳化硅纤维与氧化铝纤维等无机纤维，以及芳纶、超高分子量聚乙烯纤维和聚苯并二噁唑纤维等有机纤维。

2. **按基体材料的不同分类**

美国航空航天局将航空用先进复合材料分成树脂基（其工作温度一般低于425℃）、金属基（其工作温度一般为425～900℃）、金属间化合物基（其工作温度一般为650～1200℃）、陶瓷基（其工作温度为1100～1650℃）以及碳基（其工作温度在1800℃及以上）复合材料等。其中先进树脂基复合材料又可分成高性能热固性树脂基复合材料和热塑性树脂基复合材料。典型的高性能热固性树脂包括环氧（EP）、双马来酰亚胺（BMI）、酚醛（PF）、氰酸酯（CE）、苯并环丁烯（BCB）、降冰片烯酸酐封端聚酰亚胺（PMR）和乙炔基树脂等；而高性能热塑性树脂包括热塑性聚酰亚胺（CPI）、聚醚酰亚胺（PEI）、聚酰胺（CPA）、聚醚醚酮（PEEK）、聚醚砜（PES）、聚苯硫醚（PPS）、聚苯并咪唑（PBI）等。目前，应用于航空航天结构材料的先进树脂基复合材料主要有可在130℃以下长期使用的环氧复合材料，可在150～230℃下长期使用的双马来酰亚胺复合材料以及可在260℃以上使用的聚酰亚胺复合材料。

3. **按使用形式的不同分类**

先进复合材料可分为结构复合材料和功能复合材料，其中功能复合材料主要有机敏和智能复合材料、梯度复合材料、电磁复合材料、吸波隐身复合材料、仿生复合材料、阻尼复合材料、阻燃复合材料、耐烧蚀复合材料以及结构—功能一体化复合材料等。

二、特性

先进复合材料与传统材料比较，在性能、设计、成型等方面显示出许多优越的特性，主要如下。

（1）先进复合材料具有优异的静态和动态力学性能，其比强度和比模量是钢和铝合金的3～5倍甚至更高，并且碳纤维增强环氧树脂基复合材料的疲劳强度可高达静态强度的90%，而钢和铝合金的疲劳强度仅为静态强度的50%左右。正是由于先进复合材料具有优异的力学性能，可以大幅减轻结构部件的重量，例如，先进复合材料用于飞机结构上可相应减重25%～30%。

（2）先进复合材料的可设计性强。通过选择不同的高性能纤维和高性能树脂并采用各种工艺技术加以成型和调控，可以获得结构和性能不同的先进复合材料，对先进复合材料的结构和性能赋予了很大的设计自由度，可以充分发挥增强纤维和树脂基体的复合效应。如在航空领域中利用复合材料的弯扭耦合和拉剪耦合效应，引入控制结构发散的气弹剪裁，可以提高机翼的综合性能。又如采用自动化制造点阵结构的先进复合材料，由于每一结构单元都可承受轴向拉伸、压缩、弯扭等载荷，因此可以使先进复合材料充分地发挥其优异的力学特性。

（3）先进复合材料复杂部件可一次整体成型，这样可以减少产品部件和连接件的数目，不用焊接和铰接，可减少制造、加工和装配时间，提高生产效率，还可以根据功能要求适当增减各种组分材料，实现先进复合材料的结构—功能一体化。例如，在航空航天飞行器的结构件中预埋光纤传感器阵列，构成光纤自诊断系统，可用来监控结构件的疲劳损伤。

（4）先进复合材料成型技术的低成本化。1996～2007年，美国国防部联合航空航天局、联邦航空管理局（FAA）和工业界共同发起、制定并分4个阶段执行了著名的CAI（composite affordability initiative）计划，即低成本复合材料计划，其涵盖了低成本的材料技术、设计技术和制造技术。经过数年的发展，迄今为止，高性能增强纤维和树脂基体的生产技术日趋完善，材料成本大幅下降。尤为重要的是，随着树脂渗透模塑成型（SCRIMP）、树脂膜渗透成型（RFI）、真空辅助树脂渗透成型（VARI）等低温低压液体模塑成型技术（LCM）的大力发展，以及在大批量构件的生产中应用自动铺带（ATL）和自动铺丝（AFP）等自动化辅助制造技术的成熟，可以大大降低先进复合材料的制造成本。此外，以设计制造一体化（design for manufacture）为核心的数字化设计技术的不断更新换代，进一步加快了先进复合材料低成本化的步伐。

第二节　新型复合材料的成型技术

一、基本原理和分类

先进复合材料成型工艺的基本原理：在一定的温度、压力、时间的条件下，实现高性能树脂基体对高性能增强纤维及其预成型体的浸渍和复合，并在模具中经过复杂的物理、化学变化过程而固化成型为所需形状的制品。因此，按照不同的角度可以对先进复合材料成型工艺进行分类。

1. 按预成型方法分类

按照预成型方法的不同，先进复合材料成型工艺可以分为纤维预浸成型工艺和预成型件/液态成型工艺两大类。纤维预浸成型工艺的基本原理：将树脂基体在线浸渍铺设在模具上的增强纤维布、带、毡或三维织物上。也可将树脂基体预先对增强纤维进行浸渍，制成预浸料中间体，再按照一定的方式铺覆在模具中，经过常温或加热固化成型。预成型件/液态成型工艺的基本原理：首先将增强纤维和树脂基体复合成型为一定形状的预成型件，再将各种预成型件放入模具中，导入树脂基体，并经模具赋形、常温或加热固化成型。纤维预浸成型工艺主要有热压罐成型法、真空袋成型法、压力袋成型法、模压成型法、缠绕成型法、拉挤成型法等。预成型件/液态成型工艺主要有树脂转移模成型法（RTM）、树脂膜熔浸成型法（RFI）、真空辅助树脂注射成型法（VARI）以及各种衍生的工艺技术等。

2. 按成型压力分类

按照成型压力的大小，可将先进复合材料成型工艺分成低压成型和高压成型。其中低压成型压力小于1.4MPa主要有真空袋成型法、压力袋成型法、缠绕成型法、拉挤成型法、树脂转移模成型法CRTM）、树脂膜熔浸成型法CRFI）、真空辅助树脂注射成型法（VARI）等；而高压成型是指使用压力大于1.4MPa的模压或层压方法，包括热压罐成型法和模压成型法等。

3. 按开、闭模方式分类

按开、闭模方式的不同，可将先进复合材料成型工艺分成开模成型和闭模成型两大类。开模成型是指敞开于外界空气的情况下，完成树脂浸渍、复合和固化过程的成型方法，包括手糊成型法、喷射成型法、热压罐成型法、真空袋成型法、压力袋成型法、缠绕成型法、拉挤成型法等；而闭模成型是指在阴、阳模闭合的情况下，将树脂注射到闭合的模具中而不暴露于外界空气条件下，完成固化成型复合材料制件的工艺方法，包括模压成型法、注射成型法（RIM）、增强反应性注射成型法（RRIM）、树脂转移模成型法（RTM）、树脂膜熔浸成型法（RFI）、真空辅助树脂注射成型法（VARI）等。

二、特性

与传统材料相比，先进复合材料不仅在性能上具有明显的差异，而且在成型技术上也有显著不同，主要表现在以下几点。

1. 材料成型与结构成型一次完成

先进复合材料的制备和制品的成型是同时完成的，材料的制备过程也是其大型整体制品的生产过程，显然与常规结构成型方法存在显著差异性。先进复合材料的结构设计、成型工艺过程、中间工序质量控制，以及缺陷检测与修补后处理等过程均会对材料和制品的性能有较大的影响。成型工艺过程中应保证增强纤维取向和铺层顺序符合先进复合材料结构设计要求；固化成型温度、压力、时间以及所涉及的升温速度、预固化及后固化制度、冷却速度等工艺参数均要严格满足工艺规范；整个工艺过程中要实行严格的质量控制和无损检测，并按照行之有效的修补方案进行后处理，保证树脂基体充分浸渍增强纤维及其预成型件，树脂基体分布均匀，无富胶、贫胶和气泡等不良现象，实现树脂基体与增强纤维具有良好的界面黏结作用，充分发挥先进复合材料优异的综合性能。

2. 材料、设计和制造技术的选用有较大的自由度

可以根据制品结构、功能、特性、产量、成本以及使用时的受力状况等综合考虑，选择不同的材料体系、设计方法和制造技术，以实现先进复合材料制造生产低成本化和性能质量高品质化的统一。例如，生产大批量外形复杂的小尺寸产品，可选用模压成型、注射成型等自动化的成型方法；生产球体容器、圆柱体气罐、管道等形状规则的回转体，可选用纤维缠绕法或离心浇铸法；生产飞行器固定翼、船艇壳体、风电叶片、大型贮槽等，可选用手糊成型法、树脂转移模成型法（RTM）、树脂膜熔浸成型法（RFI）、真空辅助树脂注射成型法（VARI）等。

3. 成型工艺比较简单

部分大型先进复合材料构件的制造可以采用成本低的模具、设备和成型技术，不需要加热和加压，节省能源成本，并且复杂制品往往不需要再进行机加工和胶合连接，而对含缺陷的制品还可实行快速修理，因此可提高生产效率和制品利用率，降低制造成本。

第三节　碳/碳复合材料

碳是第6号元素，碳原子在空间的排列方式不同，结构和性能也不同，使得由单一的碳元素构成的物质在自然界焕发出迷人的光彩，在工业生产及高科技领域发挥着巨大的作用。从传统的金刚石、石墨、乱层结构碳、碳黑、活性炭，到新发展的碳纤维、活性碳纤维、气相生长碳纤维、碳/碳复合材料、中间相碳、碳储能材料、富勒碳、纳米碳管、石墨层间化合物等，碳的家族成员在不断扩大。除金刚石外，其余碳材料的基本组成都是石墨微晶。随着科学技术的发展，碳的一些特性还会被人类发现并加以利用。

碳/碳复合材料是碳纤维增强碳基复合材料，比重轻（理论密度为2.2g/cm³），在具有碳材料所特有的热性能的同时，还有优异的力学性能：在高温下具有高强、高模、良好的断裂韧性和耐磨性能等，特别是随温度升高，强度不仅不降低反而升高，因而在航空、航天、核能及许多民用工业领域受到极大关注，近年来得以迅速发展和广泛应用。

碳/碳复合材料最早于1958年在Chancevought航空公司实验室偶然得到。当测定碳纤维在一有机基体复合材料中的含量时，由于实验过程的失误，有机基体没有被氧化，反而被热解，得到了碳基体。结果发现，制得的复合材料具有结构特性，碳/碳复合材料就此诞生。碳/碳复合材料制备技术在最初十年间发展很慢，到20世纪60年代末期，才开始发展成为工程材料中新的一员，20世纪70年代，在美国和欧洲得到很大发展，推出了碳纤维多向编织技术，高压液相浸渍工艺及化学气相浸渗法（CVI），有效地得到高密度的碳/碳复合材料，为其制造、批量生产和应用开辟了广阔的前景。20世纪80年代以来，碳/碳复合材料的研究极为活

跃，苏联、日本等国也进入这一先进领域，在提高性能、快速致密化工艺研究及扩大应用等方面取得很大进展，已成为20世纪90年代乃至21世纪的关键新材料之一。

一、碳/碳复合材料的性能及特点

1. 物理性能

碳/碳复合材料在高温热处理后的化学成分，碳元素高于99%，像石墨一样，具有耐酸、碱和盐的化学稳定性。其比热容大，热导率随石墨化程度的提高而增大，线膨胀系数随石墨化程度的提高而降低等。

2. 力学性能

碳/碳复合材料的力学性能主要取决于碳纤维的种类、取向、含量和制备工艺等。单向增强的碳/碳复合材料，沿碳纤维长度方向的力学性能比垂直方向高几十倍。碳/碳复合材料的高强高模特性来自碳纤维，随着温度的升高，碳/碳复合材料的强度不仅不会降低，甚至比室温下的强度还要高。一般的碳/碳复合材料的拉伸强度大于270MPa，单向高强度碳/碳复合材料的拉伸强度可达700MPa以上。在1000℃以上，强度最低的碳/碳复合材料的比强度也较耐热合金和陶瓷材料的高。

碳/碳复合材料的断裂韧性较碳材料有极大的提高，其破坏方式是逐渐破坏，而不是突然破坏，因为基体碳的断裂应力和断裂应变低于碳纤维。经表面处理的碳纤维与基体碳之间的化学键与机械键结合强度强，拉伸应力引起基体中的裂纹扩展越过纤维/基体界面，使纤维断裂，形成脆性断裂。而未经表面处理的碳纤维与基体碳之间结合强度低，碳/碳复合材料受载一旦超过基体断裂应变，基体裂纹会引起基体与纤维脱粘，裂纹尖端的能量消耗在碳纤维的周围区域，碳纤维仍能继续承受载荷，呈现非脆性断裂方式。

3. 热学及烧蚀性能

碳/碳复合材料导热性能好、热膨胀系数低，因而热冲击能力很强，不仅可用于高温环境，而且适合温度急剧变化的场合。其比热容高，适用于飞机刹车等需要吸收大量能量的场合。碳/碳复合材料是一种升华—辐射型烧蚀材料，且烧蚀均匀。通过表层材料的烧蚀带走大量的热，可阻止热流传入飞行器内部。因此该材料被广泛用作宇航领域中的烧蚀防热材料。

4. 摩擦磨损性能

碳/碳复合材料中碳纤维的微观组织为乱层石墨结构，其摩擦系数比石墨高，特别是它的高温性能特点，在高速高能量条件下摩擦升温高达1000℃以上时，其摩擦性能仍然保持平稳，这是其他材料所不具备的。因此，碳/碳复合材料作为军用和民用飞机的刹车盘材料越来越广泛。

碳/碳复合材料在高于370℃时开始发生氧化。在高温下是否具有可靠的抗氧化性能对碳/碳复合材料至关重要。目前有两种方式用来提高其抗氧化能力。一是在碳/碳复合材料表面进行耐高温材料的涂层；二是在基体中预先包含氧化抑制剂。

5. 抗氧化性能

（1）碳/碳复合材料的氧化。碳材料的氧化反应为：

$$2C(s)+O_2(g)=2CO(g)$$
$$2CO(g)+O_2(g)=2CO_2(g)$$

碳/碳复合材料的氧化控制机制有两种，即在较低温度，如低于650℃时，氧化主要受化学反应机制控制；在高温下则主要受反应气体的扩散控制。这两种机制的大致区分温度范围在600～800℃。

碳/碳复合材料的氧化侵蚀在应用中又称为烧蚀。如图7-1所示为碳/碳复合材料在氧化过程中的轻度和深度烧蚀，以及在高温气流下机械剥蚀（重度烧蚀）的过程示意图。

(a) 轻度烧蚀　　　　(b) 深度烧蚀　　　　(c) 重度烧蚀

图7-1　碳/碳复合材料氧化过程烧蚀和剥蚀示意图

氧化所造成的失重与氧化时间的平方成正比。在开始氧化时，关系曲线呈抛物线型：

$$\Delta W = K_1 t^2 \qquad\qquad (7-1)$$

当氧化进行到一定时间后，氧化失重曲线呈直线关系：

$$\Delta W = K_2 t \qquad\qquad (7-2)$$

式中：ΔW为料的氧化失重；K_1、K_2为常数；t为时间。

影响碳/碳复合材料氧化失重和氧化速率的因素有：氧化温度；氧化时间；材料组成及纤维结构；热处理温度；反应气体流量；参与反应材料的表面积。

（2）碳/碳复合材料的氧化保护原理。

①抑制法。抑制剂是在碳/碳复合材料的基体材料中加入的容易通过氧化而形成玻璃态的物质。比较经济而有效的抑制剂主要有B_2O_3、B_4C、ZrB_2等硼及硼化物。硼氧化后形成B_2O_3类硼酸盐玻璃，具有低的黏度和熔点，很容易流动并填充复合材料的孔隙，隔开碳与氧的接触和防止氧扩散。这种方法大多用于600℃以下的氧化防护，也可用于与高温涂层结合的复合抗氧化保护体系中。

②防氧化涂层法。如图7-2所示，防氧化涂层必须具有以下特性：

a.与碳/碳具有适当的黏附性；

b.与碳/碳具有适当的热膨胀匹配；

c.具有低的氧扩散渗透率；

d.具有稳定的与碳/碳的相容性；

e.具有低的挥发性。

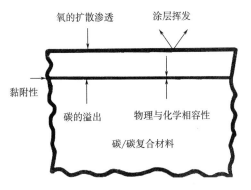

图7-2　碳/碳复合材料防氧化涂层要求

其中最关键的是涂层的氧扩散渗透率和与复合材料的热膨胀匹配。

（3）碳/碳复合材料的抗氧化保护。

①1500℃以下的抗氧化防护。SiC和SiB$_{3B}$NB$_{4B}$类陶瓷是较好的抗氧化陶瓷涂层，在1650℃以下具有化学稳定性，相对较低的蒸气压和氧的扩散渗透率，与碳相容性好，热膨胀系数较低。可通过梯度涂层或复合涂层的途径，解决因膨胀系数失配而造成的涂层剥落或开裂。

②1500～1800℃的抗氧化防护。比较成功的是硅基陶瓷复合涂层，即SiO$_2$/SiC复合涂层。SiO$_2$为复合涂层的外涂层，SiC为与复合材料接触的内涂层。这种复合涂层存在微裂纹，同样需要用于密封这些裂纹的玻璃类封接剂。SiO$_2$/SiC复合涂层理想的使用温度为1640℃以下，在1700～1800℃范围内短时间使用问题不大。

③1800℃以上的抗氧化防护。1800℃以上的耐高温氧化材料主要有ZrO$_2$、HfO$_2$、Y$_2$O$_3$和ThO$_2$。但这些物质与碳材料的热膨胀系数相差太大，氧的扩散渗透率较高。可以设想的理想抗氧化复合涂层应是多层的，如图7-3所示。在涂层的最外层是耐高温氧化物以保持高温稳定性和抗侵蚀；而次外层为低氧渗透率的SiO$_2$作为氧阻挡层，并可封接最外层的裂纹；下一层为可和最底层碳化物及次外层SiO$_2$具有化学和物理相容性的耐高温氧化物层，以保持结合性；最底层为碳化物层，主要保持与上一层氧化物及碳/碳复合材料之间的相容性。最底层碳化物候选材料有TaC、TiC、HfC和ZrC等，它们都具有较低的碳扩散率。

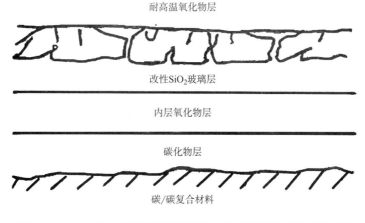

图7-3　1800℃以上的耐高温碳/碳复合材料多层抗氧化涂层示意图

二、碳/碳复合材料的组成及微观结构

1. 碳/碳复合材料的组成及结构

碳/碳复合材料的组成有两大部分：碳纤维和基体碳。

（1）碳纤维。碳纤维可依据最终碳/碳复合材料性能要求在很宽的范围内选择，从低模中强、低模高强到高模低强和高模中强。碳纤维直径一般为7～10μm，通常有沥青基碳纤维和人造纤维等。根据应用需要可以把碳纤维编制成多维的预成型体。

碳/碳复合材料的预成型体可分为单向（ID）、二维（或称双向ZD）和三维（或称三向3D），甚至可以是多维方式，如图7-4所示，大多采用编织方法制备。在制备圆桶、圆锥或圆柱等预成型体时需要采用计算机控制来进行编织。

单向增强可在一个方向上得到最高拉伸强度的碳/碳；ZD织物常采用正交平纹碳布和8枚缎纹碳布，ZD生产成本低，在平行于布层的方向拉伸强度较高，并且提高了抗热应力性能和断裂韧性，容易制成大尺寸形状复杂的部件，有广泛的应用基础，因而ZD碳/碳复合材料仍得到继续发展。3D及多向编织具有更好的结构完整性和各向同性，在世界各发达国家得到很大发展，美、欧、俄罗斯及日本等已研制出自动化程度极高的大型编织机，可进行3D、4D、5D、6D、7D甚至11D编织和极向编织。目前较成熟的是3D和4D编织（图7-5）。因而通过碳纤维及其织物的选择，可充分发挥复合材料的可设计性，来满足不同使用要求。

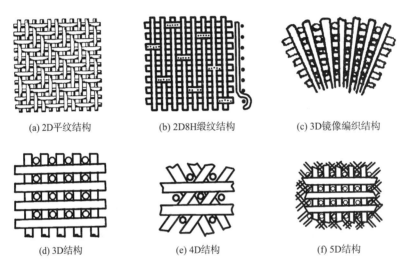

(a) 2D平纹结构　　　　(b) 2D8H缎纹结构　　　　(c) 3D镜像编织结构

(d) 3D结构　　　　(e) 4D结构　　　　(f) 5D结构

图7-4　碳/碳的织物形式

预成型体是一个多孔体系，含有大量孔隙。如，三维碳/碳复合材料中常用的2-2-3结构［图7-5（a）］的预成型体中的纤维含量仅有40%，即其中孔隙占60%。

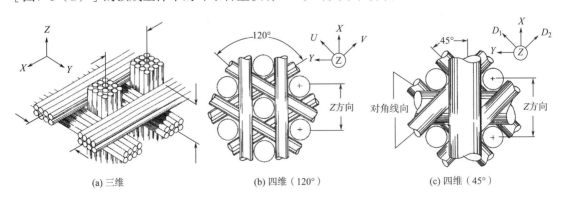

(a) 三维　　　　(b) 四维（120°）　　　　(c) 四维（45°）

图7-5　碳/碳的织物形式

碳/碳复合材料预成型体所用碳纤维、碳纤维织物或碳毡等的选择是根据复合材料所制成构件的使用要求来确定，同时要考虑预成型体与基体碳的界面配合。如选择刹车片材料，一般采用非连续的短纤维或碳毡来作增强相，以提高刹车片的抗震性；而一些受力构件则多采用连续纤维作增强相。在三维编织预成型体时，一般要求选择适于编织、便于紧实并能提供复合材料所需的物理和力学性能的连续纤维。

（2）基体碳。典型的基体碳有热解碳（CVD碳）、沥青碳和树脂碳等三类。这三类基体碳具有不同的微观结构特征，因而具有不同的力学性能，并最终影响着碳/碳复合材料的力学性能。

①热解碳。热解碳是由烃类气体的气相沉积而成。主要制备原料有甲烷、丙烷、丙烯、乙炔、天然气等碳氢化合物。

$$CH_4 \ (g) \rightarrow C \ (s) +2H_2 \ (g)$$

沉积根据不同的沉积温度可获得不同形态的碳，在950～1100℃为热解碳；1750～2700℃为热解石墨。

②树脂或沥青碳。碳纤维预成型体浸渍树脂或沥青等浸渍剂后，经预固化，再经碳化后获得的基体碳。浸渍剂选择原则如下：

a.碳化率（焦化率）。碳化率高的浸渍剂可提高效率，减少浸渍次数。

b.黏度。要求黏度适当，易于浸渍剂浸渍到预制成型体中。

c.热解碳化时能形成张开型的裂缝和空隙，以利于多次浸渍，形成致密的碳/碳复合材料。

d.碳化后收缩不会破坏预成型体的结构和形状。

e.形成的显微结构有利于碳/碳复合材料的性能。

2. 碳／碳复合材料的界面及结构

（1）碳/碳复合材料的界面和结构。碳/碳复合材料中存在的不同纤维/基体的界面和基体之间的界面取决于基体碳的类型。这些界面可分为：碳纤维与沉积碳之间的界面；沉积碳与树脂碳或沥青碳之间的界面；碳纤维与沥青碳或树脂碳之间的界面；沥青碳与树脂碳之间的界面。

基体碳与碳纤维的结合界面上有四种可能的取向，如图7-6所示。

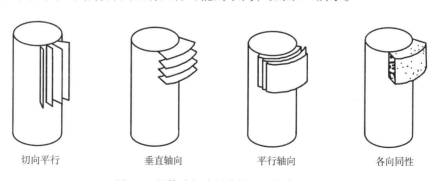

切向平行　　　垂直轴向　　　平行轴向　　　各向同性

图7-6 基体碳与碳纤维的界面结合形式

当CVD碳作为基体碳与碳纤维之间的界面相时，纤维表面的空洞和缺陷得以填充，生成所谓钉扎结构。当纤维表面先沉积一薄层CVD碳后，再浸渍沥青碳化，所生成的沥青碳与

CVD碳的界面形成过渡区，称为诱导结构区，如图7-7所示。因此，碳纤维沉积CVD碳后再浸渍沥青碳化后的界面层结构的过程可概括为：

碳纤维→界面区→钉扎结构区→CVD碳→界面区→诱导结构区→沥青碳。

钉扎结构区　　　　　　　诱导结构区

图7-7　碳纤维—CVD碳—沥青碳界面结构示意图

当碳纤维直接浸渍沥青，碳化后所形成的碳/碳复合材料中，沥青碳显微结构的条带走向基本平行于碳纤维的轴向。这种沥青碳的条带结构称为POG结构；而预先沉积有一薄层CVD碳的碳纤维/沥青碳结构的条带走向基本垂直于碳纤维的轴向，形成所谓TOG结构，如图7-8所示。

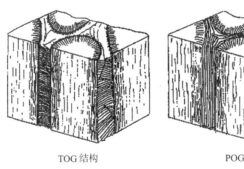 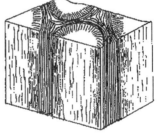

TOG 结构　　　　　　　POG 结构

图7-8　碳纤维—沥青碳界面结构示意图

（2）碳/碳复合材料的显微组织

碳/碳复合材料的基体碳可通过三种方式获得。树脂热解碳化得到各向同性玻璃态树脂碳；而沥青经过脱氢、缩合，获得沥青中间相，再经石墨化热处理获得高位向排列的各向异性石墨；以及通过碳氢化合物裂解而形成CVD沉积碳。

①CVD碳显微组织。如图7-9所示，CVD碳有三种不同的显微结构形态，即平滑层片状碳、粗糙层片状碳和各向同性CVD碳。

CVD碳三种不同的显微结构形态的产生，与沉积碳时的工艺参数，如温度、压力和反应气体流量，以及更重要的反应气体的种类有关。这三种不同的显微结构形态在改变工艺条件时可由一种形态转变为另一种形态，也可能两种形态共存。

在形成沉积碳时，其显微组织结构的形态取决于以下情况：

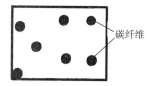

平滑层片状碳　　　　　　　粗糙层片状碳　　　　　　各向同性CVD碳

图7-9　CVD碳的三种显微组织结构示意图

a. 当沉积温度较低，甲烷分压高时，并且C_2H_2：C_6H_6<5时，不通入氢气，容易得到平滑层片组织结构的沉积碳；

b. 当沉积温度适中，甲烷分压适中，稍许通入氢气，5<C_2H_2：C_6H_6<20时，容易得到粗糙层片组织的沉积碳；

c. 当沉积温度较高，甲烷分压较低时，大量通入氢气，并且C_2H_2：C_6H_6>20时，容易得到各向同性CVD碳组织。

在实际的CVD过程中，碳/碳复合材料不可能只是单一的沉积碳结构形态。CVD碳的显微组织影响碳/碳复合材料的性能。各向同性CVD碳相对致密度（密度）较低；而平滑层片组织有热应力显微开裂的倾向。因此，所期望较好的CVD碳的显微结构为粗糙层片组织结构。

②沥青碳与树脂碳的显微结构。树脂碳的显微结构主要取决于热处理温度。当树脂碳化后，主要形成玻璃态各向同性碳；但当树脂碳进行高温石墨化热处理后，各向同性碳可转变为各向异性的石墨形态。

一般来说，沥青碳的显微结构由沥青特性所决定。沥青中间相转化时形成层片结构。由于受碳纤维的表面状态、纤维束的松紧程度，以及碳化或石墨化条件等因素的影响，中间相片层会形成扭转弯曲的条带叠层，同时会产生各种变形，如图7-10所示。

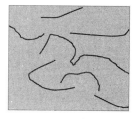

(a) 层片　　　　　　　　　　(b) 条带

图7-10　沥青碳中石墨层片、条带结构示意图

沥青碳的片层结构的不同会对复合材料的力学、热物理和氧化烧蚀性能产生明显的影响。如TOG结构易使裂纹向垂直纤维方向扩散，不利于复合材料力学性能的改善，也不利于复合材料的抗氧化烧蚀性能。

③碳/碳复合材料的裂纹和孔隙。在碳/碳复合材料体积中有相当一部分体积是由裂纹和孔隙所占有。材料中的裂纹和孔隙对复合材料的性能产生影响，如明显降低强度和抗氧化性能等，但对材料的抗热冲击性能和抗振性能有积极的贡献。

199

三、碳/碳复合材料的制备工艺

碳/碳复合材料的制备主要分为三大部分：碳纤维预成型体；在碳纤维织物孔隙中获得致密均匀的基体碳（致密化工艺）；热处理、机械加工和质量检测。碳纤维预成型体在前文已介绍了。在碳纤维织物孔隙中获得致密均匀的基体碳是关键和难点，发展较成熟的有两大传统工艺：化学气相法和树脂或沥青的液相浸渍—碳化法。其基本原理就是利用气相或液相基体前驱体的可流性，使其充满碳纤维孔隙，再经一定的工艺处理，使基体前驱体转变为基体碳。

（一）化学气相法

1. 化学气相沉积（CVD）

化学气相法的工作原理是源气体在一定温度和压力下发生化学反应，生成所需要的沉积物。基体碳的源气体常采用甲烷。在具体工艺过程中，主要工艺参数有源气种类、流量、沉积温度、压力和时间。沉积方法主要有均热法、温差法和压差法。

CVD法是在表面沉积，易在织物外表面堵塞，过程需反复沉积，因而工艺过程长，成本高。化学气相沉积法制备碳/碳复合材料的优点有三点：一是得到的沉积物质密度大，强度高；二是碳纤维增强体的组成、形态可在很宽范围内变化；三是不损伤碳纤维。其缺点也很明显：一是工艺过程长；二是零件尺寸受炉子尺寸限制。

2. 化学气相渗透（CVI）

CVI和CVD原理相同，其工艺控制不同，源气体是在整个体积内进行反应，CVI热解碳可扩散到更为细小的C纤维孔隙内，最大程度地填充碳纤维织物中的孔隙，获得的碳/碳复合材料更为致密，其强度和抗氧化性能比其他方法要好一些。可用CVD设备实现CVI工艺。

一般认为，CVI经历以下过程：一是反应气体通过层流向沉积基体的边界层扩散；二是沉积基体表面吸附反应气体，反应气体产生反应并形成固态和气体产物；三是所产生的气体产物热解吸附，并沿边界层区域扩散；四是产生的气体产物排除。

CVI过程受反应温度及压力影响较大。一般低温低压下受反应动力学控制；而在高温高压下则以扩散为主。工艺参数温度、压力、反应气体流量及载气的流量、分压都会影响到CVI过程的扩散/沉积平衡，从而影响碳/碳复合材料的致密度和性能。

3. 化学气相法中扩散与沉积的关系

在CVD（CVI）过程中为防止预成型体中孔隙入口处，因沉积速度太快而造成孔的封闭，应控制反应气体和产物气体的扩散速率大于沉积速率，如图7-11所示。在CVI过程中往往要同时导入载流气体，如氢、氩或氮等，起稀释反应气体的作用，目的是改善反应气体的扩散条件。

控制好CVD（CVI）过程沉积和扩散达到合理平衡是保证碳/碳复合材料密度和性能的关键。影响沉积速度的主要因素是温度、压力和气体流量，如图7-12所示。

4. 化学气相法的工艺

根据温度和压力因素的控制，可分为等温、压力梯度和温度梯度等三种基本工艺方法，如图7-13所示。

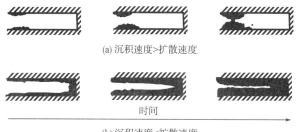

(a) 沉积速度>扩散速度

时间

(b) 沉积速度<扩散速度

图7-11　扩散与沉积速度对孔隙封闭的影响

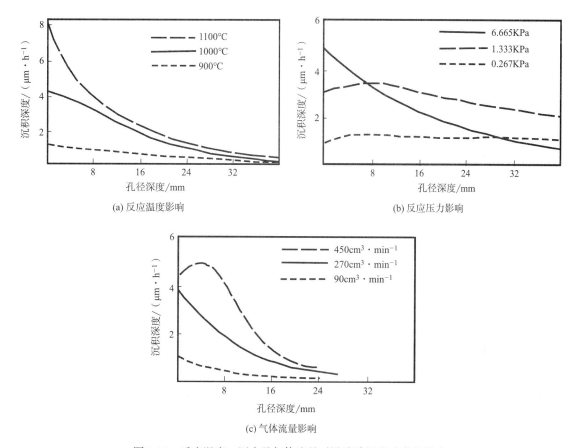

(a) 反应温度影响

(b) 反应压力影响

(c) 气体流量影响

图7-12　反应温度、压力及气体流量对沿孔隙沉积速度的影响

（1）等温工艺。将预成型体置于均温CVI炉中，导入碳氢化合物气体，控制炉温和气体的流量和分压以控制反应气体和生成气体在孔隙中的扩散，以便得到均匀的沉积。为防止孔隙的过早封闭，应使反应沉积速率低于扩散速率，这样沉积速率将非常缓慢。为提高制品的致密度，需要在沉积一定时间后，对制品机加工，除去已封闭的外表面，再进行沉积。如此循环，整个工艺需要长达数百甚至上千小时的时间。

等温工艺的优点是可以生产大型构件，并同时可在一炉中装入若干件预成型体进行沉积。

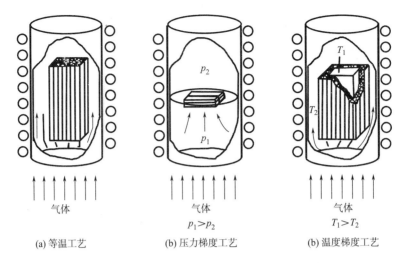

(a) 等温工艺　　　(b) 压力梯度工艺　　　(b) 温度梯度工艺

图7-13　碳/碳复合材料的CVD（CVI）工艺示意图

（2）压力梯度工艺。利用反应气体通过预成型体时牵制强制流动，对流动气体产生阻力而形成压力梯度。随着孔隙的不断填充，压力梯度反而会增加。由于压力梯度工艺中碳的沉积速率与通过预成型体的压力降成正比，所以使用该工艺提高了沉积速度。

该工艺也存在着表面结壳和内孔隙封闭问题，需多次机加工，并仅适用于单件构件的生产。

（3）温度梯度工艺。利用并控制预成型体内、外两侧的温度，并形成温度差。由于内外两侧的扩散与沉积速度不同，内侧温度高于外侧，避免了外侧表面的结壳。

该工艺沉积速率明显高于等温工艺，可以不需多次机加工，甚至可以在常压下操作。

（4）其他工艺。

①热梯度—强制气流法。此技术是同时采用温度梯度和压力梯度工艺，可使制备时间从几周缩短到小于24h。

②脉冲气流法。反应室周期性地被抽空和填充反应气体，即可产生脉冲气流，热反应室交替处于一个大气压和真空之间。这样反应气体能深入预制体孔隙中，经反应后副产品由泵排除，新鲜反应气体容易浸渗进去。这种强制的扩散技术有利于快速填充深孔。

③微波加速。微波加速是把能量直接作用到预制体上。因此能量效率很高，加热均匀，再加上辐射与对流，在样品表面上有热量损失，产生了反向热梯度。这样，冷的反应气体在沉积反应发生之前就渗透到热区。因此，气相反应优先发生在由里向外的区域。反向热梯度可减少外表面孔隙过早地被封闭，可得到均匀的高密度材料。采用微波加速工艺不受预制体几何形状上的限制，工艺时间相当短。

④直热式CVI工艺。直热式CVI工艺具有均匀、快速的特点。其原理是在冷壁炉内，预制体直接通电加热，在预制体的每根纤维周围都产生了微弱电磁场，样品被整体加热。再加上辐射与对流，在样品中产生了反向热梯度，导致从内到外热沉积反应。特别是在脱氢/聚合反应中形成的自由基有顺磁性，容易被带电纤维所吸引，能快速地进行表面动力学反应，使沉

积速率明显加快。使用这种技术只需几个小时就能制备出通常4~5个月才能制备的材料，而价格仅是目前均热法的1/3~1/4。

（二）液态浸渍—碳化工艺

液相浸渍—碳化法是将石墨材料中传统的液相浸渍工艺与金属材料科学中的热等静压工艺创造性地结合起来，获得致密的基体碳。其原理是通过可流动的碳源物质（基体前驱体）对碳纤维织物反复浸渍，随后加热，基体前驱体受热碳化。碳源物质受热分解有很多孔隙，因此需反复浸渍碳化，基体前驱体的残碳率受压力影响非常显著，首先在低中压下浸渍，而后采用热等静压技术，进行高压浸渍，可有效地提高致密率和致密化程度。基体前驱体有两类：热固性树脂（如酚醛树脂）和热塑性树脂（如沥青）。酚醛树脂得到的碳是玻璃碳，不能最终石墨化，性能水平要相对低一些。沥青是残碳率最高的一种，得到的碳可石墨化。

液相浸渍法工艺流程长，涉及的设备多（低中压浸渍设备、热等静压机、真空炉或保护气氛炉）。液相浸渍工艺已成为各发达国家碳/碳复合材料批量生产的传统方法，美国、法国、德国、俄罗斯的一些大的碳公司建立了碳/碳复合材料专用的成套设备，且自动化控制程度很高。

酚醛树脂是一种碳/碳复合材料基体理想的浸渍剂。使用酚醛树脂制备时，可分一步法和二步法两种工艺，主要区别是所用催化剂和参与反应的苯酚与甲醛比例的不同。制备过程：酚醛树脂→制备溶液→（真空）浸渍预成型体→预固化→碳化（树脂体积收缩）→再浸渍→固化→碳化→…→致密化，如图7-14所示。

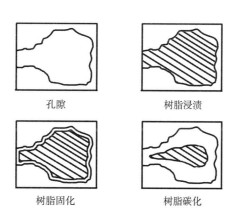

| 孔隙 | 树脂浸渍 |

| 树脂固化 | 树脂碳化 |

图7-14　作为浸渍剂制备碳/碳复合材料

一般在预成型体浸渍沥青之前可先进行CVD处理，在碳纤维表面获得CVD碳，也可先得到低密度树脂碳的复合材料坯料，再采用真空浸渍沥青方式（混合浸渍—碳化）进行。沥青碳化率随沥青中高分子量化合物的增加而增加；影响其碳化率的另一个重要因素是碳化时的压力。随着碳化时压力的增加，沥青的碳化率有明显的提高。因此，为提高沥青碳化率，经常采用压力沥青浸渍—碳化工艺（PIC）。在实际PIC工艺中往往采用热等静压浸渍—碳化工艺（HIPIC）。

经压力沥青浸渍—碳化工艺循环后，沥青碳基碳/碳复合材料的密度甚至可达1.9g/cm³。

（三）新的碳/碳复合材料制备工艺

由于传统的两大工艺生产周期长，成本高，在很大程度上限制了碳/碳复合材料的发展和应用。近年来，探索新的致密化工艺一直是碳/碳复合材料发展的焦点。大多数研究工作是在两大传统方法中的某一环节进行改善。美国Sioux制造公司及Auburn大学试制出碳纤维－碳丝结构，通过采用适当的催化剂，在碳纤维周边生长出细的碳丝，碳/碳致密化工艺效率提高近三倍，同时能很好地解决碳纤维拔出和分层现象。

而美国提出的XD工艺和日本的预成型工艺则引入了新的设计思想，致密化效率有质的提高，可一次成型，制件成本低、均匀性好，因而引起碳/碳复合材料界的极大关注，正向工业化规模发展。美国XD工艺是将成型件浸没在碳氢化合物液体中，加热到液体沸腾，这时成型件表面覆盖上一层蒸汽膜，蒸汽渗入多孔的样件内部，使零件从里往外碳化，使零件结构致密化，可一次成型。这项工艺使致密化工艺的时间由几个月缩短至数小时。用此法生产碳/碳刹车片效率提高近100倍。

日本的预成型束方法则是引入固相填入。碳/碳复合材料致密化的难点是碳纤维束中纤维丝间具有细小孔隙。预成型束的原理是采用一定工艺在碳纤维丝中均匀地填入固相焦炭粉，再进行编织，制成预成型件，随后热压就可获得致密的碳/碳复合材料，其工艺过程比传统工艺简化很多。

碳/碳复合材料制备的第三大部分是热处理、机械加工和质量控制。碳/碳复合材料致密化工艺后，常需石墨化处理（热处理），石墨化温度为2400～2800℃，在此温度下，热解碳和沥青碳转变为石墨碳，杂质元素N、H、O、K、Na、Ca等逸出。碳/碳复合材料的机械加工常用金刚石刀具，且尽量不采用冷却液，以避免其浸渗至碳/碳孔隙中造成污染。碳/碳复合材料的质量检测非常重要，在主要工序之间要对织物、预成型体、半成品及成品进行无损检测，检查制品中是否有断丝、纤维丝束折破、裂纹、孔洞及疏松等，一旦发现次品就不再投入下道工序。无损检测常用的方法是X光、超声波、涡流及表面荧光等。

四、碳／碳复合材料的应用

各国均把碳/碳复合材料用作导弹及先进飞行器高温区的主要热结构材料，随着材料性能的不断改进，其应用领域逐渐拓宽。

1. 先进飞行器

导弹、载人飞船、航天飞机等，在再入环境时飞行器头部受到强激波，对头部产生很大的压力，其最苛刻部位温度可达2760℃，所以必须选择能够承受再入环境苛刻条件的材料。设计合理的鼻锥外形和选材，能使实际流入飞行器的能量仅为整个热量1%～10%左右。

对导弹的端头帽，也要求防热材料在再入环境中烧蚀量低，且烧蚀均匀对称，同时希望它具有吸波能力、抗核爆辐射性能和在全天候使用的性能。三维编织的碳/碳复合材料，其石墨化后的热导性足以满足弹头再入大气层时温度由-160℃至气动加热时1700℃时的热冲击要求，可以预防弹头鼻锥的热应力过大引起的整体破坏；其低密度可提高导弹弹头射程，已在很多战略导弹弹头上得到应用（表7-1）。除了导弹的再入鼻锥，碳/碳复合材料还可作热防护材料用于航天飞机（表7-2）。

表7-1 碳/碳复合材料在战略导弹上的应用

导弹型号	使用部位	材料结构	使用军种
民兵Ⅲ号	MK-12A鼻锥	细编穿刺碳/碳复合材料	空军
MX	MK-21型鼻锥	3D碳/碳复合材料或细编穿刺品	空军
SICBM	发动机喷管喉衬	3D碳/碳复合材料	空军
	MK-21型鼻锥	3D碳/碳复合材料或细编穿刺品	空军
三叉戟Ⅰ号	发动机喷管喉衬	3D碳/碳复合材料	空军
	MK-5型鼻锥	3D碳/碳复合材料或4D碳/碳复合材料	海军
卫兵 SPI	发动机喷管喉衬	3D碳/碳复合材料	海军
	反弹道导弹鼻锥	3D碳/碳复合材料	陆军
	反弹道导弹鼻锥	3D碳/碳复合材料	陆军

表7-2 碳/碳复合材料在航天飞机上的应用

国家	飞机名称	使用区域	具体部件	功能
美国	Shuttle	最高温区	碳/碳复合材料薄壳热结构	抗氧化，防热
		较高温区	防热瓦碳/碳复合材料机头锥	抗氧化，防热
	NASP（超音速）	最高温区	碳/碳复合材料薄壁热材料	抗氧化，防热
		较高温区	碳/碳复合材料面板	抗氧化，防热
苏联	BypaH（暴风雪）	最高温区	碳/碳复合材料结构防热瓦	抗氧化，防热
欧洲	Hermes	最高温区	碳/碳复合材料薄壳热材料	抗氧化，防热
日本	Hope	最高温区	碳/碳复合材料薄壳热材料	抗氧化，防热
		较高温区	碳/碳复合材料支座式面板	抗氧化，防热
英国	Hotel	最高温区	碳/碳复合材料薄壳热材料	抗氧化，防热
		较高温区	碳/碳复合材料面板	抗氧化，防热

2. 固体火箭发动机喷管

碳/碳复合材料自20世纪70年代首次作为固体火箭发动机（SRM）喉衬飞行成功以来，极大地推动了SRM喷管材料的发展。采用碳/碳复合材料的喉衬、扩张段、延伸出口锥，具有极低的烧蚀率和良好的烧蚀轮廓，可提高喷管效率1%～3%，大大提高了SRM的比冲。

喉衬部一般采用多维编织的高密度沥青基碳/碳复合材料，增强体多为整体针刺碳毡、多向编织等，并在表面涂覆SiC以提高抗氧化性和抗冲蚀能力。美国在此方面的应用有："民兵-Ⅲ"导弹发动机第三级的喷管喉衬材料；"北极星"A-7发动机喷管的收敛段；MX导弹第三级发动机的可延伸出口锥（三维编织薄壁碳/碳复合材料制品）。俄罗斯用在潜地导弹发动机的喷管延伸锥（三维编织薄壁碳/碳复合材料制品）。

3. 刹车领域

碳/碳复合材料刹车盘1973年第一次用于飞机刹车。目前，一半以上的碳/碳复合材料用作飞机刹车装置。高性能刹车材料要求高比热容、高熔点以及高温下的高强度，碳/碳复合材料正好适应了这一要求，制作的飞机刹车盘重量轻、耐温高、比热容比钢高2.5倍；同金属刹车盘相比，可节省40%的结构重量。碳刹车盘的使用寿命是金属刹车盘的5～7倍，刹车力矩平稳，刹车时噪声小，因此碳刹车盘的问世被认为是刹车材料发展史上的一次重大技术进步。

目前法国欧洲动力公司、碳工业公司、英国邓禄普公司已批量生产碳/碳复合材料刹车片，用于赛车、火车和战斗机的刹车材料。

4. 高温结构材料

由于碳/碳复合材料的高温力学性能，能成为工作温度达1500～1700℃的航空理想材料，有着潜在的发展前景。

（1）涡轮发动机。碳/碳复合材料在涡轮机及燃气系统（已成功地用于燃烧室、导管、阀门）中的静止件和转动件方面有着潜在的应用前景。例如，用于叶片和活塞，可明显减轻重量，提高燃烧室的温度，大幅提高热效率。

（2）内燃发动机。碳/碳复合材料因其密度低、优异的摩擦性能、热膨胀率低，有利于控制活塞与汽缸之间的空隙，目前正在研究开发用其制造活塞。

（3）发热元件。与石墨发热体强度低脆、加工运输困难相比，C/C复合材料强度高，韧性好，耐高温，可减少发热体体积，扩大工作区。

5. 生物学

碳材料是目前生物相容性最好的材料之一。在骨修复上，碳/碳复合材料能控制孔隙的形态，这是很重要的特性，因为多孔结构经处理后，可使天然骨骼融入材料之中。故碳/碳复合材料是一种极有潜力的新型生物医用材料，在人体骨修复与骨替代方面有较好的应用前景。

碳/碳复合材料作为生物医用材料主要有以下优点：

（1）生物相容性好，强度高，耐疲劳，韧性好。

（2）在生物体内稳定，不被腐蚀。

（3）与骨的弹性模量接近，具有良好的生物力学相容性。

目前碳/碳复合材料在临床上已有骨盘夹板和骨针的应用；作为人工心脏瓣膜中耳修复材料也有研究报道；应用于人工齿根已取得了很好的临床应用效果。

6. 其他方面

碳/碳复合材料在玻璃制造业中作热端部件，代替石棉制造熔融玻璃的滑道，不仅无毒而且与熔融玻璃不浸润，使用寿命可提高100倍以上。在核反应堆中用于制造无线电频率限幅器；由于其高热导率和良好的尺寸稳定性，可制造卫星通信抛物面无线电天线反射器；此外可以制作高温紧固件（螺栓、螺母、垫片等）、热压模具和超塑性加工模具、真空炉中的结构性支撑件等。在文体用品方面，因其质量轻、刚性好和不易破断等特性，被用于赛车、高尔夫球杆和游艇等。

碳/碳复合材料的应用正在由航天领域进入普通航空和其他一般工业领域中，广泛取代其他材料。碳/碳复合材料的发展方向将由双元复合向多元复合发展。今后将以结构碳/碳复合材料为主，向功能和多功能碳/碳复合材料发展，研究的重点是控制碳/碳复合材料的孔隙，提高高温下的抗氧化性能，降低成本。

第四节　智能复合材料

一、智能复合材料定义与特点

智能复合材料（intelligent composite materials）与结构是在复合材料基础上发展起来的一项高新技术，它是一种由传感器、信息处理器和功能驱动器等部分构成的新型复合材料（图7-15）。不同于结构材料和功能材料，它能通过自身的感知，获取外界信息，做出判断和处理，发出指令，具有执行和完成功能，所以单一材料不可能实现，往往要由多种组元复合构成。智能复合材料是信息科学融入材料科学的产物。

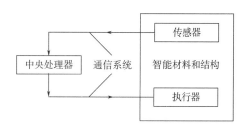

图7-15　智能复合材料的构成示意图

智能材料的构想来源于仿生（仿生是模仿大自然中生物的一些独特功能制造人类使用的工具，如模仿蜻蜓制造飞机等），它的目标就是想研制出一种材料，具有类似于生物的各种功能的材料。因此，智能材料必须具备感知、驱动和控制这三个基本要素。但是现有的材料一般功能比较单一，难以满足智能材料的要求，所以智能材料一般由两种或两种以上的材料复合构成一个智能材料系统。智能材料的设计、制造、加工和性能结构特征均涉及材料学的最前沿领域，智能材料代表材料科学的最活跃方面和最先进的发展方向。

1. **智能材料的特征**

因为设计智能材料的两个指导思想是材料的多功能复合和材料的仿生设计，所以智能材料系统具有或部分具有如下的智能功能和生命特征。

（1）传感功能（sensor）。传感功能指能够感知外界或自身所处的环境条件，如负载、应力、应变、振动、热、光、电、磁、化学、核辐射等的强度及其变化。

（2）反馈功能（feed back）。反馈功能指可通过传感网络，对系统输入与输出信息进行对比，并将其结果提供给控制系统。

（3）信息识别与积累功能（information identification and accumulation）。信息识别与积

累功能是指能够识别传感网络得到的各类信息并将其积累起来。

（4）响应功能（response）。响应功能是指能够根据外界环境和内部条件变化，适时动态地做出相应的反应，并采取必要行动。

（5）自诊断能力（self-diagnosis）。自诊断能力是指能通过分析比较系统的状况与过去的情况，对如系统故障与判断失误等问题进行自诊断并予以校正。

（6）自修复能力（self-recovery）。自修复能力是指能通过自繁殖、自生长、原位复合等再生机制，来修补某些局部损伤或破坏。

（7）自调节能力（self-adjusting）。自调节能力是指对不断变化的外部环境和条件，能及时自动调整自身结构和功能，并相应地改变自身的状态和行为，使材料系统始终以一种优化方式对外界变化做出合适的响应。

2. 智能复合材料的分类

复合材料智能结构分为被动控制式和主动控制式两类。

被动控制式智能结构低级而简单（也称为机敏结构），只传输传感器感受到的信息，如应变、位移、温度、压力和加速度等，结构与电子设备相互独立。

主动控制式是一种智能化结构，具有先进而复杂的功能，能主动检测结构的静力、动力等特性，比较检测结果，进行筛选并确定适当的响应，控制不希望出现的动态特性。

3. 智能复合材料的构成

（1）基体材料。基体材料主要起承受载荷的作用，一般选用轻质材料，其中高分子材料因重量轻、耐腐蚀等优点而受到人们的重视，也可选用金属材料，尤其以轻质有色合金为主。

（2）传感器部分（敏感材料）。传感器部分由具有感知能力的敏感材料构成。它的主要作用是感知环境的变化，如温度、压力、应力、电磁场等，并将其转换为相应的信号。这种材料有形状记忆合金、压电材料、光纤、磁致伸缩材料、pH致伸缩材料、电致变色材料、电致粘流体、磁致粘流体、液晶材料、功能梯度材料和功能塑料合金。

（3）驱动器部分。构成驱动器部分的驱动材料有形状记忆合金、磁致伸缩材料、pH致伸缩材料、电致伸缩材料等，在一定的条件下可产生较大的应变和应力，起到响应和控制的作用。可以根据温度、电（磁）场等的变化而改变其形状、尺寸、位置、刚性、自然频率、阻尼以及其他一些力学特征，因而具有对环境的自适应功能。

（4）信息处理器部分。信息处理器部分是智能复合材料的最核心部分。随着高度集成的硅晶技术的发展，信息处理器也变得越来越小，这为将信息处理器复合进智能复合材料提供了良好的条件。

二、智能复合材料的设计原理与制备工艺

1. 智能复合材料的设计原理

智能复合材料的功能实现是依靠信息的传递、转换和控制。因此，信息的采集、流向对智能复合材料的功能有着极为重要的影响。智能材料的作用机制如图7-16所示。

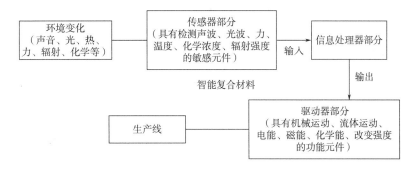

图7-16　智能材料的作用机制示意图

（1）根据智能复合材料的应用和目标，提出智能复合材料的系统智能特性。

（2）选择基体材料和传感器部分、处理器部分、驱动器部分的机敏材料。

（3）从宏观上和微观上进行结构设计。

（4）建立数学和力学模型，对智能复合材料系统进一步优化。

（5）进行理化测试，检验材料的功能。

随着计算机技术的日益发展和在生产实际中的广泛应用，智能复合材料的设计也可应用计算机进行模拟设计。

2. 智能复合材料的制备工艺

目前，智能复合材料的合成方法有以下几种。

（1）粒子复合。将具有不同功能的材料颗粒按特定的方式进行组装，可构制出具有多种功能特性的智能复合材料。例如，在特定的褊衬底上，通过电子束扫描产生电子气化花样，在电子静电引力的作用下，带电的颗粒会排列成设计的花样。在$CaTiO_3$的衬底上，用电子束扫描法可将SiO_2粉末粒子组成各种花样。这一技术可使微粒组装成多功能式的智能复合材料。将一种机敏材料的颗粒复合在异质基体中，也可获得优化的智能复合材料。例如，压电陶瓷和压电高分子以不同连接度复合，可获得性能优异的压电智能复合材料；将压电陶瓷颗粒弥散分布在压电聚合物中可制得大面积的各种形状的压电薄膜。

（2）薄膜复合。薄膜生长及合成技术近年来发展很快，制备超晶格量子阱超薄层材料已成为可能。如分子束外延（MBE）、金属有机化合物分解、化学气相沉积（MOCVD）、原子层外延（ALE）、化学束处延（CBE）和迁移增强层外延（MEE）等多种技术，为制备纳米级的多层功能智能复合材料创造了条件。将2种或多种机敏材料以多层微米级的薄膜复合，可获得优化的多功能特性材料，如将铁弹性的形状记忆合金与铁磁或电驱动材料复合，把热驱动方式变成电或磁的驱动方式，可拓宽响应频率范围，提高响应速度。

（3）纳米级及分子复合。将具有光敏、压敏、热敏等各种不同功能的纳米粒子复合在多孔道的骨架内，可灵活地调控纳米粒大小、纳米粒之间及其与骨架之间的相互作用，具有很好的可操作性，能得到兼有光控、压控、热控以及其他响应性质的智能复合材料：如在沸石分子筛中（具有纳米级空笼和孔道）组装半导体纳米材料（如ZnS、PdS）可做光电控元件，组装纳米光学材料（AgCl、AgBr），可做光控元件。

三、智能复合材料的应用

1. 智能复合材料的种类

（1）高分子智能复合材料。将高分子材料作为结构材料使用的共同特点：密度小；比强度高；耐腐蚀；加工性好，易加工成形，可制成复杂形状的零部件；摩擦性能好，易满足不同摩擦条件要求；具有绝缘性、密封性、减震性及可染色性等。高分子材料还有一个最大的特点是具有可设计性，这就为高分子材料与其他材料（如磁电致伸缩材料、压电材料、形状记忆合金等）复合而成智能高分子复合材料提供了良好的条件。

（2）形状记忆合金（SMA）智能复合材料。形状记忆合金是集"感知"和"驱动"于一体的功能材料。最典型的形状记忆合金是NiTi合金，这类材料还有InTl、CuZn、CuAl、NiAl、AgZn和AgCd等。这类材料几何形状会随温度的变化发生突变，在低温时其组织为马氏体状态，可进行间隔性塑性变形，当加热到特征温度以上时发生从马氏体到奥氏体的转变，从而恢复到原来的形状，即显示形状记忆效应。因形状记忆合金既可作传感器，又可作驱动器，将其与信息处理材料复合便可制得智能复合材料。

例如，古屋泰文将1%的TiNi合金纤维铺设于环氧树脂基体中制成智能复合材料（SMC），在外力作用下，SMC发生裂纹，借助形状记忆合金的电阻应力波的变化可自诊断材料的损伤。同时由于SMC直接通电加热产生形状记忆收缩力，应力集中减小，使裂纹收缩，从而使SMC自动愈合，刚性也增大，材料不仅有自诊断性且具有损伤的自愈合能力。

（3）功能梯度智能复合材料。功能梯度材料（FGM）是指一种功能（如组分结构、性能）随空间或时间连续变化或阶梯变化的高性能材料。功能梯度薄膜材料是使成分、组织从基体到表面呈无界面连续变化。利用功能梯度材料或功能梯度材料薄膜的这一特性，与其他材料复合，便可制得具有特殊性能的智能复合材料。目前，这种材料已广泛应用于生物、机械、光电、电磁、信息及航空航天等领域。在信息工程领域，它主要用来制造光纤元件、一体化传感器、声音传感器、声呐、超声波诊断器等。

梯度性复合材料的性质是从一点到另一点发生变化的。比如，玫瑰的刺是由天然的有机聚合物构成，也就是说，本质上是由软材料组成，但由于玫瑰的刺为不均匀性结构，具有不起褶、高强度的特性。再如，哺乳动物的骨头也是梯度性复合材料。外部很硬，但内部是大孔隙结构。人类已经研制出了类似的复合材料，但大自然创造的要比人类好得多。自然界中的所有结构材料，包括硬的和软的结构材料，都是按照复合材料的原则构成的。比如，木质材料是由天然的聚合物纤维构成的。

2. 智能复合材料在军事领域的应用

智能材料结构不仅像一般功能材料一样可以承受载荷，而且它还具有其他功能材料所不具备的功能，即能感知所处的内外部环境变化，并能通过改变其物理性能或形状等做出响应，借此实现自诊断、自适应、自修复等功能。所以，智能材料在军事应用中具有很大潜力，它的研究、开发和利用，对未来武器装备的发展将产生重大影响。

目前，在各种军事领域中，智能材料的应用主要涉及以下几个方面。

（1）智能蒙皮。例如，光纤作为智能传感元件用于飞机机翼的智能蒙皮中；在武器平台的蒙皮中植入传感元件、驱动元件和微处理控制系统制成智能蒙皮，可用于预警、隐身和通信。

目前，美国在智能蒙皮方面的研究包括：美国弹道导弹防御局为导弹预警卫星和天基防御系统空间平台研制含有多种传感器的智能蒙皮；美空军莱特实验室进行的结构化天线（即把天线与蒙皮结构融合在一起）研究；美海军则重点研究舰艇用智能蒙皮，以提高舰艇的隐身性能。

（2）变形机翼技术。变形机翼技术是将新型智能材料、新型驱动器、激励器、传感器无缝地综合应用于飞行器的一种新的设计概念。变形机翼通过应用灵敏的传感器和驱动器，可持续改变机翼的形状，对不断改变的飞行条件做出响应，使飞机像鸟一样在空中进行盘旋、倒飞和侧向滑行。

①变形机翼技术主要变形方式。机翼是飞机改变构型的主要部件。变体飞机变形的方式主要是改变机翼的形状，其中又以改变机翼的展长和面积效果最为明显。机翼面积的改变可以通过折叠、伸缩机翼或者滑动蒙皮等方式来实现，如图7-17所示，"滑动蒙皮"可以改变机翼形状，从左到右依次为高速飞行攻击到低速远程巡航布局。机翼的折叠及伸缩主要通过新型的驱动机构来实现，需采用新型的智能材料来保证机翼折叠后的完整性。滑动蒙皮机翼方案是通过新型的智能结构，使蒙皮变形以达到改变机翼面积的目的，其机翼蒙皮需采用智能材料。通过机翼的变形和辅助舵面的偏转，可以改变机翼平面形状和翼型的几何参数，从而适应飞行条件的变化。

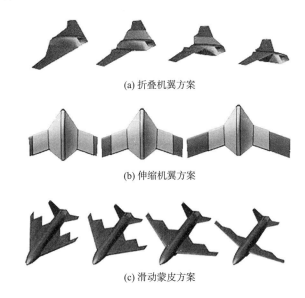

(a) 折叠机翼方案

(b) 伸缩机翼方案

(c) 滑动蒙皮方案

图7-17　变体飞机机翼的主要变形方式

②智能机翼结构设计。变体飞机的机翼需要在不同飞行状态下均具有优良的性能，因此，其机翼结构应具有自适应性。机翼的蒙皮材料和结构驱动技术是变体飞机设计的最大难点之一。

变体飞机机翼比常规飞机机翼有更多的运动机构和部件，变体后可能会破坏机翼结构的完整性。变体飞机要实现机翼的自主变形，所用的机翼变体机构必须采用智能材料和新型智能驱动结构，使变体飞机在结构重量增加不大的情况下最大限度地提高变体给飞机带来的性能收益。

在智能材料与驱动结构方面，压电材料、电致收缩材料、磁致收缩材料、形状记忆合金、生物仿生材料、导电高分子材料、磁流变体和电流变体材料均可作为变体飞机的蒙皮及驱动结构材料。由于压电材料既可以作为传感器，又可以作为作动器，因此在变体飞机的结构设计中被广泛应用。

③可控性设计。变体飞机构型改变时，如何保证其飞行的可控性也是一个需要解决的重要问题。通过对机翼变形前后的静态构型和变体动态过程的动态特性研究，可为飞行控制设计奠定基础。

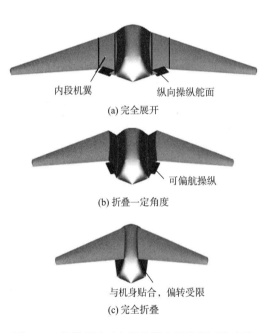

内段机翼　　　　纵向操纵舵面

(a) 完全展开

可偏航操纵

(b) 折叠一定角度

与机身贴合，偏转受限

(c) 完全折叠

图7-18　机翼折叠时内段机翼上操纵舵面的变化

首先，必须科学地设计变体飞机的新型操纵舵面，使其能够产生满足飞机可控性需求的三轴力矩。由于舵面位于能够变形的机翼上，当机翼形状改变后，某些舵面的操纵效率及操纵功能可能会受到限制甚至改变。以无尾折叠翼变体飞机为例，当机翼展开时，内段机翼上的舵面可用于纵向操纵，功能相当于升降舵，如图7-18（a）所示；而机翼折叠一定角度后，该舵面的偏转会逐渐产生偏航力矩，当机翼折叠角度达90°时，此时该舵面的功能相当于方向舵，如图7-18（b）所示；若机翼完全折叠使内段机翼与机身贴合时，内段机翼上舵面的偏转会受到限制，甚至不可操纵，如图7-18（c）所示。可见，变体飞机在不同构型下其可操纵的舵面数量和功能可能不同，因而其舵面设计必须满足机翼变形前后所有构型的可控性要求。

在建立变体飞机的机翼形状动态改变过程的运动模型时，可将飞机整体视为由机身以及机翼活动部分多个刚体组成的系统（图7-19）。变体飞机机翼形状的改变使得飞机的重心位置及作用在其上的气动力大小和方向均发生变化，由此可能导致各轴向力和力矩的不平衡。因此在分析机翼变形过程中飞机的动态特性与仿真研究时，要涉及飞机气动力变化以及多体系统动力学的建模问题。

变体过程中机翼的转动频率会对飞机的气动力产生影响。根据飞行任务和飞行条件的要求，如何确定机翼变形频率的大小，使变体速度既满足任务需求，又对飞行产生的不利影响最小，也是一个需要考虑的问题。

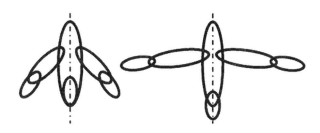

图7-19 变体飞机多体系统描述

变体飞机气动布局的改变使其稳定特性受到影响。飞机气动外形改变后，其重心位置及气动特性随之改变，如图7-20所示。变体后飞机各轴向的稳定性会发生改变。对于纵向来说，需要考虑变体后飞机气动焦点和重心的适配，以保证飞机具有良好的稳定性和操纵性。若变体飞机变体前后的各轴向操稳特性较差，则需要通过飞行控制系统的设计来保证飞机具有良好的飞行品质。

④飞行控制系统设计。变体飞机所对应的最优性能与飞行条件和气动外形参数有关。在不同的飞行状态下，这些参数可能在相当大的范围内变化，给变体飞机的飞行控制系统设计带来挑战。

变体飞机通过变形改变气动构型后，不同的飞行状态和飞行任务下飞机的操纵舵面的数量和功能会发生变化，因此，在设计变体飞机的控制律时，需要研究多功能操纵面的管理问题。

变体飞机由于需要改变气动外形适应多任务飞行要求，其涉及的关键技术比常规飞机更复杂，在总体设计、气动设计、智能机翼结构设计及飞行品质分析与控制设计等方面都与常规飞机有很大区别。要设计出在全飞行包线内均具有优良飞行性能和飞行品质的变体飞机，需要在以上关键技术方面取得新的突破。

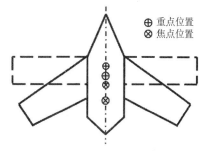

⊕ 重点位置
⊗ 焦点位置

图7-20 变体前后重心与焦点的匹配

3. 形状记忆聚合物（SMP）新型材料

在变形机翼设计中最重要的因素是形状记忆聚合物，这种材料主要用作变形机翼的蒙皮。SMP具有一种特殊的记忆功能，当机翼被改变为不同形状布局后，SMP分子将会重新组构以恢复其初始形状。如图7-21所示，变形机翼由形状记忆聚合物制成，这种

图7-21 形状记忆聚合物材料

材料能够卷起来以节省空间，从最上面沿顺时针方向，材料激活后逐渐展开，再卷起。SMP材料的初始形态，也就是它的"记忆"形状是一种刚性体即高模量形态。当它受热、高频光或电激励后将变成一种低模量弹性体，从而可被驱动器和特殊的控制装置伸展成不同的形状，当它再次被激励后，又恢复到最初的高模量形态。

参考文献

［1］肖立光，赵洪凯，汪丽梅，等．复合材料［M］．北京：化学工业出版社，2016.

［2］赵玉涛，陈刚．金属基复合材料［M］．北京：机械工业出版社，2019.

［3］杨康.粉末冶金制备CNTS/TiAl、Mo$_f$/TiAl复合材料的组织和性能研究［D］．成都：西南交通大学，2019.

［4］为凡文，张绪虎．热等静压法制备B/Al复合型材的研究［J］．宇航材料工艺，2000，30（4）：50-52.

［5］李书志，王铁军，刘桂荣,等．热等静压法制备SiCp/Al复合材料的组织及性能研究［J］．粉末冶金工业，2018，28（3）：29-33.

［6］赵鹏鹏，谭建波．金属基复合材料的制备方法及发展现状［J］．河北工业科技，2017，34（3）：215-221.

［7］王玲，赵浩峰，蔚晓嘉，等．金属基复合材料及其浸渗制备的理论与实践［M］．北京：冶金工业出版社，2005.

［8］武高辉．金属基复合材料设计引论［M］．北京：科学出版社，2016.

［9］薛云飞．先进金属基复合材料［M］．北京：北京理工大学出版社，2019.

［10］张浩强．SiC纤维增强Ni基复合材料的制备和性能研究［D］．合肥：中国科学技术大学，2020.

［11］孙晨．SPS烧结对原位合成石墨烯/铜复合材料结构与性能的影响［D］．天津：天津大学，2019.

［12］冯海波，周玉，贾德昌．放电等离子烧结技术的原理及应用［J］．材料科学与工艺，2003，11（3）：325-331.

［13］杨平．SPS制备CNT/Cu复合材料及其力学与电学性能研究［D］．昆明：昆明理工大学，2019.

［14］张淑英，陈玉勇，李庆春．反应喷射沉积金属基复合材料的研究现状［J］．兵器材料科学与工程，1998，21（5）：52-57.

［15］康少付．反应喷射成形颗粒增强金属基复合材料研究进展［J］．热加工工艺，2013，42（20）：14-18.

［16］吴申庆，潘冶，朱和国,等．金属基复合材料的原位反应制备方法［J］．特种铸造及有色合金，2008年会专刊：289-293.

［17］李奎，汤爱涛，潘复生．金属基复合材料原位反应合成技术现状与展望［J］．重庆大学学报（自然科学版），2002,25（9）：155-160.

［18］胥锴，刘徽平，王甫，等．原位自生金属基复合材料的制备方法［J］．有色金属加工，2008，37（6）：14-18.

［19］杨立宁，王金业，张永弟，等．增材制造连续碳纤维增强金属基复合材料性能

［J］．化工进展，2021，40（12）：8.

［20］常春蕾．自蔓延高温合成Al/Mg₂Si复合材料及性能表征［D］．兰州：兰州理工大学，2008.

［21］李军库．自蔓延高温合成NiAl-TiC复合材料［D］．兰州：兰州理工大学，2008.

［22］付树仁，杨理京，李争显，等．冷喷涂技术制备Al基复合材料涂层研究进展［J］．表面技术，2020，49（11）：75-83.

［23］宋丹．利用可控气氛热喷涂方法制备复合材料涂层的研究［D］．沈阳：沈阳工业大学，2010.

［24］李海超．喷射沉积Al-Zn-Mg-Cu合金成分优化及热加工组织调控［D］．哈尔滨：哈尔滨工业大学，2018.

［25］杨滨，王锋，黄赞军，等．喷射沉积成形颗粒增强金属基复合材料制备技术的发展［J］．材料导报，2001,15（3）：4-6.

［26］张文毓．热喷涂用铝基复合材料的制备工艺进展［J］．国防制造技术，2010，2（1）：68-70.

［27］杨滨，段先进　刘勇，等．熔铸—原位反应喷射成形金属基复合材料制备新技术［J］．中国有色金属学报，1999，9（1）：110-113.

［28］巫永鹏．铜基金刚石复合材料的电镀法制备及热性能研究［D］．上海：上海交通大学，2020.

［29］杨光，王冰钰，赵朔，等．选区激光熔化3D打印钛基复合材料研究进展［J］．稀有金属材料与工程，2021，50（7）：2641-2651.

［30］张坚强．选区激光熔化Al基复合材料的组织与性能［D］．南昌：南昌大学，2020.

［31］赵玉涛，戴起勋，陈刚．金属基复合材料［M］．北京：机械工业出版社，2007.

［32］陈宇飞，郭艳宏，戴亚杰．聚合物基复合材料［M］．北京：化学工业出版社，2010.

［33］朱和国，张爱文．复合材料原理［M］．北京：国防工业出版社，2013.

［34］刘雄亚，郝元恺，刘宁．无机非金属复合材料及其应用［M］．北京：化学工业出版社，2006.

［35］陈祥宝．先进复合材料技术导论［M］．北京：航空工业出版社，2017.

［36］张宝艳．先进复合材料界面技术［M］．北京：航空工业出版社，2017.

［37］成来飞，殷小玮，张立同．复合材料原理［M］．西安：西北工业大学出版社，2016.

［38］胡保全，牛晋川．先进复合材料［M］．2版．北京：国防工业出版社，2013.